普通高等教育"十二五"规划教材

粉末冶金电炉及设计

范才河　主编

朱月兵　陈艺锋　何世文　副主编

U0352702

北 京

冶金工业出版社

2013

内 容 简 介

本书共分九章，主要针对粉末冶金行业用电炉的结构、使用、原理及设计进行了介绍。分别介绍了粉末冶金电炉的发展现状及趋势，传热原理及筑炉材料，电热元件的类型、性能、选择及设计，粉末冶金电阻炉的结构及设计实例，粉末冶金感应炉、电弧炉的结构及设计，粉末冶金真空炉的结构及设计，以及粉末冶金电炉的温度测量、温度控制的方法及手段。

本书适合冶金行业的高校学生、工程技术人员、电炉设计人员及电炉操作人员等参阅。

图书在版编目（CIP）数据

粉末冶金电炉及设计/范才河主编. —北京：冶金工业出版社，2013.1

普通高等教育"十二五"规划教材

ISBN 978-7-5024-6123-2

Ⅰ. ①粉… Ⅱ. ①范… Ⅲ. ①粉末冶金—电炉—高等学校—教材 Ⅳ. ①TF37

中国版本图书馆 CIP 数据核字（2012）第 291949 号

出 版 人　谭学余
地　　址　北京北河沿大街嵩祝院北巷 39 号，邮编 100009
电　　话　(010)64027926　电子信箱　yjcbs@cnmip.com.cn
责任编辑　常国平　刘小峰　美术编辑　李 新　版式设计　孙跃红
责任校对　王永欣　责任印制　李玉山
ISBN 978-7-5024-6123-2

冶金工业出版社出版发行；各地新华书店经销；北京印刷一厂印刷
2013 年 1 月第 1 版，2013 年 1 月第 1 次印刷
787mm×1092mm　1/16；15 印张；345 千字；230 页
39.00 元

冶金工业出版社投稿电话：**(010)64027932**　投稿信箱：**tougao@cnmip.com.cn**
冶金工业出版社发行部　电话：**(010)64044283**　传真：**(010)64027893**
冶金书店　地址：**北京东四西大街 46 号(100010)**　电话：**(010)65289081(兼传真)**
（本书如有印装质量问题，本社发行部负责退换）

前　言

随着我国工业尤其是汽车工业的蓬勃发展，对粉末冶金产品的需求越来越大、要求也越来越高。粉末冶金产品制备过程中的制粉、还原、压制以及烧结等工艺大都要用到电炉，因此粉末冶金电炉是粉末冶金工业的物质基础和技术基础。掌握好粉末冶金电炉的热工技术、优化粉末冶金电炉的结构设计、采用合理的筑炉材料，对提高粉末的产量和质量、节约能源、改善劳动条件以及促进粉末冶金工业的发展具有十分重要的意义。

本书共分九章，分别介绍了粉末冶金电炉的基本概况、传热学原理、筑炉材料、电热元件及设计；粉末冶金电阻炉、粉末冶金感应炉、粉末冶金电弧炉、粉末冶金真空炉；以及粉末冶金电炉的温度测量方法和自动控制方式。同时，还通过实例介绍了部分粉末冶金电炉的具体设计方法及设计过程。

本书通过大量的图表和实例来介绍粉末冶金电炉的结构、组成、功用及设计过程，具有较强的实用性、新颖性和全面性，希望它的出版能为国内从事粉末冶金电炉的教学人员、科研人员、生产人员和粉末冶金行业的工程技术人员提供一定的帮助和参考。

本书由湖南工业大学范才河博士主编，参加编写的还有朱月兵、陈艺锋、何世文等博士，以及王漩、孟春梅等同学。在本书编写过程中，湖南大学的陈刚教授、严红革教授提出了许多宝贵的建议，在此一并表示衷心的感谢。

由于编者水平所限，书中不当之处敬请读者批评指正。

编　者
2012 年 12 月

目　录

1　概论 ……………………………………………………………………… 1

　1.1　国内外粉末冶金行业的发展现状 ………………………………… 1

　　1.1.1　国外粉末冶金行业的发展现状 …………………………… 1

　　1.1.2　我国粉末冶金行业的发展现状 …………………………… 3

　1.2　粉末冶金加热炉概述 ……………………………………………… 6

　　1.2.1　粉末冶金加热炉的类型 …………………………………… 7

　　1.2.2　粉末冶金电炉的选用原则 ………………………………… 8

　　1.2.3　粉末冶金电炉的基本结构 ………………………………… 8

　1.3　粉末冶金电炉的历史沿革及发展趋势 …………………………… 14

　本章小结 ………………………………………………………………… 16

　复习思考题 ……………………………………………………………… 16

2　粉末冶金电炉传热理论 ………………………………………………… 17

　2.1　传热概述 …………………………………………………………… 17

　　2.1.1　传热的基本方式 …………………………………………… 17

　　2.1.2　温度场和温度梯度 ………………………………………… 18

　2.2　稳定态传导传热 …………………………………………………… 19

　　2.2.1　导热的基本定律 …………………………………………… 19

　　2.2.2　导热系数 …………………………………………………… 19

　　2.2.3　平壁的传导传热 …………………………………………… 21

　　2.2.4　圆筒壁的传导传热 ………………………………………… 24

　2.3　对流传热 …………………………………………………………… 25

　　2.3.1　对流传热的机理 …………………………………………… 25

　　2.3.2　对流传热的数学公式 ……………………………………… 26

　　2.3.3　对流传热的实验公式 ……………………………………… 27

　2.4　辐射传热 …………………………………………………………… 29

　　2.4.1　热辐射的基本概念 ………………………………………… 29

　　2.4.2　热辐射的基本定律 ………………………………………… 31

　　2.4.3　物体表面间的辐射换热 …………………………………… 33

　　2.4.4　气体辐射 …………………………………………………… 36

　2.5　稳定态综合传热 …………………………………………………… 38

　　2.5.1　通过平壁的传热 …………………………………………… 38

　　　2.5.2　通过圆筒壁的传热 ……………………………………… 40

　本章小结 …………………………………………………………… 41

　复习思考题 ………………………………………………………… 41

3　粉末冶金电炉用筑炉材料 ………………………………………… 42

　3.1　耐火材料的概述 ……………………………………………… 42

　　　3.1.1　电炉对耐火材料的要求 …………………………………… 42

　　　3.1.2　耐火材料的分类 …………………………………………… 43

　　　3.1.3　常用耐火材料的性能 ……………………………………… 44

　　　3.1.4　特种耐火材料的性能 ……………………………………… 51

　3.2　耐火材料及其用途 …………………………………………… 53

　　　3.2.1　重质耐火材料 ……………………………………………… 53

　　　3.2.2　轻质耐火材料 ……………………………………………… 56

　　　3.2.3　耐火纤维材料 ……………………………………………… 59

　　　3.2.4　耐火材料新品种 …………………………………………… 60

　3.3　保温材料 ……………………………………………………… 62

　　　3.3.1　高温保温材料 ……………………………………………… 62

　　　3.3.2　中温保温材料 ……………………………………………… 63

　　　3.3.3　低温保温材料 ……………………………………………… 64

　3.4　不定型耐火材料 ……………………………………………… 67

　　　3.4.1　不定型耐火材料的定义 …………………………………… 67

　　　3.4.2　不定型耐火材料的分类 …………………………………… 67

　　　3.4.3　不定型耐火材料的特点 …………………………………… 68

　　　3.4.4　耐火浇注料 ………………………………………………… 68

　　　3.4.5　耐火可塑料 ………………………………………………… 74

　3.5　其他筑炉材料 ………………………………………………… 76

　　　3.5.1　水泥石棉板 ………………………………………………… 76

　　　3.5.2　石棉橡胶板 ………………………………………………… 76

　　　3.5.3　常用胶合剂 ………………………………………………… 77

　　　3.5.4　耐火涂料 …………………………………………………… 78

　　　3.5.5　耐火胶泥 …………………………………………………… 80

　　　3.5.6　炉用钢材 …………………………………………………… 82

　本章小结 …………………………………………………………… 83

　复习思考题 ………………………………………………………… 83

4　粉末冶金电炉电热元件及设计 …………………………………… 84

　4.1　电热元件概述 ………………………………………………… 84

　　　4.1.1　电热元件的使用要求 ……………………………………… 84

　　　4.1.2　电热元件的分类 …………………………………………… 84

4.2　电热元件材料及其性能····································86
　4.2.1　金属电热元件··86
　4.2.2　非金属电热元件··90
4.3　电热元件的表面负荷····································94
　4.3.1　金属电热元件的允许表面负荷····················95
　4.3.2　非金属电热元件的允许表面负荷··················98
4.4　电热元件的计算方法····································98
　4.4.1　金属电热元件尺寸的计算··························98
　4.4.2　非金属电热元件尺寸的计算·····················105
4.5　电热元件在炉内的安装·································108
　4.5.1　电热元件的安装方式······························108
　4.5.2　电热元件的安装原则······························109
本章小结··110
复习思考题··110

5　粉末冶金电阻炉···111

5.1　电阻炉概述···111
　5.1.1　电阻炉的分类及用途······························111
　5.1.2　电阻炉的优点····································112
　5.1.3　粉末冶金用电阻炉的使用范围及要求·············112
　5.1.4　粉末冶金用电阻炉的设计方法及步骤·············113
5.2　电阻炉结构设计··113
　5.2.1　炉型的选择····································113
　5.2.2　结构设计······································114
5.3　电炉功率的分配与确定·································120
　5.3.1　电炉功率的分配································120
　5.3.2　用估算法确定功率·······························121
　5.3.3　用热平衡法确定功率·····························121
5.4　粉末冶金用电阻炉类型·································124
　5.4.1　还原用电阻炉··································125
　5.4.2　碳管炉··127
　5.4.3　烧结用电阻炉··································129
5.5　粉末冶金用电阻炉设计实例····························132
　5.5.1　设计任务和要求································132
　5.5.2　电阻炉结构设计································132
　5.5.3　电阻炉功率的确定·······························135
本章小结··146
复习思考题··146

6 粉末冶金感应炉 ·· 147

  6.1 概述 ··· 147

    6.1.1 感应加热原理 ····································· 147

    6.1.2 感应电流分布 ····································· 148

    6.1.3 感应加热的电流频率 ······························· 150

    6.1.4 感应加热设备的类型 ······························· 151

  6.2 感应加热设备频率的选择 ······························· 152

  6.3 感应器的设计 ··· 155

    6.3.1 感应器的分类及结构 ······························· 155

    6.3.2 感应器的设计 ····································· 156

  6.4 粉末冶金用感应炉的类型 ······························· 159

    6.4.1 中频感应透热炉 ··································· 159

    6.4.2 中频感应烧结炉 ··································· 159

    6.4.3 高频碳化炉 ······································· 160

  本章小结 ··· 161

  复习思考题 ··· 161

7 粉末冶金电弧炉 ·· 162

  7.1 电弧炉概述 ··· 162

    7.1.1 电弧炉分类 ······································· 162

    7.1.2 电弧的构造及特性 ································· 163

  7.2 电弧加热基础 ··· 164

    7.2.1 直流电弧 ··· 164

    7.2.2 等离子体 ··· 164

    7.2.3 电弧加热与一般电阻加热的比较 ····················· 164

    7.2.4 电弧中熔滴数目和大小的影响因素 ··················· 165

  7.3 电弧熔炼工艺参数的选择 ······························· 165

    7.3.1 熔炼电流 ··· 165

    7.3.2 熔炼电压 ··· 166

    7.3.3 自耗电极的直径 ··································· 167

    7.3.4 自耗电极的长度 ··································· 167

    7.3.5 自耗电极的质量 ··································· 167

    7.3.6 熔化速率 ··· 167

    7.3.7 熔炼极性 ··· 168

    7.3.8 冷却强度 ··· 169

    7.3.9 熔炼真空度 ······································· 169

  7.4 粉末冶金用电弧炉的类型 ······························· 169

    7.4.1 真空熔炼电弧炉 ··································· 169

7.4.2　等离子电弧炉 ……………………………………………………… 170
7.4.3　电子束炉 …………………………………………………………… 171
本章小结 ……………………………………………………………………… 173
复习思考题 …………………………………………………………………… 173

8　粉末冶金真空炉 ……………………………………………………………… 174

8.1　真空炉概述 …………………………………………………………… 174
8.1.1　真空炉分类 …………………………………………………… 174
8.1.2　真空的定义及真空度的量度 ………………………………… 175
8.1.3　真空的获得和测量 …………………………………………… 176
8.2　真空炉的结构及设计 ………………………………………………… 179
8.2.1　真空炉的结构特点 …………………………………………… 179
8.2.2　真空炉的基本结构 …………………………………………… 180
8.2.3　真空炉的结构设计 …………………………………………… 180
8.3　真空炉功率的确定 …………………………………………………… 188
8.3.1　热平衡计算法 ………………………………………………… 188
8.3.2　经验确定法 …………………………………………………… 192
8.3.3　冷却水消耗量的计算 ………………………………………… 192
8.4　炉子真空系统的设计 ………………………………………………… 193
8.4.1　真空系统的设计参数及基本原则 …………………………… 193
8.4.2　真空系统的类型 ……………………………………………… 195
8.4.3　管路流导的计算 ……………………………………………… 196
8.4.4　真空炉真空系统的计算 ……………………………………… 198
8.4.5　真空密封 ……………………………………………………… 204
8.5　粉末冶金用真空炉的类型 …………………………………………… 206
8.5.1　真空碳管电阻炉 ……………………………………………… 206
8.5.2　真空硅钼棒炉 ………………………………………………… 207
8.5.3　真空钼丝炉 …………………………………………………… 207
8.5.4　真空感应熔炼炉 ……………………………………………… 208
本章小结 ……………………………………………………………………… 209
复习思考题 …………………………………………………………………… 209

9　温度测量及控制 ……………………………………………………………… 211

9.1　温度测量方法 ………………………………………………………… 211
9.1.1　接触测量法 …………………………………………………… 211
9.1.2　非接触测量法 ………………………………………………… 212
9.1.3　温度传感器的类型 …………………………………………… 212
9.2　温度测量工具 ………………………………………………………… 213
9.2.1　热电偶 ………………………………………………………… 213

9.2.2 热电阻 ·· 217

9.2.3 光学高温计 ·· 217

9.2.4 辐射式高温计 ······································ 218

9.3 温度控制 ··· 218

9.3.1 位式控制方式 ······································ 219

9.3.2 晶闸管温度控制 ···································· 220

9.3.3 变压器控制 ·· 222

9.4 计算机在温度控制中的应用 ······················· 223

9.4.1 计算机温度控制系统的组成 ···················· 223

9.4.2 计算机温度控制过程 ···························· 224

9.5 PLC 在温度控制中的应用 ························· 225

9.5.1 PLC 的控制作用 ································· 225

9.5.2 PLC 的组成 ····································· 225

9.5.3 PLC 输入及输出应用实例 ······················ 226

9.6 PID 控制 ·· 227

9.6.1 PID 控制原理 ··································· 227

9.6.2 PID 参数的整定 ································· 227

9.6.3 PID 参数的切换 ································· 228

本章小结 ··· 229

复习思考题 ··· 229

参考文献 ··· 230

1 概　　论

本章学习要点

　　本章主要介绍粉末冶金行业的发展概况和粉末冶金用电炉的基本知识。通过本章学习，要求对国内外粉末冶金行业的发展现状和粉末冶金电炉的发展趋势有一定的了解，掌握粉末冶金电炉的类型、基本结构及选用原则。

　　粉末冶金是冶金和材料科学的一个分支，是制取金属粉末或以金属粉末（包括混入少量非金属粉末）为原料，用成型-烧结法制造材料与制品的工艺技术。粉末冶金行业是机械工业中重要的基础零部件制造业。

　　粉末制备及还原是粉末冶金工艺生产的第一道工序，粉末的质量直接影响粉末冶金制品性能的好坏，还原工艺是降低粉末的氧含量、提高粉末纯度、改善粉末性能的有效方法。成型是粉末冶金工艺过程的第二道基本工序，即在一定的压力等条件下使松散的金属粉末或混合粉成型为具有一定形状、尺寸、孔隙度和强度压坯的工艺过程。成型分为普通模压成型和特殊成型两大类。就普通模压成型而言，压坯质量的好坏主要取决于压制条件，而压制条件主要受成型压机质量好坏的影响，并且在压制中出现的缺陷一般无法在烧结过程中弥补。烧结是粉末冶金生产过程中的一道关键工序，它是在低于粉末中主要组分熔点的温度下进行加热并冶金结合成致密体的过程，其主要目的是：使成型的粉末压坯在加热的情况下，通过原子扩散或颗粒重排使压坯致密化，获得所要求的物理和力学性能的致密体。烧结制品的质量很大一部分取决于烧结设备。

　　粉末冶金工艺过程中的制粉、还原、压制以及烧结等都要应用粉末冶金炉，因此粉末冶金炉是粉末冶金工业的物质和技术基础。掌握好粉末冶金炉的热工技术，优化粉末冶金炉的结构设计，采用合理的筑炉材料，对提高粉末的产量和质量、节约能源、改善劳动条件以及促进粉末冶金工业的发展具有十分重要的意义。

1.1　国内外粉末冶金行业的发展现状

1.1.1　国外粉末冶金行业的发展现状

　　粉末冶金具有原材料利用率高（达95%）、制造成本低、材料综合性能好、可近净成型、产品精度高且稳定等优点。此外，粉末冶金还可制造传统铸造方法和机械加工方法无法制备的材料和难以加工的零件，因此备受青睐。随着全球工业化的蓬勃发展，粉末冶金行业发展迅速，粉末冶金技术已被广泛应用于交通、机械、电子、航空等领域，尤其在汽车制造领域。汽车工业的快速发展极大地推动了粉末冶金在汽车零部件制备中的应用，使汽车行业成为粉末冶金零部件的最大应用领域之一。现在，一些大型汽车公司建立了自己的配套粉末冶金零件加工公司，如美国的福特、通用，日本的丰田、三菱、本田等汽车公司均有自己的粉末冶金事业部。

1.1.1.1　北美

北美是全球最大的粉末生产地区。2009 年北美地区的铁粉发货量为 222118t，比 2008 年减少了约 25%，截止到 2009 年北美地区的铁粉需求已经连续 5 年下降。2009 年北美地区的铜粉发货量为 12010t，比 2008 年减少了约 24%。而 2009 年下半年北美地区的粉末冶金行业出现了增长的趋势，尤其是 2009 年第四季度增长的趋势更为明显。2009 年第四季度北美地区铁粉发货量出现的强劲反弹延续到了 2010 年第一季度，2010 年第一季度北美地区的铁粉发货量同比增长了 64%，达到了 80206t。2010 年第一季度北美地区平均每月铁粉的发货量为 26935t，按此推算 2010 年全年北美地区的铁粉发货量为 317520t。2010 年第一季度北美地区的铜粉和铜基粉末的发货量同比增长了 36%，达到了 3608t。

在北美，轻型汽车市场是影响粉末冶金工业的一个主要因素，现在轻型汽车制造工业的外包市场结构和产品已经发生了很大的变化，轻型汽车制造工业的外包市场不再局限于北美地区，也存在于欧洲、亚洲和南美洲。据 HIS 全球观察统计，2010 年北美地区轻型汽车的产量达到 1215 万辆，根据这个产量约使用 208656t 粉末冶金零件，2010 年北美地区平均生产每辆汽车使用约 17.2kg 粉末冶金零件，与 2009 年北美地区的统计数字基本一致。

2010 年通用汽车公司平均生产每辆汽车使用约 21.8kg 粉末冶金零件，福特公司平均生产每辆汽车使用约 20.5kg 粉末冶金零件，克莱斯勒公司平均生产每辆汽车使用约 19.5kg 粉末冶金零件，在美国的一些亚洲品牌平均生产每辆汽车使用约 17.3kg 粉末冶金零件。通用汽车公司和福特公司开发的一些新型的变速器使用了约 13.6kg 粉末冶金零件，福特公司生产的 3.5L EcoBoost 六缸引擎中使用了重达 9.5kg 的 81 个粉末冶金零件，在这种引擎中使用的粉末冶金零件有：阀门导轨、阀门座、连接杆、油泵、感应圈、凸轮帽、可变气门正时系统组件、凸轮轴链轮和毂等。

1.1.1.2　欧洲

欧洲是继北美之后的第二大粉末冶金生产工业区，其生产技术先进，管理体制较完善。为了促进和推动粉末冶金工业的发展，欧洲也采取了一系列的措施。1990 年，欧洲成立了粉末冶金协会，开设了多种教育培训活动，赞助了一些基础研究课题，举办了一系列的粉末冶金评奖活动，加强与国际间的交流与合作，建立粉末冶金信息网等。半个世纪以来欧洲铁粉每年增长率在 4% ~ 8% 之间。

在汽车领域，欧洲粉末冶金制品的应用远远低于美国。据统计，2003 年欧洲每辆轻型轿车中粉末冶金制品的使用量只有 8kg，而美国则达到 18kg。究其原因，一是欧洲的工程师们首先提到的是锻造方法，不愿意因为采用粉末冶金零件而改变原有的设计，欧洲汽车制造厂商也普遍缺乏像美国三大汽车公司那样坚定采用粉末冶金技术的心态；二是欧洲制造的轿车中使用的引擎较小，连杆、轴承帽等零件的形状复杂，难以使用粉末冶金方法制造；三是约 80% 的欧洲制造的轿车使用手动变速器，而手动变速器使用的粉末冶金制品要少于自动变速器。这些因素的存在大大地阻碍了欧洲粉末冶金技术在汽车中的应用。

尽管欧洲粉末冶金技术在汽车工业中的应用受到了诸多因素的阻碍，然而在全球粉末冶金工业飞速发展的推动下，欧洲粉末冶金工业的发展势头强劲，大量的新技术、新产品被开发、应用。据 HIS 全球观察统计：2010 年全球轻型汽车的销量将达到 7960 万辆，2010 年欧洲轻型汽车的销量将达到 2000 多万辆。据欧洲粉末冶金协会统计，2009 年欧洲平均生产每辆汽车使用约 7.2kg 粉末冶金零件，年需 15 万吨粉末冶金机械零件。

1.1.1.3　日本

日本的粉末冶金行业发展较好，其粉末冶金机械零件的产量增长同样得益于汽车制造行业。2009 年受金融危机影响，日本汽车制造用粉末冶金机械零件的产量出现了大幅度的下降，导致其粉末冶金机械零件的产量也受到很大的影响。到 2010 年日本汽车制造用粉末冶金机械零件的产量出现了大幅增长，其总产量是 95894t，比上年增长了 35.7%，各季度的产量增长分别为：第一季度同比增长了 111.5%，第二季度同比增长了 54.8%，第三季度同比增长了 20.6%，第四季度同比增长了 4.8%。近年日本粉末冶金制品的产量见表 1-1。2010 年日本粉末冶金机械零件的总产值是 1179 亿日元，同比增长了 31.5%。2011 年市场对汽车的需求将比上年减少 10%，受此影响市场对汽车制造用粉末冶金机械零件的需求也相应地减少。

表 1-1　近年日本粉末冶金制品的产量　　　　　　　　　　　　　(t)

产品种类	2008 年	2009 年	2010 年	2010 年/2009 年
轴　承	7718	4885	6629	135.7%
机械零件	103942	69755	95894	137.5%
摩擦材料	738	392	578	147.4%
电触头材料	77	52	73	140.4%
杂　项	1792	956	1162	121.5%
总　量	114267	76040	104263	137.1%

注：杂项包括难熔金属，不含磁性材料和硬质合金（日本经济贸易产业省统计）。

1.1.2　我国粉末冶金行业的发展现状

我国的粉末冶金工业在 20 世纪 50 年代初期几乎为零，经过六十多年的努力拼搏，从无到有、从小到大、从弱到强，现已取得了令人瞩目的成就，在硬质合金、钢铁粉末、磁性材料和金刚石工业等领域的产量已发展成为世界性粉末冶金产业大国。我国粉末冶金工业已经形成一个工业体系，所生产的产品已基本上能满足我国国民经济建设的基本需要。粉末冶金科学研究不仅在理论研究方面有所建树，更重要的是在应用领域为国防建设提供了拥有自主知识产权的新材料，为重大军事工程的建设做出了重要贡献。

1.1.2.1　硬质合金工业的飞速发展

我国是一个钨资源大国，但 20 世纪 50 年代以前基本没有硬质合金工业。20 世纪 50 年代初，我国仅在大连有一个硬质合金小作坊，称为大华电冶厂，1948 年生产硬质合金仅 38kg。1954 年开始筹建株洲硬质合金厂，设计能力为 500t/a，1958 年正式投产，年产硬质合金 750t，形成了我国硬质合金工业的雏形。1964 年开始筹建我国第二大硬质合金厂——自贡硬质合金厂，1972 年正式投产。进入 80 年代，各行各业根据各自的需要又相继组建了一大批硬质合金车间和工厂，形成了一个蓬勃发展的局面。据估计，现在全国有约 400 家硬质合金生产厂家，仅株洲市估计就有 100 余家大小不等的硬质合金生产厂家，这使我国发展成为一个名副其实的硬质合金产业大国。

我国由于钨资源丰富，而国民经济建设对硬质合金的需求量相对较大，特别是近 20 年来，民营经济的快速发展，使我国硬质合金的生产厂家数目急剧增加。根据中国钨业协会对 42 家大型硬质合金厂的生产能力统计，近十年来硬质合金产量变化如图 1-1 所示。由图 1-1 可见，仅这 42 家企业在 2005 年的产量就达到近 1.6 万吨，与世界硬质合金的总产量基本相当。

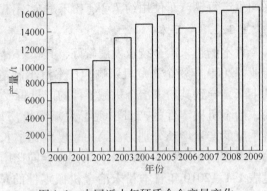

图 1-1　中国近十年硬质合金产量变化

1.1.2.2　钢铁粉末生产的蓬勃发展

我国钢铁粉末的生产经过几十年的发展，取得了显著的成就，有 50 余家较大规模的钢铁粉末生产厂家，总产量已超过 30 万吨/年，占世界钢铁粉末总产量（约 120 万吨/年）的 1/4，这充分说明我国已成为世界上的钢铁粉末生产大国。我国钢铁粉末品种比较齐全，其中水雾化铁粉以较快的速度在发展，2009 年产量较 2004 年增加了近 4.5 倍。2004 ~ 2009 年我国钢铁粉末生产产量见表 1-2。

表 1-2　2004 ~ 2009 年我国钢铁粉末生产产量　　　　　　　　（万吨）

产品名称	产　　量					
	2004 年	2005 年	2006 年	2007 年	2008 年	2009 年
铁鳞还原铁粉	11.34	13.649	14.9	14.1	13.6	15.5
超纯精矿粉还原铁粉	1.97	2.78	2.91	2.10	4.9	
水雾化铁粉	3.29	6.15	7.35	10.9	10.5	13.7
电解铁粉	0.603	0.107	0.14	0.16	0.2	0.12
羰基铁粉	0.023	0.023	0.030	0.010	0.045	0.049
水雾化不锈钢粉	0.026	0.03	0.04	0.05	0.018	—

我国钢铁粉末的应用范围分布较广泛，但主要应用于粉末冶金制品的生产，而且随着我国汽车工业的高速发展，预计在最近的 5 ~ 10 年，我国铁基粉末冶金制品将会出现一个高速发展的时期。现在国外（主要是北美）的汽车每辆用粉末冶金制品约 20kg，而我国的汽车每辆用粉末冶金制品还不到 5kg。如果我国每辆汽车上粉末冶金制品用到 10kg，以每年生产汽车 1500 万辆计算，则需铁基制品 15 万吨，何况还有大量汽车零部件的维修等，磁性材料和电焊条用铁粉也将有大幅度增加。我国钢铁粉末的应用范围统计如图 1-2 所示。

1.1.2.3　有色金属粉末的快速发展

我国铜、铜合金粉与镍粉的生产在高速发展，但整体来说与世界水平相比还有较大差距。

我国铜及铜合金粉末生产是根据铜基制品工业的需要而逐渐发展起来的。1952年我国还没有铜及其合金的制粉工业,中国上海纺织机械厂为研制含油轴承,只能采用锉削加工的方法制造铜合金粉。1953年,中国科学院冶金陶瓷研究所成功采用电解法研制出铜粉。20世纪60年代是我国大规模铜及铜合金制粉工业化生产得到迅速发展的年代。我国现有约50家铜及铜合金粉末生产厂家,分布于北京、上海、重庆、天津、甘肃、

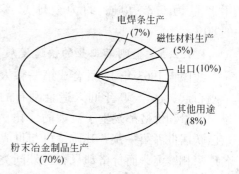

图 1-2 我国钢铁粉末的应用范围统计

安徽、江苏、浙江、河北等17个省市。其中,最大的生产厂家是有研粉末新材料(北京)有限公司,2010年铜及铜合金粉产量约7500t。其次是重庆华浩冶炼有限公司,年产量约4500t。2002~2009年我国铜及铜合金粉末生产情况见表1-3。可见,近年来我国铜及铜合金粉末生产发展迅速,其中雾化铜合金粉的产量增长最为显著,2005年还不到5000t,而到2009年全年产量已达20500t,增长了4倍多。

表 1-3　2002~2009 年我国铜及铜合金粉末生产情况

	年　份	2002	2003	2004	2005	2006	2007	2008	2009
产量/t	电解铜粉	6300	6200	6450	7300	7300	9300	23800	20000
	雾化铜合金粉	2200	2200	2200	4670	5300	4900	16300	20500
	总计/t	8500	8400	8800	11120	12600	14200	40170	40500
	统计家数	13	13	13	13	13	9	28	20

我国在20世纪70年代以前还是一个镍资源缺乏的国家,自从金川镍都建成以后,我国已成为一个镍资源大国。镍粉主要由还原镍粉、电解镍粉和羟基镍粉三部分组成,而人们常将还原镍粉和电解镍粉统称为镍粉。羟基镍粉的生产已引起人们的高度重视,因为羟基镍粉在镶氢电池与镍镉电池中都有采用。据统计,全世界电池用羟基镍粉的年需求量为10000t,我国电池用羟基镍粉的年需求量为4000t。我国羟基镍粉的制造正在大力发展中,金川集团有限公司的产能达500t/a;江油核宝粉末材料有限公司产能为50t/a;吉林吉恩镍业股份有限公司正引进加拿大技术组建产能达2000t/a的羟基镍粉生产线,2009年的年产量已达500t。

1.1.2.4　稀土磁性材料的发展概况

我国是一个稀土资源十分丰富的国家,其稀土储量占全球储量的50%以上。2009年我国稀土矿年产量为12万吨,约占全球稀土产量的96%。邓小平同志在1992年曾指出:"中东有石油,中国有稀土",因此我们必须做好稀土的大文章。

稀土是生产稀土永磁材料的关键原料,我国已突破千吨级钕-铁-硼真空快速熔炼以及氢粉碎的关键技术,为我国钕-铁-硼生产的高速发展打下了基础,我国已成为全球最大的稀土永磁体材料的研发与生产基地。图1-3所示为2001~2009年我国与全球烧结钕-铁-硼产量统计。从图中可以看出,我国钕-铁-硼的产量在持续增长,2009年我国钕-铁-硼的

年产量为 6.8 万吨，约为全球总产量
的 80%。

1.1.2.5　金刚石工业的快速发展

我国自 1963 年 12 月合成第一颗人造
金刚石起，迄今 50 年间人造金刚石的产
量、质量和价格都发生了巨大的变化，产
量已跃居世界第一位，其质量可与世界知
名厂家相媲美，而价格却只有国外同类产
品的 1/2 ~ 1/3。在我国，单晶金刚石、多
晶金刚石和金刚石工具为主的制品构成了
非常活跃的金刚石工业。

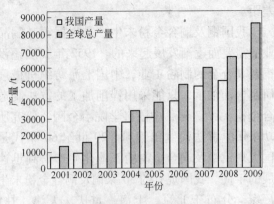

图 1-3　2001 ~ 2009 年我国与全球
烧结钕-铁-硼产量统计

我国粉末冶金工业的其他领域的规模
化产业也发展很快，如摩擦材料、减摩材料、钨基合金等都已形成相当规模的产业，其产
品已基本上满足了我国国防与国民经济建设的需求。综上所述，我国在粉末冶金的多个领
域已成为一个粉末冶金产业大国。

近年来，通过不断引进国外先进技术与自主开发创新相结合，我国粉末冶金产业和技
术都呈现出高速发展的态势，是我国机械通用零部件行业中增长最快的行业之一。

"十一五"期间，在我国经济高速发展，特别是汽车工业强劲发展的推动下，粉末冶
金行业迎来了又一个增长期。与"十五"期间粉末冶金零件的平均年销售量 6.4 万吨，
粉末冶金汽车零件平均占比 25.2% 相比，"十一五"期间我国粉末冶金零件的平均年销售
量增至 11.4 万吨，同时粉末冶金汽车零件占比提升至 40.6%，2010 年度销量更是达到了
16.2 万吨，粉末冶金汽车零件占比达到了 46.7%，粉末冶金汽车零件已成为我国粉末冶
金行业最大的市场。

2011 年第一季度我国 53 家重点企业粉末冶金机械零件产量为 40088t，销售产量
39771t，同比均增加 24.3%；第二季度粉末冶金机械零件产量 45892t，销售产量 41442t，
同比分别增加 16.8% 和 12.8%。

我国粉末冶金行业发展很快，汽车行业、机械制造、金属行业、航空航天、仪器仪
表、五金工具、工程机械、电子家电及高科技产业等迅猛发展，为粉末冶金行业带来了不
可多得的发展机遇和巨大的市场空间，同时也对粉末冶金装备提出了更高的要求。

1.2　粉末冶金加热炉概述

我国是最早使用加热手段进行材料生产的国家之一，早在半坡文化时期就烧制了各种
陶器，2000 多年前已掌握铜和铁冶炼的加热技术。在陶瓷烧制鼎盛时期，陶瓷器以不同
地区、不同窑炉命名，如烧制耀州瓷器的窑炉称为耀州窑。到了近代，由于欧洲工业生产
的迅猛发展，工业加热技术和加热炉性能得到全面提升。我国从 20 世纪 50 年代以后才开
始大力发展自己的工业，加热技术主要来自苏联。20 世纪 80 年代引进欧、美、日技术，
如德国的德固沙技术、奥地利的爱协林技术、美国的易普生技术。20 世纪 90 年代，在引
进、消化、吸收国外技术的基础上，国内工业加热技术得到全面发展，其设计制造水平大

幅度提高。进入 21 世纪后，随着传统材料工艺的改进和先进材料开发的需要，各类加热炉层出不穷。

1.2.1 粉末冶金加热炉的类型

粉末冶金加热炉是在粉末制备、开发及生产中应用最广的设备之一，其结构和类型最多。加热炉按照加热热源、使用的工作温度、使用的加热介质、作业方式、炉子形式、工艺用途的不同，具体分类如下：

（1）按加热热源分类，可分为燃料炉、电炉和太阳能加热炉；

（2）按工作温度分类，可分为低温炉（低于 700℃）、中温炉（700~1000℃）和高温炉（1000℃以上）；

（3）按使用的加热介质分类，可分为气体保护加热炉、液体保护加热炉和真空加热炉；

（4）按作业方式分类，可分为周期式作业炉和连续式作业炉；

（5）按炉子的形式分类，可分为竖式炉和卧式炉；

（6）按工艺用途分类，可分为加热用炉和熔炼用炉。

粉末的还原、碳化、烧结、热处理、煅烧和干燥等用的是加热类型的冶金炉，而提炼金属、熔化金属等用的是熔炼类型的冶金炉。尽管粉末冶金过程中也少量使用燃料炉，但主要还是以电加热炉为主。因此，为突出这一重点，本书主要介绍电加热型粉末冶金炉（又称为粉末冶金电炉或电加热炉），而对其他类型加热炉只做一般性的叙述。

在电加热炉中，按热能来源的方式不同，可分为电阻加热炉、感应加热炉、电弧加热炉、等离子弧加热炉和电子束加热炉等。

电阻加热炉又可分为间接加热式电阻炉和直接加热式电阻炉。间接加热式电阻炉是指电流通过电热元件发出热量，借助辐射和对流使炉膛的温度升高，从而将被加热物料加热的电阻炉；直接加热式电阻炉是指电流由电源通过触头直接流过被加热物料并使其温度升高，从而加热物料的电阻炉，如钨条的高温垂熔就是采用这种加热方式。粉末冶金电炉中电阻加热炉用得最为广泛。

感应加热是利用电磁感应，在金属内激发出电流并使物料加热的方法。感应加热炉可分为有铁芯感应电炉和无铁芯感应电炉。

电弧加热炉可分为直接加热式电弧炉和间接加热式电弧炉。在直接加热式电弧炉中，电弧产生于电极与熔炼物之间；在间接加热式电弧炉中，电弧产生于物料上方的电极之间。电弧加热炉的应用范围主要是熔炼矿石和熔化金属，粉末冶金过程中采用雾化法制备铁粉或钢粉时会用到电弧加热炉；同时，新发展的离心雾化制粉方法中的旋转电极雾化也利用电弧加热的原理。

等离子弧加热炉是利用等离子弧作为热源来精炼、熔化金属的电炉，目前主要是采用直流等离子弧，它是用等离子喷枪对电弧压缩形成的，如制取微细碳化物常使用等离子法。

电子束加热炉的关键部件是电子发射系统，又称为电子枪。电子束加热已用于焊接、熔炼和热处理等方面，如连续式电子束退火炉用于需要在洁净环境下进行的金属材料（钛、铌、钽、锆及核反应堆用材料）的退火；电子束熔炼炉也常用于熔炼难熔的金属，如钨、钽等。

1.2.2　粉末冶金电炉的选用原则

工艺的多样性、产品批量的大小和生产成本的高低是选择粉末冶金炉炉型应考虑的主要因素。不同作业方式加热炉的性能特点及主要用途见表1-4。对于单件、多品种工件的生产一般采用间隙加热炉，而对于大批量或工艺周期长的工件的生产一般采用半连续或连续加热炉。

表1-4　不同作业方式加热炉的性能特点及主要用途

炉　型		性　能　特　点				用　途
间隙加热炉		周期式装料，不重叠，每批装料量大	结构简单，操作方便，密封性好，热损失少，造价低廉	通用性强，便于调整工艺，热效率低	炉温均匀性较差，炉温易波动，工艺不易控制，工件质量稳定性差，不便于流水生产	单件多品种工件生产
半连续加热炉		生产工程有部分重叠，前批工件开始冷却，后批工件即开始加热	与周期式作业炉相似，具有可移动的炉罩、加热箱、炉罐或炉底	不便调整工艺，通用性差，质量稳定，生产率高，生产成本低	炉温均匀性较好，工艺易控制，工件质量较稳定	大批量生产和长周期生产
连续加热炉	脉动式	短时间歇装料，不同批工件装卸料，加热冷却同时进行，互相重叠	结构复杂，密封性较差，热损失大，造价高	不便调整工艺，通用性差，质量稳定，生产率高，生产成本低	炉温均匀性较好，工艺易控制，工件质量较稳定	大批量生产
	流动式	连续装料、卸料，生产过程重叠性更大	与脉动式作业炉相似	不便调整工艺，通用性差，质量稳定，生产率高，生产成本低	炉温均匀性较好，工艺易控制，工件质量较稳定	

炉型的选择还取决于加热热源、工作温度、所使用介质及工艺用途等。根据制品或零件的尺寸、形状、质量、批量和作业方式等因素，可选择加热炉的结构。炉子的结构类型主要取决于炉膛形状、炉底结构及进出料机构。各行各业的各种不同产品对材料的工艺要求变化很大，因此材料制备设备结构类型繁多。近年来，为了提高产量、保证质量、节省能源、减少环境污染以及改善劳动条件等，加热炉的结构更新非常快，使用性能也得到大幅度的提升。特别是加热炉工艺过程控制中计算机技术的应用，为设备的机械化、自动化流水线生产提供了技术条件。再加上各种辅助设备与加热炉配套组合成各种综合性的联动机或生产线，大幅度地提高了生产效率，稳定了产品质量，降低了生产成本，改善了劳动条件，减少了环境污染。

1.2.3　粉末冶金电炉的基本结构

1.2.3.1　炉膛与炉衬

炉膛是由炉墙、炉顶和炉底围成的空间，是对金属工件进行加热的地方。炉墙、炉顶和炉底通称为炉衬，炉衬是加热炉的一个关键技术结构。在加热炉的运行过程中，不仅要求炉衬能够在高温和荷载条件下保持足够的强度和稳定性，而且能够耐炉气冲刷和炉渣侵蚀，同时还要有足够的绝热保温和气密性能。为此，炉衬通常由耐火层、保温层、防护层和钢结构几部分组成。其中，耐火层直接承受炉膛内的高温气流冲刷和炉渣侵蚀，通常采用各种耐火材料经砌筑、捣打或浇注形成；保温层通常采用各种多孔的保温材料，经砌筑、敷设、充填或粘贴形成，其功能在于最大限度地减少炉衬的散热损失，改善现场操作条件；防护层通常采用建筑砖或钢板，其功能在于保持炉衬的气密性，保护多孔保温材料形成的保温层免于损坏。钢结构是位于炉衬最外层的由各种钢材拼焊、装配成的承载框架，其功能在于承受炉衬、燃烧设施、检测仪器、炉门、炉前管道以及检修、操作人员所形成的载荷，提供有关设施的安装框架。

A　炉墙

炉墙分为侧墙和端墙，沿炉子长度方向上的炉墙称为侧墙，炉子两端的炉墙称为端墙。炉墙通常用标准直型砖平砌而成，炉门的拱顶和炉顶拱脚处用异型砖砌筑。侧墙的厚度通常为 1.5~2 倍砖长。端墙的厚度根据烧嘴、孔道的尺寸而定，一般为 2~3 倍砖长。整体捣打、浇注的炉墙尺寸则可以根据需要自行确定。大多数加热炉的炉墙由耐火砖内衬和绝热砖层组成。为了使炉子具有一定的强度和良好的气密性，炉墙外面还包有 4~10mm 厚的钢板外壳或者砌有建筑砖层作防护层。

炉墙上设有炉门、窥视孔、烧嘴孔、测温孔等孔洞。为了防止砌砖受损，炉墙应尽可能避免直接承受附加载荷。所以，炉门、冷却水管等构件通常都直接安装在钢结构上。承受高温的炉墙当高度或长度较大时，要保证有足够的稳定性。增加稳定性的办法是增加炉墙的厚度或用金属锚固件固定。炉墙不太高时，一般用 232~454mm 厚的黏土砖加 115~232mm 厚的绝热砖的双层结构。炉墙较高时，炉底水管以下增加厚度 116mm 左右。

B　炉顶

加热炉的炉顶按其结构分为两种：拱顶和吊顶。

拱顶用楔形砖砌成，结构简单，砌筑方便，不需要复杂的金属结构。如果采用预制好的拱顶，更换时就更方便。拱顶的缺点是由于拱顶本身的质量产生侧压力，当加热膨胀后侧压力就更大。因此，当炉子的跨度和拱顶质量太大时，容易造成炉子变形，甚至会使拱顶坍塌。所以，拱顶一般用于跨度小于 3.5~4m 的中小型炉子上。炉子的拱顶中心角一般为 60°。拱顶结构如图 1-4 所示。拱顶的主要参数有：内弧半径 (R)、拱顶跨度即炉子宽度 (B)、拱顶中心角 (α)、拱形高度 (h)。

当炉子跨度大于 4m 时，由于拱顶所承受的侧压力很大，一般耐火材料的高温结构强度已很难满足，因而大多采用吊顶结构。吊顶是由一些专门设计的异型砖和吊挂金属构件组成的。按吊挂形式，可以是单独或成组地吊在金属吊挂梁上。吊顶砖的材料可用黏土砖、高铝砖和镁铝砖，吊顶外面再砌硅藻土砖或其他绝热材料，但砌筑时切勿埋住吊杆，以免其被烧坏而失去机械强度，导致吊架被砖的重量拉长。

吊顶结构复杂、造价高，但它不受炉子跨度的影响且便于局部修理及更换。

C　炉底

炉底是炉膛底部的砌砖部分，炉底要求承受被加热物料的重量，高温区炉底还要承受

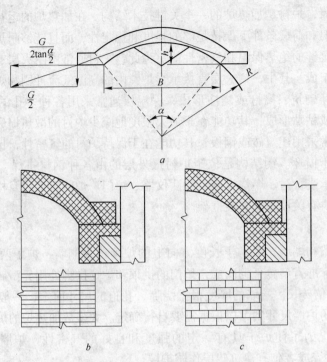

图 1-4　拱顶结构

a—拱顶受力情况；b—环砌拱顶；c—错砌拱顶

炉渣、氧化铁皮的化学侵蚀。此外，炉底还会经常与物料发生碰撞和摩擦。

　　炉底有两种形式：一种是固定炉底，另一种是活动炉底。固定炉底的炉子坯料在炉底的滑轨上移动，除加热原坯料的斜底炉外，其他加热炉的固定炉底一般都是水平的。活动炉底的坯料是靠炉底的机械运动而移动的。

　　炉底的厚度取决于炉子的尺寸和温度，在 200～700mm 之间变动。炉底的下部用绝热材料隔热。由于镁砖具有良好的抗渣性，因此在轧钢加热炉的炉底上用镁砖砌筑。并且为了便于氧化铁皮的清除，在镁砖上还要铺上一层 40～50mm 厚的镁砂或焦屑。在 1000℃ 左右的热处理炉或无氧化加热炉上，因为氧化铁皮的侵蚀问题较小，炉底也可以采用黏土砖砌筑。

　　固定炉底一般并非直接砌筑在炉子的基础上，而是架空通风的，即在支承炉底的钢板下面用槽钢或工字钢架空，避免因炉底温度过高，使混凝土基受损，这是因为普通混凝土温度超过 300℃ 时，其机械强度显著下降而遭到破坏。固定炉底高温区结构如图 1-5 所示。

　　D　炉子基础

　　炉子基础是炉子的支座，它将炉膛、钢结构和被加热金属的重量所构成的全部载荷传到地面上。

　　炉子基础的大小不仅与炉子有关，还与不同土壤的承重能力有关。炉子基础的计算和一般建筑物的基础设计一样，但如果炉底不是架空通风的，则要考虑受热影响的问题。

　　炉子基础的材料可以选择混凝土、钢筋混凝土、红砖、毛石。大中型炉子都是混凝土基础，只有小型加热炉才用砖砌基础。

E 钢结构

为使整个炉子成为一个牢固的整体，在长期高温的工作条件下不致严重变形，炉子必须设置由竖钢架、水平拉杆（或连接架）组成的钢结构。钢结构要能承受炉子拱顶的水平分力或吊顶的全部重量，并把作用力传给炉子基础。此外，炉子的钢结构还起安装框架的作用，炉门、炉门提升机构、燃烧装置、冷却水管和其他一些零件都固定在钢结构上。

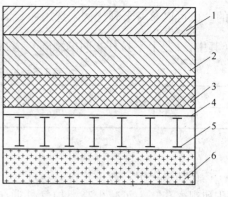

图 1-5 固定炉底高温区结构
1—镁砖；2—黏土砖；3—绝热砖；
4—钢板；5—钢架；6—地基

钢结构的形式与炉型和砌砖结构有关，其主体是竖钢架，材料可以用槽钢、工字钢等，下端用地脚螺丝固定在混凝土基础上，上端用连接梁连接起来。也可以采用活动连接的方式，即竖钢架的上下端用可调整的拉杆连接起来，开炉时可以根据炉子的膨胀情况，调整螺丝放松拉杆，生产以后就很少再去调整拉杆的松紧。在一些小炉子上，也采用由钢板焊成一个外壳，然后在里面砌砖。图1-6为炉子的钢结构示意图。

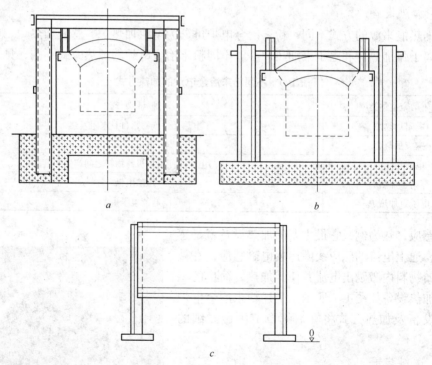

a

b

c

图 1-6 炉子的钢结构示意图
a—固定连接；b—活动连接；c—小型可移动式炉的钢结构

钢结构的计算很复杂，而且在冷态下算出的结果也不准确，这是因为由于温度的升高砌砖的膨胀应力很难计算得出，所以钢结构的尺寸和材料规格常常是参照经验数据选定的。也可以参考下列比例来选用：竖钢架钢材断面的高度（指槽钢或工字钢的高）$h=\frac{1}{16}l$（其中，l 是上下拉杆之间的距离），拉杆圆钢的直径 d 与 h 的关系见表1-5。

表1-5　拉杆圆钢的直径 d 与 h 的关系

h/mm	100	120	160	200	300
d/mm	20	22	25	30	45

F　炉门、观察孔及出渣门

在加热炉中，为了装料、卸料、出渣和观察炉内的工作情况，必须在炉墙上开设炉门孔和观察孔。为了减少高温炉气外通，同时防止炉外冷空气吸入炉内，从热效率观点出发，在保证操作方便的情况下，观察孔的数目以尽可能少为佳。如无必要不要经常开启炉门。出渣门是为高温段而设置的，其设置原则与炉门相同。

根据不同炉型及其操作特点，炉门也有多种类型。炉门的材料通常采用铸铁，内里衬以耐火砖或其他耐火材料为主，也有采用焊接结构的。采用升降结构的炉门，要求升降结构使用灵活、操作方便、平稳可靠。根据炉子特点、操作需求、炉门大小及质量以及使用能源的不同，炉门升降结构有多种类型，这里不再一一介绍。

1.2.3.2　加热设备及送料装置

A　加热设备

根据热能来源的方式不同，粉末冶金电炉可分为电阻加热炉、感应加热炉、电弧加热炉、等离子弧加热炉和电子束加热炉等。不同粉末冶金电炉的加热方式不同，见表1-6。

表1-6　不同粉末冶金电炉的加热方式

粉末冶金电炉类型	加 热 方 式
电阻加热炉	电热元件或物料自身电阻发热
感应加热炉	电磁感应
电弧加热炉	电极与电极之间或电极与物料之间产生的电弧
等离子加热炉	压缩电弧
电子束加热炉	高能电子束

以感应加热为例，它最主要的加热设备就是感应线圈，通上电流的感应线圈产生电磁感应，在被加热金属物料内激励出电流并使其加热，简单的感应线圈加热设备如图1-7所示。上述粉末冶金电炉的加热设备及加热方式将在后续章节中做详细的介绍。

B　送料装置

对于连续生产的电炉，一般都设有连续运送物料的机构，送料机构的类型主要包括：液压机构、空气压缩机构、三角皮带传递机构、齿轮履带式机构、蜗轮蜗杆链条链轮机构等。

图1-7　感应线圈加热设备

1.2.3.3 冷却系统

加热炉的冷却系统是由加热炉炉底的冷却水管和其他冷却构件组成，其冷却方式分为水冷却和汽化冷却两种。

A 水冷却

在两面加热的连续加热炉内，坯料在沿炉长敷设的炉底水管上向前滑动。炉底水管由厚壁无缝钢管组成，内径 50～80mm，壁厚 10～20mm。为了避免坯料在水冷管上直接滑动导致钢管壁磨损，在与坯料直接接触的纵向水管上焊有圆钢或方钢，称为滑轨，滑轨磨损以后可以更换，而不必更换水管。

炉底水冷滑管和支撑管加在一起的水冷表面积达到炉底面积的 40%～50%，带走大量热量。同时由于水管的冷却作用，使坯料与水管滑轨接触处的局部温度降低 200～250℃，使坯料下面出现两条水冷黑印，在压力加工时对生产带来不利影响。为了消除黑印的不良影响，通常在炉子的均热段砌筑实炉底，使坯料得到均热。但降低热损失和减少黑印影响的有效措施是对炉底水管实行绝热包扎。实践证明，当炉温为 1300℃ 时，绝热层外表面温度可达 1230℃，可见炉底滑管对金属的冷却影响不大。冷却水热损失与绝热的关系如图 1-8 所示。由图 1-8 可看出，水管绝热后，其热损失仅为未绝热水管的 1/4～1/5。

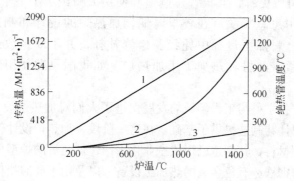

图 1-8　冷却水热损失与绝热的关系
1—绝热水管的表面温度；2—未绝热水管的热损失；3—绝热水管的热损失

B 汽化冷却

加热炉的炉底水管采用水冷却时耗水量大，带走的热量也不能很好地利用，采用汽化冷却可以弥补这些缺点。

汽化冷却的基本原理是：水在冷却管内加热到沸点，呈汽水混合物状态进入汽包，在汽包中使蒸汽和水分离。分离出来的水又重新回到冷却系统中循环使用，而蒸汽从汽包中引出可供使用。

由于水的汽化潜热远远大于其显热，水在汽化冷却时吸收的总热量大大超过水冷却时吸收的热量。因此，汽化冷却时水的消耗量可以降到水冷却时的 1/25～1/30，从而节约了用水和供水用电。一般连续加热炉水冷却造成的热损失占热总支出项的 13%～30%，而同样炉子改为汽化冷却时，热损失可降到 10% 以下。汽化冷却产生的低压蒸汽可用于加热或雾化重油，也可供生活设施使用。另外，使用软水的管子和汽包很少结垢，使用寿命可提高一倍以上。

加热炉汽化冷却循环方式分为强制循环和自然循环两种，如图 1-9 所示。

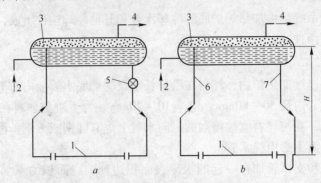

图 1-9　加热炉汽化冷却循环方式

a—强制循环；b—自然循环

1—冷却件；2—供水；3—汽包；4—蒸汽；5—水泵；6—上升管；7—下降管

1.3　粉末冶金电炉的历史沿革及发展趋势

从加热炉的应用历史看，其设计、制造和使用大概经历了三个阶段，这三个阶段与材料的加工与应用息息相关。在较早时期，加热炉的设计和制造最为原始，加热炉的设计仅仅是在材料加工过程中凭经验修修补补，并不断地改进和完善，最终形成与工艺结合极为紧密的材料热加工用加热炉，如我国早期使用的各种用于陶瓷制品的烧制窑炉。

工业革命以后，各学科与工程领域的发展促进了人们对加热炉设计原理的系统认识，也为加热炉工业化设计和制造提供了基础。在这一阶段，加热炉设计较为系统，出现了用于加热炉制造的各种材料，其制造已形成专业化生产，加热炉的炉型也形成了系列化和标准化。特别是传统的钢铁、有色金属的热加工设备，以及用于硅酸盐材料烧制和传统陶瓷材料烧结的专业设备。在这一阶段，工业加热炉设计的主要特点是注重其可靠性和耐用性，在各个行业形成了各种系列及规格的加热炉。在这一阶段，标准化的设计和制造降低了加热炉的加工成本，也为使用者提供了诸多方便。

随着世界范围内资源和能源的紧缺，特别是材料科学与工程的飞速发展，专业化标准炉和专用炉已不能满足要求，以材料加热炉为主的材料装备进一步分化，材料的研究、开发和生产需要开发设计不同性能要求的加热炉。同时，对炉用材料也提出了更高的要求，节能和环保成为设计必须重点考虑的问题，材料工艺要求更加精确，且与工艺结合更加紧密。在此背景下，粉末冶金电炉作为加热炉的一个分支取得了很大的发展，在炉型、筑炉材料、炉子结构以及加热方式等方面均发生了重大改变。因此，新型材料的研究和开发促进了加热炉的设计和制造，各种新的加热技术和高性能炉用材料的开发为粉末冶金电炉的技术创新和性能提升提供了必要的条件。目前，粉末冶金电炉的特点及发展趋势主要表现在以下几方面：

（1）节能技术始终是粉末冶金电炉设计、制造和使用过程关注的焦点问题。电炉的能耗较高，常常被称为电老虎。为了降低电炉的能耗，除进行优化热加工工艺方面的工作外，目前在粉末冶金电炉的设计和制造上也进行了许多有效的工作。

1）优化炉衬结构，提高炉内温度均匀性，减少炉衬散热损失。炉温均匀性问题是电加热炉重要的性能指标，该指标共分为五个等级，一级和二级电加热炉的温度均匀性分别为±3℃和±5℃，并规定了专门的测量方法；

2）强化炉内传热。强化炉内传热可以有效地缩短工件在炉内的升温时间。例如，在低温炉和中温炉内安装风扇、采用流动粒子加热技术、应用高温辐射涂料以及采用远红外加热技术等，都是着眼于强化炉内传热；

3）采用节能材料，采用轻质耐火砖和各种陶瓷耐火纤维制作电加热炉的炉衬，优化设计电加热炉的料框、料盘、马弗及坩埚，通过减轻其质量来减少蓄热损失。

（2）炉型的多样性和专用性是目前粉末冶金电炉发展和应用的主要趋势。20世纪50至60年代，国内使用的粉末冶金电炉的主要炉型有箱式炉和井式炉，后来出现了台式炉、转筒式炉、罩式炉，且多为标准化结构，只是根据工艺要求进行选用，专用炉很少。20世纪70至80年代，应生产效率和工艺的要求，出现了多种不同结构的专用炉和连续炉，如密封箱式炉、可控气氛炉、等离子加热炉、推杆式炉、振底炉、辊底式炉、步进炉、输送带式炉、转底式炉等。随着新材料的开发，出现了各种新炉型，使电加热炉的最高使用温度由1350℃提高到2000℃以上，如用于陶瓷结构材料和功能材料烧结的高温烧结炉。各种保护气氛、活性气氛及真空气氛的电加热炉也被大量采用。到目前为止，各种专用电加热炉的使用量占加热炉使用量的80%以上。随着计算机控制技术和自动化程度的提高，许多企业将电加热炉与各种辅助设备（甚至与冷加工设备）组合成大型自动化连续生产线，如轴承连续生产线、齿轮渗碳热处理生产线，使其生产效率和产品质量得到大幅度提高。

（3）传统加热技术的进一步完善促进了电加热炉的更新换代。新加热技术的开发使新型高效加热炉的出现成为可能，如红外加热技术、激光加热技术、放电等离子烧结（SPS）技术、微波加热技术、太阳能加热技术等。

（4）新材料的研制、开发和生产以及传统材料性能进一步提升的需要，使得电加热炉与工艺技术的关系更加密切。

1）在材料研制和开发过程中，要求电加热炉的功能多样化；

2）在材料工艺开发过程中，电加热炉结构和功能在工艺技术开发过程中得到不断的改进和完善，形成的成熟材料工艺技术必须用特定结构的电加热炉来实现。

（5）炉用新型材料的研制和应用促使了电加热炉性能的提升。除上面提到的节能保温材料外，使用耐热温度更高的炉用耐热钢和电热合金、新型高温用电热材料和耐火材料，为高性能和多用途的电加热炉开发提供了材料保证。

（6）随着科技进步和工业发展，电加热炉的设计和制备技术不断得到提高。电加热炉的设计由原来的经验设计发展为建立在较为精确的计算分析基础上的优化设计，如加热温度场的计算机精确设计和控制，炉内传热过程的计算分析与炉腔结构的优化设计，炉内气氛的优化设计与精确控制等。这些新的设计方法和手段在新型加热炉的研制及传统加热炉改造工作中已表现出了巨大的优越性。而且，先进的加工技术在电加热炉的制造过程中的应用，也对电加热炉成本降低和性能提高起到了不可忽视的作用。

本章小结

　　随着全球工业化的蓬勃发展，粉末冶金行业发展迅速，粉末冶金技术已被广泛应用于交通、机械、电子、航空等领域，尤其在汽车制造领域。汽车工业的快速发展极大地推动了粉末冶金在汽车零部件制备中的应用，使汽车行业成为粉末冶金零部件的最大应用领域之一。

　　粉末冶金电炉的基本结构是：炉膛与炉衬、加热设备及送料装置。其中，炉膛是由炉墙、炉顶和炉底围成的空间，是对金属工件进行加热的地方。炉衬通常由耐火层、保温层、防护层和钢结构几部分组成。

　　在电加热炉中，按热能来源的方式不同，可分为电阻加热炉、感应加热炉、电弧加热炉、等离子弧加热炉和电子束加热炉等。

复习思考题

1-1　简述国内外粉末冶金行业的发展现状。

1-2　电加热炉主要包括哪些类型？各种电加热炉的主要特点是什么？

1-3　简述粉末冶金电炉的基本结构。

1-4　简述粉末冶金电炉的特点及发展趋势。

2　粉末冶金电炉传热理论

本章学习要点

本章主要介绍稳定态传热的基本知识及基本原理。要求了解传热的基本方式、温度场、导热系数、黑体、白体、透热体等基本概念，熟悉平壁传热、圆筒壁传热、对流传热、辐射传热以及稳定态综合传热的计算方法，掌握平壁传热、圆筒壁传热、对流传热、辐射传热的机理。

2.1　传热概述

传热学是研究热能传递规律的一门科学。物体相互之间或同一物体的两部分之间存在着温度差，是产生传热现象的必要条件，只要有温度差存在，热量总有从高温向低温传递的趋势。温度差普遍存在于自然界里，所以传热是一个很普遍的自然现象。

传热是冶金炉内一个重要的物理过程，应用传热原理解决的实际问题不外乎两类：一类是力求增强传热过程，一类是力求削弱传热过程。前者如增强向炉内物料的传热，以提高炉子的单位生产率和热效率；增强换热器中的热交换，提高废热的回收率和空气的预热温度；提高炉子某些水冷部件的冷却效果，延长设备的寿命等。后者如减少炉子砌体的热损失，对炉子实行保温措施，以提高热的利用率，节约能源；防止炉内某些部件过热，采取必要的隔热保护措施等。

传热的方式不是单一的，而是多种方式同时进行的综合传热过程。例如，烧结电阻炉的传热过程一般是电热体发出的热量传给炉墙外壁，再通过炉墙外壁传至炉墙内壁，然后将热量通过一定的空间传给被处理的物料；但也存在另一种途径，电热体的热量也传给炉墙内壁，再通过炉墙内壁传至炉墙外壁，然后将热量散失于周围空气中。因而，在设计冶金炉时，如何合理考虑加热物料的方式以及适用于加热何种物料，如何减少热的损失等都是必不可少的。为此本节主要研究炉内载热体（电热体或者炉气）的热量传递规律。

2.1.1　传热的基本方式

传热是一种复杂的现象，为了便于研究，根据其物理本质的不同，传热分为三种基本方式：传导传热、对流传热和辐射传热。

（1）传导传热。传导传热是指在没有质点相对位移的情况下，当物体内部具有不同温度，或不同温度的物体直接接触时所发生的热能传递现象。传导传热在固体、液体和气体中都可能发生。在液体和固体介质中，热量的转移依靠弹性波的作用；在金属内部则依靠自由电子的运动；在气体中主要依靠原子或分子的扩散和碰撞。

（2）对流传热。对流传热是由于流体各部分发生相对位移而引起的热量转移。我们所研究的对流传热现象主要是流体流过另一物体表面时所发生的热交换，又称为对流换热。对流换热包含有表面附近层流层内的传导过程和层流层以外的对流过程。

（3）辐射传热。辐射传热是一种由电磁波来传播热能的过程。它与传导传热和对流传热有着本质的区别，它不仅有能量的转移，而且伴随着能量形式的转化，即热能先转变为辐射能，辐射出去被物体吸收后，又将辐射能转化为热能。辐射能的传播不需要传热物体或物体的直接接触。

实际上，在传热过程中，很少有单一的传热方式存在，绝大多数情况下是两种或三种方式同时出现。例如，通过炉墙向外散热的问题，炉内电热体以对流和辐射的方式把热传给炉墙，炉墙以传导的方式把热由内表面传到外表面，炉墙外表面再以对流和辐射的方式向外散热。所以工程上的换热过程几乎都是三种基本传热方式的复杂组合。对这类复杂过程，有时把它当做一个整体看待，称为综合热交换。

2.1.2 温度场和温度梯度

某传热体系或某物体内温度在空间和时间上的分布状况，称为该体系或该物体的温度场。若温度沿 x、y、z 三个轴方向都有变化，称为三向温度场，表示为：

$$t = f(x, y, z, \tau)$$

式中 t——温度；

x，y，z——空间坐标；

  τ——时间。

物体的温度场内任何一点的温度不随时间而变化时，这种温度场称为稳定温度场，这时温度分布仅是空间坐标的函数，即

$$t = f(x, y, z, \tau)$$

$$\frac{\partial t}{\partial \tau} = 0$$

例如，连续工作的炉子在正常工作条件下，炉子砌体的温度场就属于稳定温度场。

如果物体的温度场内各点的温度随时间而变化，这种温度场称为不稳定温度场，即 $\partial t / \partial \tau \neq 0$。例如，加热或冷却过程中钢锭的温度分布就是不稳定温度场。

稳定温度场内的传热称为稳定态传热，不稳定温度场内的传热称为不稳定态传热。

温度分布可以是三个坐标方向、两个坐标方向或一个坐标方向的函数，即温度场可以是三维、二维或一维的。如图 2-1 所示的一块平板，左侧表面上各点的温度都是 t_1，右侧表面上的温度是 t_2，$t_1 > t_2$，热传递只在 x 方向上进行，温度也只在 x 方向有变化，即温度只是 x 坐标的函数：$t = f(x)$，这就是一维的稳定温度场。

把物体上具有相同温度的各点连接起来就成

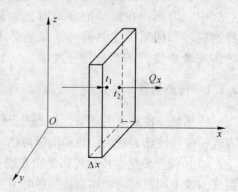

图 2-1 平板温度分布

为等温面。因为在同一个点上不可能存在两个不同的温度，所以温度不同的等温面不会相交。只有穿过等温面的方向（如图 2-1 所示的 x 方向），才能观察到温度的变化。最显著的温度变化是在沿等温面的法线方向上。温度差（$\Delta t = t_1 - t_2$）对于沿法线方向两等温面之间的距离 Δx 的比值的极限，称为温度梯度，故 x 方向的温度梯度为

$$\lim_{\Delta x \to 0} \left(\frac{\Delta t}{\Delta x} \right) = \frac{\partial t}{\partial x} \tag{2-1}$$

温度梯度是一个沿等温面法线方向的矢量，它的正方向朝着温度升高的一面，所以热量传播的方向和温度梯度的正方向相反。

2.2　稳定态传导传热

2.2.1　导热的基本定律

傅里叶（Fourier）研究了固体的导热现象，并于 1822 年发现了一个传热学的基本定律：在纯导热现象中，单位时间内通过给定面积的热量正比于该处的温度梯度及垂直于导热方向的截面面积，这就是著名的傅里叶定律。其数学表达式为

$$Q = -\lambda \frac{\partial t}{\partial x} A \tag{2-2}$$

式中　λ——比例系数，称为导热系数；

A——传热面积，m^2。

负号表示热量传递的方向与温度梯度的方向相反。

单位时间内通过单位面积的热量称为热流密度，用 q 表示，则

$$q = \frac{Q}{A} = -\lambda \frac{\partial t}{\partial x} \tag{2-3}$$

2.2.2　导热系数

导热系数是物质的一种物性参数，它表示物质导热能力的大小，其数值就是单位温度梯度作用下，物体内所允许的热流密度值。

各种不同的物质的导热系数是不同的，即使对于同一物质，其导热系数也是随着物质的结构（密度、孔隙度），温度，压力和湿度而改变。各种物质的导热系数都是用实验方法测定的，一些常用物质的导热系数可以由表 2-1 查得。

表 2-1　各种不同材料的密度、表面温度、导热系数、比热容和导温系数

材料名称	ρ /kg·m^{-3}	t/℃	λ /kJ·(m^2·h·℃)$^{-1}$	c_p /kJ·(kg·℃)$^{-1}$	$\alpha \times 10^3$ /m^2·h^{-1}
铝箔	20	50	0.1675		
石棉板	770	30	0.4187	0.8164	0.712
石棉	470	50	0.3977	0.8164	1.04
沥青	2110	20	2.512	2.093	0.57
混凝土	2300	20	4.605	1.130	1.77

材料名称	ρ /kg·m^{-3}	t/℃	λ /kJ·(m^2·h·℃)$^{-1}$	c_p /kJ·(kg·℃)$^{-1}$	$\alpha \times 10^3$ /m^2·h^{-1}
耐火生黏土	1845	450	3.726	1.088	1.855
干土	1500		0.4982		
湿土	1700		2.366	2.10	0.693
煤	1400	20	0.670	1.306	0.37
绝热砖	550	100	0.5024		
建筑用砖	800~1500	20	0.837~1.047		
硅砖	1000		2.931	0.6783	6.0
焦炭粉	449	100	0.687	1.214	0.126
锅炉水锈（水垢）		65	4.731~11.30		
干砂	1500	20	1.172	0.7955	9.85
湿砂	1650	20	4.061	2.093	1.77
波特兰水泥	1900	30	1.088	1.130	0.506
云母	290		2.093	0.8792	82.0
玻璃	2500	20	2.680	0.670	1.6
矿渣混凝土块	2150		3.349	0.8792	1.78
矿渣棉	250	100	0.252		
铝	2670	0	733.0	0.9211	328.0
青铜	8000	20	230.0	0.3810	75.0
黄铜	8600	0	308.0	0.3768	95.0
铜	8800	0	1328.0	0.3810	412.0
镍	9000	20	209.0	0.4605	50.5
锡	7230	0	230.0	0.2261	141
汞（水银）	13600	0	31.40	0.1382	16.7
铅	11400	0	126.0	0.1298	85.0
银	10500	0	1650.0	0.2345	670.0
铜	7900	20	163.0	0.4605	45.0
锌	7000	20	419.0	0.3936	152.0
铸铁（生铁）	7220	20	226.0	0.5024	62.5

　　各种物质中金属的导热系数最大，纯金属中加入任何杂质，导热系数便迅速降低。高碳钢的导热系数比低碳钢低，高合金钢的导热系数则更低。

　　耐火材料和绝热材料的导热系数一般都比较小，λ_0 的数值在 0.023~2.91W/(m·℃) 的范围内，因为导热系数低，炉内通过砌体传导的热损失就小。导热系数小于 0.23W/(m·℃) 的材料用于热绝缘，所以又称为绝热材料。只有少数情况下，需要耐火材料具有良好的导热性，如马弗罩用的材料等。

气体的导热系数比固体小，一般在 $0.006 \sim 0.6 \mathrm{W}/(\mathrm{m} \cdot \mathrm{℃})$ 之间，如空气在 0℃ 时的导热系数是 $0.024 \mathrm{W}/(\mathrm{m} \cdot \mathrm{℃})$。因此，固体材料中如果有大量气孔，则对材料的导热性能影响很大。多数筑炉的绝热材料具有很低的导热系数，其中一个重要原因是有大量孔隙存在。又如金属板垛或板卷的加热比整块实体金属加热要慢，也是由于板与板之间有缝隙。

很多材料的导热系数都是随温度而变化的，变化的规律比较复杂。但在工程计算中为了应用方便，近似地认为导热系数与温度呈直线关系，即

$$\lambda_t = \lambda_0 + bt \qquad (2\text{-}4)$$

式中　λ_t——t℃ 时材料的导热系数；

　　　λ_0——0℃ 时材料的导热系数；

　　　b——温度系数，视不同材料由实验确定。

部分保温材料和耐火材料的导热系数与温度的关系见表 2-2。

表 2-2　部分保温材料和耐火材料的导热系数与温度的关系

材　料	材料最高允许温度 /℃	密度 ρ /kg · m^{-3}	导热系数 λ /W · (m · ℃)$^{-1}$
黏土砖	$1350 \sim 1450$	$1800 \sim 2040$	$(0.7 \sim 0.84) + 0.00058t$
轻质黏土砖	$1250 \sim 1300$	$800 \sim 1300$	$(0.29 \sim 0.41) + 0.00026t$
超轻质黏土砖	$1150 \sim 1300$	$540 \sim 610$	$0.093 + 0.00016t$
硅　砖	1700	$1900 \sim 1950$	$0.093 + 0.0007t$
镁　砖	$1600 \sim 1700$	$2300 \sim 2600$	$4.1 - 0.00019t$
铬镁砖	1700	3120	$2.78 - 0.00087t$
硅藻土砖	900	500	$0.1 + 0.00023t$
粉煤灰泡沫砖	300	500	$0.099 + 0.00023t$

2.2.3　平壁的传导传热

2.2.3.1　单层平壁导热

如图 2-2 所示的单层平壁，壁厚为 s，壁的两侧保持均匀一定的温度 t_1 和 t_2，材料的导热系数为 λ，并设它不随温度而变化。平壁的温度场属于一维的，即只沿垂直于壁面的 x 轴方向有温度变化。

现在距离左侧壁面 x 处，以两等温面为界划出厚度为 $\mathrm{d}x$ 的单元层，其两面温差为 $\mathrm{d}t$，根据导热基本定律可以写出通过这个单元层的热流密度为

$$q = -\lambda \frac{\mathrm{d}t}{\mathrm{d}x}$$

分离变量后，得

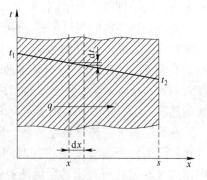

图 2-2　单层平壁导热示意图

$$dt = -\frac{q}{\lambda}dx \tag{2-5}$$

问题所给定的边界条件是

$$x = 0 \text{ 时},\ t = t_1$$

$$x = s \text{ 时},\ t = t_2$$

由于 λ 被视为常数，热流密度在稳定态导热时为定值，则积分式（2-5）可得

$$\int_{t_1}^{t2} dt = -\int_0^s \frac{q}{\lambda}dx$$

$$t_1 - t_2 = \frac{q}{\lambda}s$$

经过整理以后，得到通过单层平壁的稳定态导热公式为

$$q = \frac{\lambda}{s}(t_1 - t_2) \tag{2-6}$$

在时间 τ 内通过平壁面积 A 的总热量为

$$Q = \frac{\lambda}{s}(t_1 - t_2)\tau A$$

由式（2-6）变形后，可得

$$q = \frac{t_1 - t_2}{\dfrac{s}{\lambda}} = \frac{t_1 - t_2}{R_\lambda}$$

把这个式子与电学中的欧姆定律相比较，两者具有类似性：把热流比作电流，热流 q 与电流 I 都是单位时间内通过的能量；把温差 $(t_1 - t_2)$ 比作电压，称为温压；把 s/λ 比作电阻，称为热阻，用符号 R_λ 表示。热阻和电阻一样具有串联的性质，即总热阻等于各分热阻之和，这在多层平壁导热时非常明显。

2.2.3.2 多层平壁导热

凡是由几层不同材料组成的平壁称为多层平壁，如炉墙常由几层不同的材料组成。

如图 2-3 所示的多层平壁，由三层不同材料组成的平壁紧密连接，其厚度分别为 s_1、s_2 和 s_3，导热系数分别为 λ_1、λ_2 和 λ_3，均为常数。最外层两表面分别保持均一的温度 t_1 和 t_4，且 $t_1 > t_4$。假定层与层之间接触很好，没有附加的热阻，可以用 t_2 和 t_3 来表示界面处的温度。

在稳定态下，热流量是常数，即通过每一层的热流量都是相同的，否则温度场将随时间而改变成为不稳定态。根据式（2-6），可写出各层的热流密度为

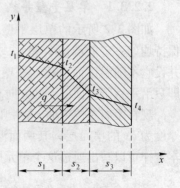

图 2-3 多层平壁导热示意图

$$q = \frac{\lambda_1}{s_1}(t_1 - t_2) \left.\begin{array}{l} \\ \\ \end{array}\right\}$$

$$q = \frac{\lambda_2}{s_2}(t_2 - t_3)$$ (2-7a)

$$q = \frac{\lambda_3}{s_3}(t_3 - t_4)$$

或

$$t_1 - t_2 = q\frac{s_1}{\lambda_1} \left.\begin{array}{l} \\ \\ \end{array}\right\}$$

$$t_2 - t_3 = q\frac{s_2}{\lambda_2}$$ (2-7b)

$$t_3 - t_4 = q\frac{s_3}{\lambda_3}$$

各层温度变化的总和就是整个三层壁的总温度差，将方程组（2-7b）三个式子相加得

$$t_1 - t_4 = q\left(\frac{s_1}{\lambda_1} + \frac{s_2}{\lambda_2} + \frac{s_3}{\lambda_3}\right)$$

由此求得热流密度 q 为

$$q = \frac{t_1 - t_4}{\dfrac{s_1}{\lambda_1} + \dfrac{s_2}{\lambda_2} + \dfrac{s_3}{\lambda_3}}$$ (2-8)

依此类推，可以写出对于 n 层壁的计算公式

$$q = \frac{t_1 - t_{n+1}}{\displaystyle\sum_{i=1}^{n} \frac{s_i}{\lambda_i}}$$

工程计算中，往往需要知道层与层之间界面上的温度，求出 q 以后代入式（2-7b），就能得到 t_2 和 t_3 的数值

$$t_2 = t_1 - q\frac{s_1}{\lambda_1} \left.\begin{array}{l} \\ \\ \end{array}\right\}$$

$$t_3 = t_2 - q\frac{s_2}{\lambda_2} = t_1 - q\left(\frac{s_1}{\lambda_1} + \frac{s_2}{\lambda_2}\right)$$ (2-9)

例2.1　求通过炉墙的热流密度。炉墙由两层砖组成，内层为 460mm 硅砖，外层为 230mm 轻质黏土砖，炉墙内表面温度 1600℃，外表面温度 150℃。

解: 根据表 2-2 求出砖的导热系数 λ，为此必须先求各层砖的平均温度，但界面温度 t_2 为未知数，故先假设 $t_2 = 1100℃$。于是得到硅砖的导热系数 λ_1 和轻质黏土砖的导热系数 λ_2 为

$$\lambda_1 = 0.93 + 0.0007t = 0.93 + 0.0007 \times \frac{1600 + 1100}{2} = 1.875 \text{W/(m · ℃)}$$

$$\lambda_2 = 0.35 + 0.00026t = 0.35 + 0.00026 \times \frac{1100 + 150}{2} = 0.513 \text{W/(m · ℃)}$$

将已知各值代入式 (2-8)，得

$$q = \frac{t_1 - t_3}{\frac{s_1}{\lambda_1} + \frac{s_2}{\lambda_2}} = \frac{1600 - 150}{\frac{0.46}{1.875} + \frac{0.23}{0.513}} = 2089\,\text{W/m}^2$$

再将 q 值代入式 (2-9)，验算所假设的温度 t_2，则

$$t_2 = t_1 - q\frac{s_1}{\lambda_1} = 1600 - 2089 \times \frac{0.46}{1.875} = 1087\,℃$$

温度 t_2 与所设的 1100℃基本相符，这一误差可允许。如所得 t_2 与所设温度出入较大，可以用逐步逼近的试算法，再取 t_2 重新计算。

2.2.4　圆筒壁的传导传热

2.2.4.1　单层圆筒壁的导热

平壁的导热计算公式不适用于圆筒壁的导热，因为圆筒壁的环形截面积沿半径方向不断变化，所以通过不同截面的热流密度实际上也是不同的。

如图 2-4 所示，设圆筒壁的内外半径分别为 r_1 和 r_2，圆筒壁长度比直径大得多，内外表面各维持均一的温度 t_1 和 t_2，且 $t_1 > t_2$。设温度只沿径向改变，轴向的变化忽略不计，因此温度场仍是一维的。设材料的导热系数为 λ，且不随温度变化。

设想在离中心 r 处取一厚度为 dr 的环形薄层，根据导热基本定律，单位时间通过此薄层的热量为

$$Q = -\lambda\frac{dt}{dr}A = -\lambda\frac{dt}{dr}2\pi rl$$

式中　l——圆筒壁长度，m。

分离变量后，则

$$dt = -\frac{Q}{2\pi\lambda L} \cdot \frac{dr}{r}$$

根据所给边界条件进行积分

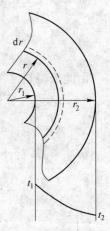

图 2-4　单层圆筒壁
的导热示意图

$$\int_{t_1}^{t_2}dt = -\frac{Q}{2\pi\lambda l}\int_{r_1}^{r_2}\frac{dr}{r}$$

$$t_1 - t_2 = \frac{Q}{2\pi\lambda l}(\ln r_2 - \ln r_1)$$

整理后，就得到单层圆筒壁的热量计算公式

$$Q = \frac{2\pi\lambda l}{\ln\frac{r_2}{r_1}}(t_1 - t_2) = \frac{2\pi\lambda l}{\ln\frac{d_2}{d_1}}(t_1 - t_2) \tag{2-10}$$

对于圆筒壁，如其厚度和半径相比很小时，例如当 $d_2/d_1 \leqslant 2$ 时，可以近似地用平壁的导热计算公式，即把圆筒壁当做展开了的平壁。这时壁厚度 $s = \dfrac{d_2 - d_1}{2}$，而管壁的面积取内外表面积的平均值，即

$$A = \pi(\frac{d_1 + d_2}{2})l$$

这种计算结果是近似的，所得的 Q 值稍大一些。

2.2.4.2 多层圆筒壁的导热

多层圆筒壁的导热问题，可以像处理多层平壁那样，运用串联热阻叠加的原理，即可得到计算公式。如三层圆筒壁的热流量公式为

$$Q = \frac{2\pi l(t_1 - t_4)}{\frac{1}{\lambda_1}\ln\frac{r_2}{r_1} + \frac{1}{\lambda_2}\ln\frac{r_3}{r_2} + \frac{1}{\lambda_3}\ln\frac{r_4}{r_3}} \tag{2-11}$$

2.3 对流传热

流体流过固体表面时，如果两者存在温度差，相互间就要发生热的传递，这种传热过程称为对流传热。这种过程既包括流体位移所产生的对流作用，同时也包括分子间的传导作用，是一个复杂的传热现象。研究对流传热的主要目的是确定对流传热量，计算仍然采用牛顿提出的这一基本公式，即

$$Q = \alpha(t_1 - t_w)A \tag{2-12}$$

式中　t_1, t_w ——分别代表流体和固体表面的温度，℃；

　　　　A ——换热面积，m^2；

　　　　α ——对流传热系数，$W/(m \cdot ℃)$。

式（2-12）看起来很简单，其实并没有从根本上简化。因为对流传热是一个复杂的过程，不可能只用一个简单的代数方程来描述，只不过把影响对流传热的全部复杂因素都集中到对流传热系数 α 来。所以，研究对流传热的关键，就是要确定对流传热系数与各影响因素的关系，找出各种情况下对流传热系数的数值。

2.3.1 对流传热的机理

由气体力学可知，当气体流经固体表面时，由于黏性力的作用，在接近表面处存在一个速度梯度很大的流体薄层，称为速度边界层。与速度边界层类似，在表面附近也存在一个温度发生急剧变化的薄层，称为热边界层。一般情况下，热边界层的厚度 δ_t 不一定等于速度边界层的厚度 δ。

由于层流边界层内分子没有垂直于固体表面的运动，其中的热传递只能依靠传导作用，即使层流底层很薄，对热传递仍有不可忽视的影响。炉内作为载热体的炉气的导热系数很小，因此对流传热的热阻主要在于热边界层中（见图2-5）。至于紊流核心中，流体兼有垂直于固体表面方向的运动，强烈的混合大大提高了热传递的强度，基本上不存在温度梯度。

由以上分析可见，凡是影响边界层状况和紊流紊乱程度的因素，都影响到对流换热的速率。例如，流体的流速 ω（速度的大小决定边界层的厚薄）、流体的导热系数 λ（λ 越大层流底层的热阻越小）、流体的黏度 μ（黏度越大边界层越厚）、流体的比热容 c、流体的密度 ρ、流体和固体表面的温度 t_1 和 t_w、固体表面的形状 ϕ 和尺寸 l 等。换言之，对流

传热系数 α 是以上各因素的复杂函数，即

$$\alpha = f(\omega,\lambda,\mu,c,\rho,t_1,t_w,\phi,l,\cdots)$$

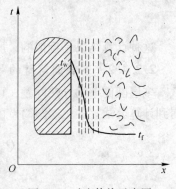

图 2-5　对流传热示意图

显然，要建立 α 与上述因素的真正数学关系式是十分困难的。研究对流传热的方法（求解 α）有两种：一种是数学分析方法，一种是实验方法。前者是建立起描述换热现象的一组微分方程式，然后给出一些边界条件，积分求解。由于对流现象的复杂性，目前只是在做了大量简化假定以后才能解出，结果误差也比较大。研究对流传热现象更主要的是采用相似原理指导下的实验法，这个方法对于研究流体力学、传质现象等领域的问题也有重大的实际意义。本节主要介绍实验法及所导出的部分公式。

2.3.2　对流传热的数学公式

根据上述对流传热的机理分析，对流传热过程需要用一组微分方程式来描述。

2.3.2.1　换热微分方程

前已指出，层流底层内的传热只能靠传导。因此，根据傅里叶定律，可得

$$dQ = -\lambda\frac{\partial t}{\partial x}dA$$

另外，根据牛顿公式，则有

$$dQ = \alpha(t_1 - t_w)dA = \alpha\Delta t dA$$

由以上两式可得

$$\alpha = -\frac{\lambda}{\Delta t}\cdot\frac{\partial t}{\partial x} \tag{2-13}$$

式（2-13）就称为换热微分方程式，它描述了边界上的换热过程，也显示了对流传热系数 α 的物理本质。

2.3.2.2　导热微分方程

要确定 α，必须知道边界层内的温度梯度，即需要知道流体的温度分布。描述运动流体中的温度场的导热微分方程式的形式如下：

$$\frac{\partial t}{\partial\tau} + \frac{\partial t}{\partial x}\omega_x + \frac{\partial t}{\partial y}\omega_y + \frac{\partial t}{\partial z}\omega_z = \alpha(\frac{\partial^2 t}{\partial x^2} + \frac{\partial^2 t}{\partial y^2} + \frac{\partial^2 t}{\partial z^2}) \tag{2-14}$$

式（2-14）的左边是函数 $t = f(x,y,z,\tau)$ 对时间 τ 的全微分，$\partial t/\partial\tau$ 表示流体各点上温度随时间的变化，其余各项表示由空间一点向另一点移动时温度的变化。式（2-14）也称傅里叶-克希荷夫方程。如果是固体物质，则 $\omega_x = \omega_y = \omega_z = 0$，式（2-14）即成为固体导热微分方程式。

2.3.2.3　运动微分方程

流体中的温度分布与速度分布有关，描述黏性流体运动的微分方程式是纳维尔-斯托克斯方程。

上述微分方程组是对一切对流换热规律的一般性描述，只能给出这类现象的通解。为了求解某个具体的问题，必须附加若干反映具体特点的单值条件。这些条件包括边界条件

（边界上速度及温度的分布等），几何条件，物理条件（流体的导热系数 λ、密度 ρ、导温系数 α 等），时间条件（稳定流动还是不稳定流动）。单值条件和换热微分方程组，给出了对于对流传热现象完整的数学描述。

2.3.3 对流传热的实验公式

对流换热的实验公式——特征数方程式，根据换热过程的特点而不同。本节只能介绍几类常见的特征数方程式。

2.3.3.1 管内强制对流换热

管内流体的强制流动处于紊流状态，流体与管壁间的对流换热，可采用应用广泛而较可靠的特征数式，即迪图斯（Dittus）-玻尔特（Boelter）方程：

$$Nu_f = 0.023\, Re_f^{0.8}\, Pr_f^{0.4} \tag{2-15}$$

式中，特征数下角 f 表示以流体的平均温度为定性温度，这个式子的适用范围是：

（1）光滑的长管，而且只适用于 $l/d \geqslant 50$；至于 $l/d < 50$ 的短管，则按式（2-15）计算后乘以校正系数 ε_l，其数值见表 2-3。

表 2-3　校正系数 ε_l 值

Re ＼ l/d	1	2	5	10	15	20	30	40	50
1×10^4	1.65	1.50	1.34	1.23	1.17	1.13	1.07	1.03	1
2×10^4	1.51	1.40	1.27	1.18	1.13	1.10	1.05	1.02	1
5×10^4	1.34	1.27	1.18	1.13	1.10	1.08	1.04	1.02	1
1×10^5	1.28	1.22	1.15	1.10	1.08	1.06	1.03	1.02	1
1×10^6	1.14	1.11	1.08	1.04	1.03	1.03	1.02	1.01	1

（2）适用的雷诺数范围为 $Re = 10^4 \sim 1.2 \times 10^5$，普朗特数范围为 $Pr = 0.71 \sim 20$。

（3）流体与管壁的温差不大，一般不超过 50℃；对于温差大的情况，式（2-15）的右侧要乘以校正系数 ε_t，$\varepsilon_t = \left(\dfrac{\mu_f}{\mu_w}\right)^{0.14}$，式中，$u_f$ 和 u_w 分别代表在流体温度与壁面温度下流体的黏度。

（4）管道为直管。对于弯管要在式（2-15）的右侧乘以校正系数 ε_R，$\varepsilon_R = 1 + 1.77\dfrac{d}{R}$，式中，$R$ 为管子的曲率半径，d 为管子直径（m）。

例 2.2　热风管道内的热空气以 $\omega = 8\text{m/s}$ 的速度流动，管道直径 $d = 250\text{mm}$，长度 $l = 10\text{m}$。如果热空气的平均温度为 100℃，其物性参数为 $\lambda = 0.0321\text{W}/(\text{m} \cdot \text{℃})$；$\nu = 23.13 \times 10^{-6}\text{m}^2/\text{s}$；$Pr = 0.688$，求空气对管道壁的对流传热系数。

解：当 $t = 100$℃时，计算特征数

$$Re = \frac{wd}{\nu} = \frac{8 \times 0.25}{23.13 \times 10^{-6}} = 8.65 \times 10^4$$

可以看出，热空气在管内作紊流运动（$Re > 10^4$）可以应用式（2-15），得

$$Nu = 0.023 \times (8.65 \times 10^4)^{0.8} \times 0.688^{0.4} = 176.35$$

$$\alpha = Nu \frac{\lambda}{d} = 176.35 \times \frac{0.0321}{0.25} = 22.64 \, W/(m^2 \cdot ℃)$$

因为 $l/d = 10/0.25 = 40 < 50$，所以得到的结果应乘以 ε_t。由表 2-3 查得 ε_t 等于 1.02，得到的对流传热系数为

$$\alpha = 22.64 \times 1.02 = 23.09 \, W/(m^2 \cdot ℃)$$

2.3.3.2　流体掠过平板时的对流换热

根据边界层是层流或紊流两种情况，有不同的计算公式。常用的公式如下：

层流边界层（$Re < 5 \times 10^5$）

$$Nu_m = 0.664 \, Re_m^{1/2} \, Pr_m^{1/3} \tag{2-16a}$$

紊流边界层（$Re = 5 \times 10^5 \sim 5 \times 10^7$）

$$Nu_m = 0.037 \, Re_m^{4/5} \, Pr_m^{1/3} \tag{2-16b}$$

式中的定性温度均取边界层的平均温度，即 $t_w = \frac{1}{2}(t_f + t_w)$，定性尺寸取平板长 L。

2.3.3.3　流体横向流过单管时的换热

对于圆管，得到下列的特征数方程式：

当 $Re_f = 10 \sim 10^3$ 时

$$Nu_f = 0.50 \, Re_f^{0.5} \, Pr_f^{0.38} \left(\frac{Pr_f}{Pr_w}\right)^{0.25} \tag{2-17}$$

当 $Re_f = 1 \times 10^3 \sim 2 \times 10^3$ 时

$$Nu_f = 0.25 \, Re_f^{0.6} \, Pr_f^{0.38} \left(\frac{Pr_f}{Pr_w}\right)^{0.25} \tag{2-18}$$

2.3.3.4　自然对流时的换热

　　流体各部分因冷热不均而密度不同所引起的流动称为自然对流。设一个固体表面与周围流体有温度差。这时假定固体的温度高，流体受热密度变小而上升。同时冷气流流过来补充，这样就在固体表面与流体之间产生了自然对流换热。

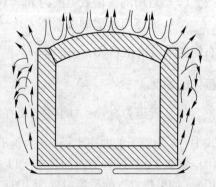

　　炉子外表面与大气就存在着自然对流换热，如图 2-6 所示。显而易见，炉顶附近的对流循环比较容易，侧墙次之，而架空炉底下面的循环较难，对流换热的能力也最差。所以固体表面的位置是影响自然对流的因素之一。当换热面向上时，计算所得的传热系

图 2-6　炉子外表面与大气间的自然对流

数 α 比垂直表面增加约 30%；若换热面向下，则 α 要减少约 30%。

　　自然对流换热的特征数方程式具有下列的形式：

$$Nu_m = C \, (GrPr)_m^n \tag{2-19}$$

式中，Gr 是一个流体自然流动过程特有的相似特征数，它是浮升力与黏性力间的比值，称为格拉晓夫数，其表达式为

$$Gr = \frac{g\beta l^3 \Delta t}{\nu^2}$$

式中　β——流体的体积膨胀系数；

　　Δt——壁面与流体间的温度差，℃。

式（2-19）中的 C 和 n 值按表2-4选用。式（2-19）适用于 $Pr > 0.7$ 的各种流体，定性温度取边界层的平均温度，即

$$t_m = \frac{1}{2}(t_f + t_w)$$

表2-4　式（2-19）中的 C 和 n 值

换热面形状和位置		$Gr^m Pr^m$	C	n	定形尺寸
竖平板及竖圆柱（管）		$10^4 \sim 10^8$（层流）	0.59	1/4	高 L
		$10^9 \sim 10^{12}$（紊流）	0.12	1/3	高 L
横圆柱（管）		$10^4 \sim 10^9$（层流）	0.53	1/4	直径 D
		$10^9 \sim 10^{13}$（紊流）	0.13	1/3	直径 D
横平板	热面向上	$10^5 \sim 2 \times 10^7$（层流）	0.54	1/4	短边 L
		$2 \times 10^7 \sim 3 \times 10^{10}$（紊流）	0.14	1/3	短边 L
	热面向下	$3 \times 10^5 \sim 3 \times 10^{10}$（层流）	0.27	1/4	短边 L

除了上述的特征数方程式外，还有另一类公式，是适用于范围更有限的经验式，如设备表面和大气的自然对流换热，传热系数 α 可用下列公式计算：

$$\left. \begin{array}{l} 垂直放置时, \alpha = 2.56 \sqrt[4]{\Delta t} \\ 水平面向上时, \alpha = 3.26 \sqrt[4]{\Delta t} \\ 水平面向下时, \alpha = 1.98 \sqrt[4]{\Delta t} \end{array} \right\} \qquad (2-20)$$

式中　Δt——固体表面与大气的温度差，℃。

2.4　辐 射 传 热

2.4.1　热辐射的基本概念

2.4.1.1　热辐射的本质

辐射传热与传导传热或对流传热有着本质的区别。传导与对流传递热量要依靠传导物体或流体本身，而辐射是电磁能的传递，能量的传递不需要任何中间介质的直接接触，真空中也能进行。

物体中带电微粒的能级若发生变化，就会向外发射辐射能。辐射能的载运体是电磁波，电磁波根据其波长的不同，有宇宙射线、γ 射线、X 射线、紫外线、可见光、红外线和无线电波等。物体把本身的内能转化为对外发射辐射能及其传播的过程称为热辐射。热辐射效应最显著的射线，主要是红外线波（0.76 ~ 20μm），其次是可见光波（0.38 ~ 0.76μm）。作为工业炉上所涉及的温度范围，热辐射主要位于红外线波的区段，也称为热射线。

辐射是一切物体固有的特性，只要物体温度在绝对零度以上，都会向外辐射能量，不仅是高温物体把热量辐射给低温物体，而且低温物体也向高温物体辐射能量。所以辐射传热是物体之间相互辐射和吸收过程的结果，只要参与辐射的各物体温度不同，辐射传热的差值就不会等于零，最终低温物体得到的热量就是热交换的差额。因此，辐射即使在两个物体温度达到平衡后仍在进行，只不过换热量等于零，温度没有变化而已。

2.4.1.2 黑体、白体和透热体

热射线和可见光线的本质相同，因此可见光线的传播、反射和折射等规律，对热射线也同样适用。

如图 2-7 所示，当辐射能 Q 投射到物体上以后，一部分能量 Q_A 被物体吸收，一部分能量 Q_R 被反射，另一部分能量 Q_D 透过该物体。

于是，按能量平衡关系可得

$$Q = Q_A + Q_R + Q_D$$

或 $$\frac{Q_A}{Q} + \frac{Q_R}{Q} + \frac{Q_D}{Q} = 1$$

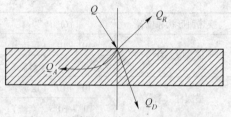

图 2-7　热射线的传播、反射和折射

式中 $\dfrac{Q_A}{Q}, \dfrac{Q_R}{Q}, \dfrac{Q_D}{Q}$ ——分别称为该物体的吸收率、反射率和透过率，并依次用符号 A、

R、D 表示，由此可得

$$A + R + D = 1 \tag{2-21}$$

绝大多数工程材料都是不透过热射线的，即

$$D = 0, \quad A + R = 1$$

当 $R = 0, D = 0, A = 1$ 时，即落在物体上的全部辐射热能都被该物体所吸收，这种物体称为绝对黑体，简称黑体。

当 $A = 0, D = 0, R = 1$ 时，即落在物体上的全部辐射热能完全被该物体反射出去，这种物体称为绝对白体，简称白体。如果对辐射热能的反射角等于入射角，形成镜面反射，这样的物体称为镜体。白体和白色物体概念是不同的，白色物体是指对可见光有很好的反射性能的物体，而白体是指对热射线有很好的反射能力的物体，如石膏是白色的，但并不是白体，因为它能吸收落在它上面的热辐射的 90% 以上，更接近于黑体。

当 $A = 0, R = 0, D = 1$ 时，即投射到物体上的辐射热全部能透过该物体，这种物体称为绝对透明体或透热体。透明体也是对热射线而言的，如玻璃对可见光来说是透明体，但对热辐射却几乎是不透明体。例如，在加热炉或轧钢机前的操纵台上装有玻璃窗，可以透过可见光便于操作，而挡住了长波热射线的辐射。

自然界所有物体的吸收率、反射率和透过率的数值都在 0~1 之间变化，绝对黑体并不存在。但绝对黑体这个概念，无论在理论上还是实验研究工作中都是十分重要的。用人工方法可以制成近乎绝对黑体的模型。如图 2-8 所示，在空心物体的壁上开一个小孔，假使各部分温度均匀，此小孔就具有绝对黑体的性质。若小孔面积小于空心物体内壁面积的 0.6%，所有进入小孔的辐射热，在多次反射以后，99.6% 以上都将被内壁吸收。

2.4.2 热辐射的基本定律

2.4.2.1 普朗克定律

单位时间内物体单位表面积所辐射出去的（向半球空间所有方向）总能量，称为辐射能力 E，单位是 W/m^2。辐射能力包括发射出去的波长从 $\lambda = 0$ 到 $\lambda = \infty$ 的一切波长的射线。假若令 ΔE 代表从 λ 到 $\lambda + \Delta\lambda$ 的波长间隔内物体的辐射能力，则

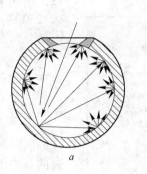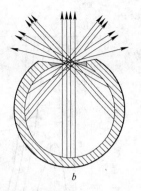

图 2-8　绝对黑体的模型
a—吸收；b—辐射

$$E_\lambda = \lim_{\Delta\lambda \to 0} \frac{\Delta E}{\Delta \lambda} = \frac{dE}{d\lambda} \quad (2\text{-}22)$$

式中　E_λ——单色辐射力，W/m^3 或 $W/(m^2 \cdot \mu m)$。

显然，辐射能力与单色辐射力之间存在下列关系

$$E = \int_0^\infty E_\lambda d\lambda \quad (2\text{-}23)$$

普朗克根据量子理论，导出了黑体的单色辐射力 $E_{0\lambda}$（0 表示黑体）和波长及绝对温度之间的关系，即

$$E_{0\lambda} = \frac{C_1 \lambda^{-5}}{e^{C_2/(\lambda T)} - 1} \quad (2\text{-}24)$$

式中　λ——波长，m；

　　　T——黑体的绝对温度，K；

　　　e——自然对数的底；

　　　C_1——常数，等于 $3.743 \times 10^{-16} W \cdot m^2$；

　　　C_2——常数，等于 $1.4387 \times 10^{-2} m \cdot K$。

图 2-9 也就是普朗克定律所揭示的关系。由图 2-9 可见，当 $\lambda = 0$ 时，$E_{0\lambda} = 0$，随着波长的增加，单色辐射力也增大，当波长达到某一值时，$E_{0\lambda}$ 有一峰值，以后又逐渐减小。温度越高，$E_{0\lambda}$-λ 曲线的峰值越向左移。同时由图 2-9 也可看出，在工业炉的温度范围，辐射力最强的多是在 λ 为 $0.8 \sim 1.0 \mu m$ 的区域，这正是红外线的波长范围，而波长较短的可见光占的比重很小。炉内钢锭温度低于 $500^\circ C$ 时，由于实际上没有可见光的辐射，因而看不见颜色的变化。但温度逐渐升高后，钢锭颜色开始由暗红转向黄白色，直至白色，这正说明随温度的升高，钢锭辐射的可见光不断增加。在太阳的温度下（5800K），单色辐射力的最大值才在可见光的范围内。

2.4.2.2 斯蒂芬-玻耳兹曼定律

根据式（2-23）可写出黑体的辐射能力

$$E_0 = \int_0^\infty E_{0\lambda} d\lambda = \int_0^\infty \frac{C_1 \lambda^{-5}}{e^{C_2/(\lambda T)} - 1} d\lambda = \sigma_0 T^4 \quad (2\text{-}25)$$

式（2-25）就是斯蒂芬-玻耳兹曼定律。σ_0 为绝对黑体的辐射常数，其值为 $5.67 \times 10^{-8} W/(m^2 \cdot K^4)$。式（2-25）说明黑体的辐射能力与其绝对温度的四次方成正比，故

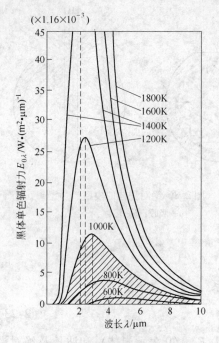

图 2-9　黑体的单色辐射力和
波长及绝对温度之间的关系

这个定律又称为四次方定律。在技术计算里，式（2-25）写成下列更便于计算的形式

$$E_0 = C_0 \left(\frac{T}{100}\right)^4 \tag{2-26}$$

式中　C_0——绝对黑体的辐射系数，等于 5.67W/（$m^2 \cdot K^4$）。

由于辐射能力与其绝对温度的四次方成正比，在温度升高的过程中，辐射能力的增长是非常迅速的。炉子的温度越高，辐射传热方式在整个热交换中占的比重越大。

2.4.2.3　兰贝特定律

四次方定律所确定的辐射能力是单位表面向半球空间辐射的总能量。但有多少能量可以落到另一个表面上去，就要考察一下辐射按空间方向分布的规律。

经推导，兰贝特定律的公式为

$$dQ_{1-2} = E_0 d\omega \cos\varphi dA_1 \tag{2-27}$$

式中　E_0——法线方向的辐射能力，W/m^2。

兰贝特定律也称为余弦定律，它表明黑体单位面积发出的辐射能落到空间不同方向单位立体角中的能量，正比于该方向与法线间夹角的余弦。

2.4.2.4　克希荷夫定律

克希荷夫定律确定了物体黑度与吸收率之间的关系，它可以从两表面间辐射传热的关系导出。

设有两个互相平行、相距很近的平面（见图 2-10），每一个平面所射出的辐射能全部可以落到另一平面上。表面 1 是绝对黑体，表面 2 是灰体。两个表面的温度、辐射

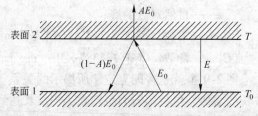

图 2-10　两表面间辐射传热关系

能力和吸收率分别为 T_0、E_0、A_0（$=1$）和 T、E、A。表面 1 辐射的能量 E_0 落到表面 2 上时，被吸收 AE_0 的能量，其余 $(1-A)E_0$ 的能量反射回去，被表面 1 吸收；表面 2 辐射的能量 E 落在表面 1 上被全部吸收。表面 2 热量的收支差额为

$$q = E - AE_0$$

当体系处于热平衡状态时，$T = T_0$，$q = 0$，上式变为

$$E = AE_0 \quad \text{或} \quad \frac{E}{A} = E_0$$

把这种关系推广到任意物体，可以得到

$$\frac{E_1}{A_1} = \frac{E_2}{A_2} = \cdots = \frac{E}{A} = E_0 \tag{2-28}$$

式（2-28）说明任何物体的辐射能力和吸收率的比值，恒等于同温度下黑体的辐射能力，与物体的表面性质无关，仅是温度的函数，这就是克希荷夫定律。

已知 $E = \varepsilon E_0$，将这一关系代入式（2-28），得

$$\varepsilon E_0 = A E_0$$

$$\varepsilon = A \tag{2-29}$$

2.4.3 物体表面间的辐射换热

2.4.3.1 两平面组成的封闭体系的辐射换热

设有温度分别为 T_1 和 T_2 的两个互相平行的黑体表面，组成了一个热量不向外散失的封闭体系，如图 2-11 所示。设 $T_1 > T_2$，表面 1 投射的热量 E_1 全部落到表面 2 上并被完全吸收；表面 2 投射的热量 E_2，也全部落到表面 1 上并被完全吸收。结果两表面所得的热量是两者热交换能量的差额，即

$$q = E_1 - E_2 = C_0 \left(\frac{T_1}{100} \right)^4 - C_0 \left(\frac{T_2}{100} \right)^4 = C_0 \left[\left(\frac{T_1}{100} \right)^4 - \left(\frac{T_2}{100} \right)^4 \right]$$

$$\tag{2-30}$$

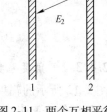

图 2-11 两个互相平行的
平面间的辐射传热

如果两个平面不是黑体而是灰体，情况就要复杂得多。设两表面的吸收率分别为 A_1 和 A_2，透过率 $D_1 = D_2 = 0$。

1 面辐射的热量	E_1
2 面吸收的热量	$E_1 A_2$
2 面反射回去的热量	$E_1(1 - A_2)$
1 面吸收反射回去的热量	$E_1(1 - A_2)A_1$
1 面又反射回去的热量	$E_1(1 - A_2)(1 - A_1)$
2 面又吸收的热量	$E_1(1 - A_2)(1 - A_1)A_2$

$$\vdots$$

同理，

2 面辐射的热量	E_2
1 面吸收的热量	$E_2 A_1$
1 面反射回去的热量	$E_2(1 - A_1)$
2 面吸收反射回去的热量	$E_2(1 - A_1)A_2$
2 面反射回去的热量	$E_2(1 - A_1)(1 - A_2)$
1 面又吸收的热量	$E_2(1 - A_1)(1 - A_2)A_1$

如此反复吸收和反射，最后被完全吸收。

令 $(1 - A_1)(1 - A_2) = p$，则 1 面辐射又回到 1 面而被它吸收的热量为

$$E_1(1 + p + p^2 + \cdots)(1 - A_2)A_1 \tag{2-31}$$

因为 $p < 1$，所以无穷数列 $(1 + p + p + \cdots)$ 的和等于 $\dfrac{1}{1 - p}$，代入式（2-31），得 1 面辐射又回到 1 面而被它吸收的热量为

$$\frac{E_1(1 - A_2)A_1}{1 - p}$$

1 面吸收来自 2 面辐射的热量为

$$E_2(1 + p + p^2 + \cdots)A_1 = \frac{E_2 A_1}{1 - p}$$

因此 1 面传给 2 面的热量应等于 1 面热量收支的差额，即

$$Q = E_1 - \frac{E_1(1 - A_2)A_1}{1 - p} - \frac{E_2 A_1}{1 - p} \tag{2-32}$$

由于 $1 - p = 1 - (1 - A_1)(1 - A_2) = 1 - 1 + A_1 + A_2 - A_1 A_2$，将其代入式 (2-32)，得

$$Q = \frac{E_1 A_2 - E_2 A_1}{A_1 + A_2 - A_1 A_2} \tag{2-33}$$

因为 $E_1 = C_1\left(\dfrac{T_1}{100}\right)^4$，$E_2 = C_2\left(\dfrac{T_2}{100}\right)^4$，代入式 (2-33) 可得

$$q = \frac{\left(\dfrac{T_1}{100}\right)^4 - \left(\dfrac{T_2}{100}\right)^4}{\dfrac{1}{C_1} + \dfrac{1}{C_2} - \dfrac{1}{C_0}} = C\left[\left(\dfrac{T_1}{100}\right)^4 - \left(\dfrac{T_2}{100}\right)^4\right] \tag{2-34}$$

式中　C——辐射系数，$W/(m^2 \cdot K^4)$。

由于 $C_1 = \varepsilon_1 C_0$，$C_2 = \varepsilon_2 C_0$，因此

$$C = \frac{5.67}{\dfrac{1}{\varepsilon_1} + \dfrac{1}{\varepsilon_2} - 1} \tag{2-35}$$

2.4.3.2　角度系数

图 2-12 所示的辐射换热系统是由两个任意放置的黑体表面组成的。

在计算两表面间辐射热交换时，要求知道某表面投射到另一表面的辐射能占该投射表面总辐射能量的比例，即前者对后者的角度系数。设 F_1 面辐射出去的总能量为 $E_1 F_1$，若其中投射到 F_2 面上的辐射能为 Q_{12}，则 F_1 面对 F_2 面的角度系数 φ_{12} 为：

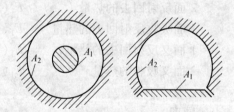

图 2-12　两个任意放置的黑体表面组成的辐射传热系统

$$\varphi_{12} = \frac{Q_{12}}{E_1 F_1}$$

$$Q_{12} = E_1 F_1 \varphi_{12}$$

角度系数纯粹是一个综合的几何参数，只与两表面大小、形状、距离和相互位置有关，而不受温度及黑度的影响。关于角度系数的推导本书中已省略，角度系数的数值最大只能为 1，一般小于 1。

根据冶金炉中常见的几种情况，介绍几种角度系数以便计算时使用。

（1）两个彼此平行且十分靠近的大平面。因彼此很靠近，表面的任意一边尺寸相对于两表面间的距离来说大得多。按辐射线直线传播的原理，两个表面向外辐射的射线都不可能投落到自身表面，而投向第三表面的射线可忽略不计，因而可认为每一表面的辐射能

都全部投射到对方表面上。因此，这种情况的角度系数可写成 $\varphi_{12} = \varphi_{21} = 1$。

（2）一个大曲面（F_1）包围一个小曲面（F_2）。因向外辐射不可能投落到自力表面，即

$$\varphi_{11} = 0, \quad \varphi_{12} = 1 - \varphi_{11} = 1, \quad \varphi_{21} = \frac{F_1}{F_2}\varphi_{12} = \frac{F_1}{F_2}$$

（3）两个表面围成封闭体系，其中之一（F_1）为平面或凸面。

（4）因 F_1 向外辐射不可能投落到自身表面，即

$$\varphi_{11} = 0, \quad \varphi_{12} = 1 - \varphi_{11} = 1, \quad \varphi_{21} = \frac{F_1}{F_2}$$

2.4.3.3 两个任意表面组成封闭体系时的辐射换热

任意放置的两表面间的辐射换热的分析，利用有效辐射的概念要简单得多。所谓有效辐射是指表面本身的辐射和投射到该表面被反射的能量的总和，即

表面 1 的有效辐射 = 表面 1 的辐射 + 表面 1 对表面 2 有效辐射的反射

一个表面得到的净热可以根据热平衡得出，即投射到该面的热量减去该面有效辐射所得的差额，例如：

从表面 2 之外观察，表面 2 得到的净热

$$Q_2 = Q_{效1}\varphi_{12} - Q_{效2}\varphi_{21} \tag{2-36a}$$

同时，从表面 2 之内观察，表面 2 得到的净热

$$Q_2 = (Q_{效1}\varphi_{12} + Q_{效2}\varphi_{21}) - E_2 A_2 \tag{2-36b}$$

式（2-36b）的右侧第一项是表面 2 吸收的热量，第二项是释放的热量，式（2-36a）与式（2-36b）是一致的，把两式合并，可得

$$Q_{效2} = Q_2\left(\frac{1}{\varepsilon_2} - 1\right) + \frac{E_2}{\varepsilon_2}A_2 \tag{2-36c}$$

$$Q_{效1} = Q_1\left(\frac{1}{\varepsilon_1} - 1\right) + \frac{E_1}{\varepsilon_1}A_1 \tag{2-36d}$$

同理，表面 1 得到的热量应等于表面 2 失去的热量，即

$$Q_1 = -Q_2 \tag{2-36e}$$

将以上各式联立，经过整理，就可以得到任意放置的两表面组成的封闭体系的辐射换热量计算公式（设 $T_1 > T_2$）

$$Q_2 = \frac{5.67}{\left(\frac{1}{\varepsilon_1} - 1\right)\varphi_{12} + 1 + \left(\frac{1}{\varepsilon_2} - 1\right)\varphi_{21}}\left[\left(\frac{T_1}{100}\right)^4 - \left(\frac{T_2}{100}\right)^4\right]A_1\varphi_2 \tag{2-37}$$

对于如图 2-12 所示的这种简单的情况，这时 $\varphi_{12} = 1$，即表面 1 辐射的能量全部可以落在表面 2 上，式（2-37）便简化为

$$Q_2 = \frac{5.67}{\frac{1}{\varepsilon_1} + \frac{A_1}{A_2}\left(\frac{1}{\varepsilon_2} - 1\right)}\left[\left(\frac{T_1}{100}\right)^4 - \left(\frac{T_2}{100}\right)^4\right]A_1 \tag{2-38}$$

因为 $\varphi_{12} = 1$，根据互变原理

$$\varphi_{21} = \frac{A_1}{A_2}$$

例 2.3 设马弗炉的内表面 $A = 1\text{m}^2$，其温度为 900℃，黑度为 0.8；炉底架子上有两

块钢坯互相紧靠着正在加热，料坯断面为 50mm × 50mm，长度为 1m，钢的黑度为 0.7。求钢坯的温度被加热到 500℃时，炉壁对金属的辐射热流量。

解：由已知条件可知：$\varepsilon_1 = 0.7$，$T_1 = 500 + 273 = 773\text{K}$，$A_1 = 6 \times 0.05 = 0.3\text{m}^2$，$\varepsilon_2 = 0.8$，$T_2 = 900 + 273 = 1173\text{K}$，$A_2 = 1\text{m}^2$。

将上述各值代入式（2-38），得

$$Q_1 = -Q_2 = -\frac{5.67}{\frac{1}{0.7} + \frac{0.3}{1}\left(\frac{1}{0.8} - 1\right)}\left[\left(\frac{773}{100}\right)^4 - \left(\frac{1173}{100}\right)^4\right] \times 0.3 = 17380\text{W}$$

即 $Q_{21} = -17380\text{W}$。

2.4.3.4　两表面间有隔热板时的辐射换热

工程上常常需要减少两表面间的辐射换热强度，这时可在两表面间设置隔热板，隔热板并不改变整个系统的热量，只是增加两表面间的热阻。

如图 2-13 所示，原来两平板的温度分别为 T_1 和 T_2，且 $T_1 > T_2$，未装隔热板时，两平板间的辐射热量由式（2-34）得

$$Q_{12} = \frac{5.67}{\frac{1}{\varepsilon_1} + \frac{1}{\varepsilon_2} - 1}\left[\left(\frac{T_1}{100}\right)^4 - \left(\frac{T_2}{100}\right)^4\right]A$$

如在两平板之间安置一块黑度为 ε_3 的隔热板，在达到热平衡时，必定有

$$Q'_{12} = Q_{13} = Q_{32}$$

即

$$Q'_{12} = \frac{5.67}{\frac{1}{\varepsilon_1} + \frac{1}{\varepsilon_3} - 1}\left[\left(\frac{T_1}{100}\right)^4 - \left(\frac{T_3}{100}\right)^4\right]A = \frac{5.67}{\frac{1}{\varepsilon_3} + \frac{1}{\varepsilon_2} - 1}\left[\left(\frac{T_3}{100}\right)^4 - \left(\frac{T_2}{100}\right)^4\right]A \quad (2\text{-}39)$$

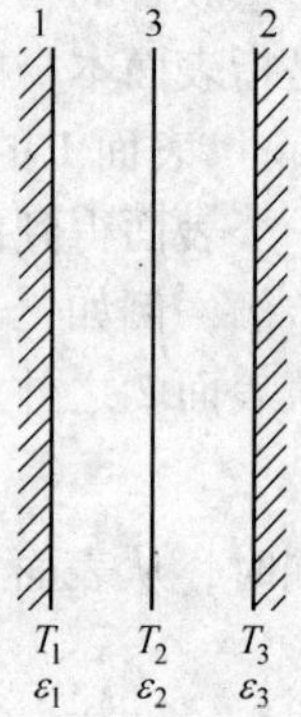

图 2-13　两表面间有隔热板时的辐射换热

整理式（2-39）可得

$$Q'_{12} = \frac{5.67}{\frac{1}{\varepsilon_1} + \frac{1}{\varepsilon_2} + \frac{2}{\varepsilon_3} - 2}\left[\left(\frac{T_1}{100}\right)^4 - \left(\frac{T_2}{100}\right)^4\right]A$$

如 $\varepsilon_1 = \varepsilon_2 = \varepsilon_3$，则

$$Q'_{12} = \frac{1}{2}\left(\frac{5.67}{\frac{1}{\varepsilon_1} + \frac{1}{\varepsilon_2} - 1}\right)\left[\left(\frac{T_1}{100}\right)^4 - \left(\frac{T_2}{100}\right)^4\right]A \quad (2\text{-}40)$$

比较式（2-34）和式（2-40）可得，当设置一块隔热板以后，可使原来两平面间的辐射换热量减少一半。如果设置 n 块隔热板时，辐射热流将减为原来的 $1/(n+1)$。显然，如以反射率高的材料（黑度较小）作为隔热板，则能显著地提高隔热效果。

2.4.4　气体辐射

2.4.4.1　气体辐射的特点

气体辐射与固体辐射有显著的区别，气体辐射具有以下特点：

（1）固体的辐射光谱是连续的，能够辐射波长从 $0 \sim \infty$ 几乎所有波长的电磁波。而气体则只辐射和吸收某些波长范围内的射线，对其他波段的射线既不吸收也不辐射，所以说气体的辐射和吸收是有选择性的。不同气体的辐射能力和吸收能力的差别很大，单原子气体，对称双原子气体（如氧、氮、氢及空气）的辐射能力和吸收能力都微不足道，可认为是热辐射的透明体。三原子气体（如 CO_2、H_2O、SO_2 等），多原子气体和不对称双原子气体（如 CO），则有较强的辐射能力，燃烧产物的辐射主要是其中 CO_2 和 H_2O 的辐射。

（2）固体的辐射和吸收都是在表面上进行，而气体的辐射和吸收是在整个容积内进行。当射线穿过气层时，是边透过、边吸收的，能量因被吸收而逐渐减弱。气体对射线的吸收率取决于射线沿途所碰到的气体分子的数目，而气体分子数又和射线所通过的路线行程长度 s 和该气体的分压 p（浓度）的乘积成正比，此外也和气体的温度 T 有关。所以气体的吸收率是射线行程长度 s 与气体的分压 p 的乘积及温度 T 的函数。

（3）克希荷夫定律也同样适用于气体，即气体的黑度等于同温度下的吸收率，即 $\varepsilon_g = A_g$。因此，某种气体的黑度也是射线行程长度 s 与该气体分压 p 的乘积和温度 T 的函数，可表示为

$$\varepsilon_g = f(T, ps)$$

气体辐射严格地讲并不遵守四次方定律，如 CO_2 和 H_2O 的辐射能力分别与其温度的 3.5 和 3 次方成正比。但是工程上为计算方便起见，仍采用四次方定律，只是在计算气体黑度中做适当的修正。

2.4.4.2 气体与通道壁的辐射换热

当气体通过通道时，气体与通道内壁之间要产生辐射热交换。设气体与通道壁面的温度分别为 T_1 和 T_2，气体的黑度与吸收率为 ε_1 及 A_1，壁面的黑度为 ε_2 时，可以用有效辐射和差额热量的概念来分析气体与通道壁的辐射热交换。

由于气体没有反射能力，气体自身的辐射即其有效辐射为

$$Q_{效1} = E_1 \tag{2-41a}$$

通道壁的有效辐射为

$$Q_{效2} = \frac{E_2 + E_1(1 - A_2)}{1 - \varphi_{22}(1 - A_1)(1 - A_2)} \tag{2-41b}$$

将式（2-41a）代入式（2-41b），经过整理，可得

$$Q_{效2} = \frac{E_2 + E_1(1 - A_2)}{1 - \varphi_{22}(1 - A_1)(1 - A_2)} \tag{2-41c}$$

式中，A_2 为通道壁的吸收率，根据克希荷夫定律，可认为 $A_2 = \varepsilon_2$。所以投射到通道壁上的热量与通道壁有效辐射的差额热量，就是通道壁所得到的净热 Q_2，即

$$Q_2 = E_1 + Q_{效2}\varphi_{22}(1 - A_1) - Q_{效2} \tag{2-41d}$$

在容器内包围气体这一情况下，显然 $\varphi_{22} = 1$。

将式（2-41c）代入式（2-41d），经过整理可得

$$Q_2 = \frac{5.67}{\frac{1}{\varepsilon_2} + \frac{1}{A_1} - 1}\left[\frac{\varepsilon_1}{A_1}\left(\frac{T_1}{100}\right)^4 - \left(\frac{T_2}{100}\right)^4\right] \tag{2-42}$$

通常可以认为，气体的吸收率与气体在壁温下的黑度相等，即用壁温求出的气体黑度就是气体的吸收率。当气体温度与壁面温度相差不大时，也可以近似地认为 $A_1 = \varepsilon_1$，这时式（2-42）就简化为

$$Q_2 = \frac{5.67}{\frac{1}{\varepsilon_2} + \frac{1}{\varepsilon_1} - 1}\left[\left(\frac{T_1}{100}\right)^4 - \left(\frac{T_2}{100}\right)^4\right] \tag{2-43}$$

式（2-43）与式（2-42）完全一样，这是把气体当做灰体，做了一些简化的结果。

2.5　稳定态综合传热

把传热过程分为传导传热、对流传热和辐射传热，是为了分别探讨其不同的本质和规律。事实上，实践中一个传热过程通常都是几种方式的综合，这种传热过程称为综合传热。

当热流体流过一个固体表面时，固体表面不仅通过对流方式从流体得到热量，而且依靠流体的辐射而得到热量。根据式（2-12）和式（2-42），总热流量为

$$q = \alpha_{对}(t_1 - t_2) + C\left[\left(\frac{T_1}{100}\right)^4 - \left(\frac{T_2}{100}\right)^4\right] \tag{2-44}$$

式中　　t_1，T_1，t_2，T_2——气体与固体表面的温度；

$\qquad\quad \alpha_{对}$——对流传热系数；

$\qquad\quad C$——气体对固体表面辐射的导热辐射系数。

将式（2-44）右侧第二项变形，可得

$$q = \alpha_{对}(t_1 - t_2) + \frac{C\left[\left(\frac{T_1}{100}\right)^4 - \left(\frac{T_2}{100}\right)^4\right]}{t_1 - t_2}(t_1 - t_2)$$

$$= \alpha_{对}(t_1 - t_2) + \alpha_{辐}(t_1 - t_2) = \alpha_{\Sigma}(t_1 - t_2) \tag{2-45}$$

式中　　$\alpha_{辐}$——辐射传热系数；

$\qquad\quad \alpha_{\Sigma}$——综合传热系数，$\alpha_{\Sigma} = \alpha_{对} + \alpha_{辐}$。

如果要求 $\alpha_{辐}$，必须先算出辐射热流量，再除以温度差 $t_1 - t_2$，因此计算上并没有得到真正的简化。整理成这样的形式，只是因为有时在热工计算上有需要。

2.5.1　通过平壁的传热

如图 2-14 所示，有一厚度为 s 的平壁，其导热系数为 λ。壁的左侧是温度为 t_1 的气体，它和壁面的综合传热系数为 ε_1；壁的右侧是温度为 t_2 的另一气体，它和壁面的综合传热系数为 ε_2。平壁两侧的温度分别为 t_1' 和 t_2'。如果 $t_1 > t_2$，则热量将通过平壁由一气体传给另一气体。

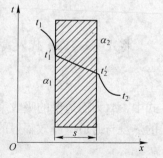

图 2-14　通过平壁一气体向另一气体的传热

在稳定态情况下，气体传给壁面的热等于通过平壁传导传递的热，也等于壁面右侧传给另一气体的热。对同一热流 q 可以写出

$$q = \alpha_{\Sigma_1} (t_1 - t_1') \\ q = \frac{\lambda}{s} (t_1' - t_2') \\ q = \alpha_{\Sigma_2} (t_2' - t_2)$$ (2-46a)

变形后可得

$$t_1 - t_1' = q \frac{1}{\alpha_{\Sigma_1}} \\ t_1' - t_2' = q \frac{s}{\lambda} \\ t_2' - t_2 = q \frac{1}{\alpha_{\Sigma_2}}$$ (2-46b)

将式（2-46b）中三式相加，得

$$t_1 - t_2 = q \left(\frac{1}{\alpha_{\Sigma_1}} + \frac{s}{\lambda} + \frac{1}{\alpha_{\Sigma_2}} \right)$$

$$q = \frac{t_1 - t_2}{\dfrac{1}{\alpha_{\Sigma_1}} + \dfrac{s}{\lambda} + \dfrac{1}{\alpha_{\Sigma_2}}}$$ (2-47)

或 $$Q = K(t_1 - t_2)A$$ (2-48)

式中，K 为传热系数，即

$$K = \frac{1}{\dfrac{1}{\alpha_{\Sigma_1}} + \dfrac{s}{\lambda} + \dfrac{1}{\alpha_{\Sigma_2}}}$$ (2-49)

求出热流量 q 后，可以借助式（2-46b），计算壁面的温度 t_1' 和 t_2'

$$t_1' = t_1 - q \frac{1}{\alpha_{\Sigma_1}}$$

$$t_2' = t_2 - q \frac{1}{\alpha_{\Sigma_2}}$$

传热系数的倒数称为总热阻，即

$$R = \frac{1}{K} = \frac{1}{\alpha_{\Sigma_1}} + \frac{s}{\lambda} + \frac{1}{\alpha_{\Sigma_2}}$$ (2-50)

由式（2-50）可知，传热的总热阻等于其三个分热阻之和。如果有多层平壁，可以根据热阻叠加的原理，很容易计算其总热阻及传热系数。

在炉子计算中，式（2-47）中的 α_{Σ_1} 计算起来比较困难，同时实践中往往求炉墙内表面的温度 t_1' 比求炉气温度 t_1 容易，因次可将式（2-46b）中的第二式与第三式相加，得

$$q = \frac{t_1' - t_2}{\dfrac{s}{\lambda} + \dfrac{1}{\alpha_{\Sigma_2}}}$$ (2-51)

式中，α_{Σ_2} 是炉墙对空气的综合传热系数，当外壁温度为 $100 \sim 200\,℃$ 时，由于空气条件变化不大，α_{Σ_2} 一般在 $1520\mathrm{W}/(\mathrm{m}^2 \cdot ℃)$，因此 $\dfrac{1}{\alpha_{\Sigma_2}} \approx 0.05 \sim 0.07$，式（2-51）可表示为

$$q = \frac{t'_1 - t_2}{\dfrac{s}{\lambda} + 0.06} \tag{2-52}$$

例 2. 4　设炉墙内表面温度为 1350℃，墙厚 345mm，墙的导热系数 $\lambda = 1.0$ W/(m·℃)，求炉墙的散热量及炉墙的外表面温度，车间温度为 25℃。如果在炉墙外加 115mm 厚的绝热砖层（$\lambda = 0.1$ W/(m·℃)），这时炉墙散热量及炉墙外表面温度分别是多少？

解：将有关数据代入式（2-52），可得炉墙的散热量为

$$q = \frac{1350 - 25}{\dfrac{0.345}{1.0} + 0.06} = 3270 \text{W/m}^2$$

炉墙外表面温度 t'_2 为

$$t'_2 = t_2 + q \frac{1}{\alpha_{\Sigma_2}} = 25 + 3270 \times 0.06 = 221℃$$

炉墙外表面温度这样高，显然不合理。加上 112mm 的绝热砖层后，炉墙的散热量为

$$q = \frac{1350 - 25}{\dfrac{0.345}{1.0} + \dfrac{0.115}{0.1} + 0.06} = 852 \text{W/m}^2$$

外墙温度 $t'_2 = 25 + 852 \times 0.06 = 76℃$。

加了绝热材料以后，炉墙的热损失大约减少了 3/4，炉墙外表面温度也下降到操作可以允许的温度。

2.5.2　通过圆筒壁的传热

圆筒壁的传热问题与平壁的传热基本类似，不同的只是圆筒壁的外表面和内表面面积不同，因此对内外表面而言，传热系数在数值上也不相等，习惯上都是以圆筒壁的外表面积为准进行计算。设圆筒的长度为 1，内外直径分别为 d_1 和 d_2，筒内流过温度为 t_1 的热气体，筒外为温度为 t_2 的冷气体。筒的导热系数为 λ，筒内外表面的总传热系数分别为 α_{Σ_1} 和 α_{Σ_2}。根据稳定态传热的原理，可以导出圆筒单位长度的传热量为

$$q = \frac{\pi(t_1 - t_2)}{\dfrac{1}{\alpha_{\Sigma_1} d_1} + \dfrac{1}{2\lambda} \ln \dfrac{d_2}{d_1} + \dfrac{1}{\alpha_{\Sigma_2} d_2}} \tag{2-53}$$

当筒壁不太厚时，$d_2/d_1 < 2$，可以近视地把圆筒壁作为平壁来考虑，这时单位筒长的传热量为

$$q = \frac{\pi d_x (t_1 - t_2)}{\dfrac{1}{\alpha_{\Sigma_1}} + \dfrac{s}{\lambda} + \dfrac{1}{\alpha_{\Sigma_2}}} \tag{2-54}$$

式中，d_x 为计算直径，其数值可按下列情况选定：

当 $\varepsilon_{\Sigma_1} \ll \varepsilon_{\Sigma_2}$ 时，$d_x = d_1$；

当 $\varepsilon_{\Sigma_1} \gg \varepsilon_{\Sigma_2}$ 时，$d_x = d_2$；

当 $\varepsilon_{\Sigma_1} \approx \varepsilon_{\Sigma_2}$ 时，$d_x = \dfrac{d_1 + d_2}{2}$。

加热术在电加热炉的制造过程中的应用，对电加热炉成本降低和性能提高起到了不可忽视的作用。

❧❧❧❧❧❧❧❧❧❧❧❧❧❧❧❧❧❧❧❧❧❧❧❧

本章小结

传热过程分为三种基本方式：传导传热、对流传热和辐射传热。稳定温度场内的传热称为稳定态传热，不稳定温度场内的传热称为不稳定态传热。导热系数是物质的一种物性参数，它表示物质导热能力的大小，其数值就是单位温度梯度作用下，物体内所允许的热流密度值。

流体流过固体表面时，如果两者存在温度差，相互间就要发生热的传递，这种传热过程称为对流传热。这种过程既包括流体位移所产生的对流作用，同时也包括分子间的传导作用，是一个复杂的传热现象。辐射传热与传导传热或对流传热有着本质的不同。传导与对流方式传递热量要依靠传导物体或流体本身，而辐射传热是电磁能的传递，能量的传递不需要任何中间介质的直接接触，真空中也能进行。

把传热过程分为传导传热、对流传热和辐射传热，是为了分别探讨其不同的本质和规律。事实上，实践中一个传热过程通常都是几种方式的综合，这种传热过程称为综合传热。

❧❧❧❧❧❧❧❧❧❧❧❧❧❧❧❧❧❧❧❧❧❧❧❧

复习思考题

2-1 传热过程的基本方式有哪些？每种传热方式有何特点？

2-2 什么是物质的导热系数？气体、液体和固体的导热系数各有何特点？

2-3 某电炉的炉墙由两层砖组成，内层为 500mm 厚的硅砖，外层为 250mm 厚的轻质黏土砖，炉墙内表面温度 1500℃，外表面温度 100℃。求通过炉墙的热流密度。

2-4 什么是对流传热？对流传热的机理是什么？

2-5 什么是辐射传热？辐射传热的本质是什么？

2-6 试比较黑体、白体和透热体的不同点。

2-7 已知马弗炉的内表面 $A = 1\text{m}^2$，其温度为 1000℃，黑度为 0.8；炉底架子上有两块钢坯互相紧靠着正在加热，料坯断面为 50mm×50mm，长度为 1m，钢的黑度为 0.7。当钢坯的温度达到 600℃时，炉壁对金属的辐射热流量是多少？

2-8 已知炉墙内表面温度为 1400℃，墙厚 300mm，墙的导热系数 $\lambda = 1.0\text{W}/(\text{m} \cdot ℃)$，车间温度为 25℃，试求炉墙的散热量及炉墙的外表面温度。如果在炉墙外加 100mm 厚的绝热砖层（$\lambda = 0.1\text{W}/(\text{m} \cdot ℃)$），这时炉墙散热量及炉墙外表面温度分别是多少？

3　粉末冶金电炉用筑炉材料

本章学习要点

本章主要介绍了粉末冶金电炉的筑炉材料，包括耐火材料、保温材料以及其他筑炉材料。要求了解各种筑炉材料的类型、主要代表材料的成分以及电炉对耐火材料的要求；熟悉耐火材料的物理性能和工作性能，熟悉耐火浇注料、耐火可塑料的基本特点，熟悉水泥石棉板等其他耐火材料的作用和特点；掌握各种耐火材料、保温材料的基本性能，同时会根据电炉的需要选择合适的筑炉用耐火材料和保温材料。

粉末冶金电炉用筑炉材料主要包括耐火材料、保温材料、金属材料以及一般建筑材料，对这些材料的基本性能、基本概念、鉴别方法、主要技术指标和选用原则的了解，将有助于粉末冶金电炉的设计。本章着重介绍了电炉筑炉材料中常用的一些耐火材料及保温材料，以便设计电炉时合理地选用。

3.1　耐火材料的概述

凡具有抵抗高温作用以及高温下不产生物理化学作用的材料称为耐火材料。

电炉通常在高温下进行操作，所以筑炉材料最为重要。在设计、制造电炉时，对耐火材料的性能、具体要求以及选用原则等进行全面的了解，是提高炉子寿命、降低成本、节约电耗的重要环节。

3.1.1　电炉对耐火材料的要求

电炉对耐火材料的要求主要有：

（1）在高温条件下使用时，不软化、不熔融，即应具有一定的耐火度；规定耐火度的下限为1580℃，低于这个温度即不属于耐火材料。

（2）能承受结构的建筑荷重和操作中的作用应力，在高温下也不丧失结构强度。

（3）在高温下体积稳定，不致产生过大的膨胀应力和收缩裂缝。

（4）在温度急剧变化时，不致崩裂破坏。

（5）对熔融金属、炉渣、氧化铁皮、炉气的侵蚀有一定抵抗作用，即具有良好的化学稳定性。

（6）具有较好的耐磨性和抗震性。

（7）外形整齐，尺寸准确，保证公差不超过一定范围。

3.1.2 耐火材料的分类

耐火材料可以按照其不同特性进行分类。

（1）按耐火度可以分为：

1）普通耐火材料，耐火度为 1580~1770℃；

2）高级耐火材料，耐火度为 1770~2000℃；

3）特级耐火材料，耐火度高于 2000℃。

（2）按制品形状可以分为：

1）块状耐火材料（又可分为标准型砖、异型砖和特殊型制品）；

2）不定型耐火材料（如耐火混凝土、耐火可塑料、耐火纤维等）。

（3）按材质的化学矿物组成可以分为：

1）硅质制品

①硅砖，含 SiO_2 不少于 93%；

②石英玻璃制品，含 SiO_2 在 93% 以上。

2）硅酸铝质制品（以 SiO_2 和 Al_2O_3 含量为分类标准）

①半硅砖，含 SiO_2 大于 65%，Al_2O_3 小于 30%；

②黏土砖，含 Al_2O_3 30%~48%；

③高铝砖，含 Al_2O_3 48%；

④高纯高铝制品，如刚玉砖、刚玉-莫来石砖等。

3）镁质制品

①镁砖，含 MgO 大于 85%，CaO 小于 3.5%；

②镁铝砖，含 MgO 大于 80%，Al_2O_3 5%~10%；

③镁铬砖，含 MgO 大于 48%，Cr_2O_3 大于 8%；

④白云石砖，含 CaO 大于 40%，MgO 大于 30%；

⑤镁硅砖，含 MgO 大于 82%，SiO_2 大于 11%，CaO 不大于 2.5%；

⑥镁炭砖，含 MgO 大于 70%，C 大于 14%。

4）铬质制品，含 Cr_2O_3 约 30% 的制品。

5）碳质耐火材料，石墨质含量为 20%~70% 的碳，或焦炭质含量为 70%~90% 的碳。

6）其他高级耐火材料，包括锆质耐火材料（ZrO_2、SiO_2），碳化物（锆、铪、钨等），氮化物（钛、锆、钽等）。

（4）按耐火材料的化学性质可以分为：

1）酸性耐火砖，以 SiO_2 为主要成分，能被碱性渣侵蚀，如硅砖；

2）碱性耐火砖，以 MgO 及 CaO 为主要成分，能被酸性渣侵蚀，如镁砖；

3）中性耐火砖，既能抵抗酸性渣又能抵抗碱性渣的侵蚀，如镁铬砖。

（5）按耐火材料的体积密度不同可以分为：

1）重质耐火砖，其体积密度为 2.2~2.75g/cm³；

2）轻质耐火砖，其体积密度为 0.4~1.3g/cm³；

3）超轻质砖，其体积密度为 0.3~0.4g/cm³，可作为保温材料。

3.1.3　常用耐火材料的性能

耐火材料的性能以其物理性能和工作性能来表示。物理性能包括体积密度、真密度、气孔率、吸水率、透气性、耐压强度、热膨胀性、导电性、导热性及热容量等。工作性能包括耐火度、高温结构强度、高温体积稳定性、耐急冷急热性等。显然，物理性能影响着耐火材料的工作性能，尽管工作性能指标是在特定的实验条件下测定出来的，和实际使用情况存在着一定的差别，但仍可作为判断耐火材料工作性能的重要依据。

3.1.3.1　耐火材料的物理性能

A　耐火材料中的气孔及气孔率

在耐火制品内，有许多大小不同、形状不一的气孔，如图3-1所示。耐火材料中的气孔大致可以分为三类：

（1）开口气孔，一端封闭，另一端与外界相通；

（2）闭口气孔，封闭在制品中不与外界相通；

（3）贯通气孔，贯通耐火制品两面，流体能通过。

耐火材料中气孔的存在会导致其密度和有效断面降低，从而致使其力学性能及热学性质随之变化。耐火材料在服役中承受热重负荷和抵抗热震、渣蚀的性能也受到显著影响。

贯通气孔易于通过流体，从而使侵蚀性流体易渗入制品内部，渣蚀加剧。开口气孔能使流体侵入，但当流体侵入时，孔内气体被压缩，使流体的侵入受到抑制，故渣蚀危害较贯通气孔小。封闭气孔不受外部气液侵入，渣蚀危害小。有时还可能使导热性降低，并有利于耐热震作用。

在耐火材料中对其物理性能有明显影响的气孔，依其直径大小可分为：1mm 以上的粗大孔洞与裂纹；25μm 以上的粗毛细孔和 0.1~25μm 之间的细毛细孔。不同大小的气孔对材料性质的影响是不同的。耐火材料气孔大小对抗热震性的影响如图3-2所示。

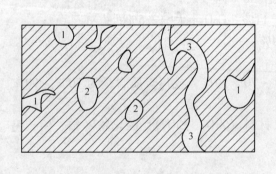

图 3-1　耐火制品内的气孔　　　　图 3-2　耐火材料气孔大小对抗热震性的影响

1—开口气孔；2—闭口气孔；3—贯通气孔

气孔率是耐火制品所含气孔体积占制品总体积的百分数。若气孔中包含各种气孔时，则此种气孔体积与材料总体积之比称为显气孔率，也称开口气孔率。通常气孔率以百分数表示。若耐火砖块的总体积（包括其中的全部气孔和固体）为 V、干燥质量为 m、开口气孔的体积为 V_1、闭口气孔的体积为 V_2、连通气孔的体积为 V_3，则

$$总气孔率 = \frac{V_1 + V_2 + V_3}{V} \times 100\%$$

$$开口气孔率 = \frac{V_1 + V_2}{V} \times 100\%$$

$$闭口气孔率 = \frac{V_2}{V} \times 100\%$$

显气孔率是鉴定耐火材料质量的重要指标之一。显气孔率大的耐火砖使用过程中，易受熔渣的侵蚀，储存及运输中易吸收水分。因此，在耐火砖质量指标中对显气孔率一般都有规定，如普通黏土砖的显气孔率根据原冶金部标准不得超过20%。

B 耐火材料的密度

耐火材料的密度是耐火材料的质量与其体积之比，单位为 g/cm³。当计量的体积包含的气孔类型不同时，则可分为体积密度、视密度和真密度。

（1）体积密度。体积密度是单位体积（包括全部气孔体积）耐火制品的质量，它表征耐火材料的致密程度。体积密度高的制品，其气孔率小，强度、抗渣性、高温荷重软化温度等一系列性能好。

$$体积密度 = \frac{m}{V}$$

（2）视密度。又称为表观密度，指材料的质量与其含材料的实体积和封闭气孔体积之和的比值，它也能表征耐火材料的致密程度。

$$视密度(表观密度) = \frac{m}{V - (V_1 + V_3)}$$

（3）真密度。真密度是指不包括气孔在内的单位体积耐火材料的质量。当材料的化学组成一定时，由真密度可判断其中的主要矿物组成。

$$真密度 = \frac{m}{V - (V_1 + V_2 + V_3)}$$

几种主要耐火材料的体积密度与显气孔率见表3-1。

表3-1 几种主要耐火材料的体积密度与显气孔率

制品名称	体积密度/g·cm⁻³	显气孔率/%	制品名称	体积密度/g·cm⁻³	显气孔率/%
普通黏土砖	1.90~2.00	28.0~24.0	硅 砖	1.80~1.95	22.0~19.0
致密黏土砖	2.10~2.20	20.0~18.0	镁 砖	2.60~2.70	24.0~22.0
高致密黏土砖	2.25~2.30	15.0~10.0			

C 耐火材料的热膨胀性

耐火材料的热膨胀性是指其体积或长度随着温度升高而增大的物理性质，主要取决于其化学矿物组成和所受的温度。

耐火制品的热膨胀性可用线膨胀率或体膨胀率表示，也可用线膨胀系数或体膨胀系数来表示。

若耐火制品在温度为 t_0 时，长度为 L_0，体积为 V_0，温度升高为 t 时，长度为 L_1，体积为 V_1，则

$$\text{线膨胀率} = \frac{L_1 - L_0}{L_0} \times 100\% \; ; \text{平均线膨胀系数} = \frac{L_1 - L_0}{L_0(t - t_0)}$$

$$\text{体膨胀率} = \frac{V_1 - V_0}{V_0} \times 100\% \; ; \text{平均体膨胀系数} = \frac{V_1 - V_0}{V_0(t - t_0)}$$

耐火材料的平均线膨胀系数，由常温到 1000℃ 的范围为 $(4 \sim 15) \times 10^{-6}/℃$，线膨胀率为 0.4% ~1.4%。其中，碳化硅制品较低，硅铝系制品居中，碱性制品较高，硅砖制品特高。主要耐火材料制品的平均线膨胀系数见表 3-2。

表 3-2　主要耐火材料制品的平均线膨胀系数

耐火制品名称	温度/℃	平均线膨胀系数/℃ $^{-1}$
耐火黏土砖	200 ~1000	$(4.5 \sim 6.0) \times 10^{-6}$
莫来石砖（含 Al_2O_3 70%）	200 ~1000	$(5.5 \sim 5.8) \times 10^{-6}$
刚玉砖（含 Al_2O_3 99%）	200 ~1000	$(8.0 \sim 8.5) \times 10^{-6}$
半硅砖	200 ~1000	$(7.0 \sim 9.0) \times 10^{-6}$
硅砖	200 ~1000	$(11.5 \sim 13.0) \times 10^{-6}$
镁砖	200 ~1000	$(14.0 \sim 15.0) \times 10^{-6}$
镁硅砖	20 ~700	11.0×10^{-6}
镁铝砖	20 ~1000	10.6×10^{-6}
炭块	0 ~700	3.7×10^{-6}
碳化硅砖	800 ~900	4.7×10^{-6}
轻质黏土砖	1450	
稳定白云石砖	25 ~1400	12.5×10^{-6}

影响热膨胀性的因素很多。一般而言，由晶体构成材料的热膨胀性与晶体中化学键的性质和键强有关。由共价键向离子键发展的过程中，离子键性增加，其膨胀性也增大。具有较大键强的晶体和非同向性晶体中键强大的方向上，具有较低的热膨胀性。如碳化硅具有较高的键强，故热膨胀性较低。又如层状结构的石墨，其垂直于碳轴的层内原子键大，线膨胀系数很低，仅为 $1 \times 10^{-6}/℃$，而平行于碳轴的层间分子键强大，线膨胀系数高达 $27 \times 10^{-6}/℃$。故凡由高度各向异性的晶体构成的多晶体，其热膨胀性都很小，如铝板钛矿多晶体是低热膨胀性的材料。具有氧离子紧密堆积结构的氧化物晶体，一般具有较高的热膨胀性，如 MgO、BeO、Al_2O_3、$MgAl_2O_4$ 和 $BeAl_2O_4$ 等都具有氧离子紧密堆积结构，故都具有相当高的热膨胀性。

D　耐火材料的热导率

热导率（又称导热系数）是表征耐火材料导热特性的一个物理指标，是指单位温度梯度下（每米长度温度升高 1℃），单位时间内通过单位面积的热量，用 λ 表示，单位 $W/(m \cdot ℃)$。耐火材料的热导率对于高温热工设备的设计是不可缺少的重要数据。对于那些要求隔热性能良好的轻质耐火材料和要求导热性能良好的隔焰加热炉结构材料，检验其热导率更具有重要意义。

影响耐火制品热导率的主要因素有：化学矿物组成、组织结构和温度等。材料的化学成分越复杂，杂质含量越多，添加成分形成的固溶体越多，热导率越小；晶体结构越复杂的材料，热导率也越小；材料结构中的细小封闭孔隙越多，气孔率越大，热导率越小；晶体的热导率大于玻璃质的热导率。大部分耐火材料的热导率随温度升高而增大，但镁砖和碳化硅砖则相反，温度升高时其热导率反而减小。

E 耐火材料的比热容

耐火材料的比热容是指 1kg 材料温度升高 1℃所吸收的热量，单位为 kJ/（kg·℃）。耐火材料的比热容取决于它的化学矿物组成和温度，一般随温度的升高而增大。

耐火材料的比热容是计算砌体蓄热量的重要参数，同时比热的大小对耐火材料的热稳定性也有影响。

F 耐火材料的导电性

耐火材料（除碳质和石墨质制品外）在常温下是电的不良导体，随温度升高，电阻减小，导电性增强。在 1000℃以上耐火材料导电性提高得特别显著，在高温下耐火材料内部有液相生成，由于电离的关系，能大大提高其导电能力。耐火材料的电阻随气孔率的增加而增大，但在高温下气孔率对电阻的影响会显著减弱，甚至消失，主要原因是高温下耐火材料出现液相，而液相对气孔有填充作用致使气孔减少，甚至消失。

当耐火材料用作电炉的衬砖和电的绝缘材料时，耐火材料的高温下的导电性尤其应引起重视。随着电炉操作温度的提高，特别是高频感应电炉，炉内耐火材料因高温而出现的电流短路现象特别容易引起线圈烧毁事故，这是必须防止的。目前，各种非金属电阻发热体得到了广泛的研究与应用。

3.1.3.2 耐火材料的工作性能

A 耐火度

耐火材料在无荷重时抵抗高温作用而不熔化的性能称为耐火度。耐火度与熔点的意义不同，熔点是纯物质的结晶相与其液相处于平衡状态下的温度，如氧化铝的熔点为 2050℃、氧化硅的熔点为 1713℃。但一般耐火材料是由各种矿物组成的多相固体混合物，并非单相的纯物质，故没有一定的熔点，其熔融是在一定的温度范围内进行的，即只有一个固定的熔融开始温度和一个固定的熔融终了温度。加热时，耐火材料中各种矿物组成之间会发生反应，并生成易熔的低熔点结合物而使之软化，故耐火度只是表明耐火材料软化到一定程度时的温度，是判断材料能否作为耐火材料使用的依据。

测定耐火度时，将耐火材料试样制成一个上底每边为 2mm，下底每边为 8mm，高为 30mm，截面呈等边三角形的三角锥体。把三角锥体试样和比较用的标准锥体（以 WZ 和其耐火度的 1/10 表示）放在一起加热。三角锥体在高温作用下变形而弯倒，当三角锥体的顶点弯倒并触及底板（放置试样锥体用的）时，此时的温度（与标准锥体比较）称为该材料的耐火度。耐火三角锥体软倒情况如图 3-3 所示。

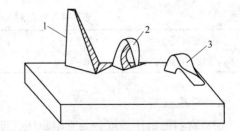

图 3-3 耐火三角锥体软倒情况
1—三角锥体未弯倒；2—三角锥体定点与底盘接触；
3—三角锥体弯倒过大

决定耐火度的基本因素是材料的化学矿物组成及其分布情况。各种杂质成分特别是具有强熔剂作用的杂质成分，会严重降低制品的耐火度。因此，提高耐火材料耐火度的主要途径是采取适当措施来保证和提高原料的纯度。

耐火度与熔点是完全不同的两个概念。对于单相多晶体构成的耐火材料，其耐火度一般低于晶体的熔点。但是对于高温下形成黏度很高液相的耐火材料，其耐火度也可高于熔点。常用耐火材料的耐火度和使用温度见表3-3。

表3-3　常用耐火材料的耐火度和使用温度　　　　　　　　　　　（℃）

指　标	黏土砖	轻质黏土砖	高铝砖	硅　砖	镁　砖
耐火度	1610～1730	1670～1710	1750～1790	1690～1710	2000
使用温度	1300～1400	1150～1400	1650～1670	1600～1650	1650～1670

应该注意的是，耐火度并不能代表耐火材料的实际使用温度。因为在该温度下，耐火材料不再具有机械强度或不耐侵蚀，所以认为"耐火度越高，砖越好"是不正确的。耐火材料在使用中经受高温作用的同时，通常还伴有荷重和其他材料的熔剂作用，因而制品的耐火度不能视为制品使用温度的上限，只可作为合理选用耐火材料时的参考，只有在综合考虑其他性质之后，才能判断耐火材料的价值。

B　高温结构强度

高温结构强度又称为高温软化温度，是指耐火材料在一定压力（0.2MPa）下，以一定的升温速度不断加热而开始变形的温度和压缩变形达4%或40%的温度。前者称为荷重软化开始点，后者称为荷重软化4%或40%的软化点。

耐火材料在常温下的耐压强度很高，普通黏土砖可承受12.5MPa的压力，其他耐火砖的耐压强度更高。可是在高温下却不相同，由于耐火砖内部易熔成分过早地熔化，生成液相，使其高温下的耐压强度大大降低。耐火材料在电炉砌体中除承受高温外，还承受荷重，故耐火材料的高温结构强度是判断耐火材料品质的重要指标。例如，刚玉砖的耐火度为2000℃，钼丝炉的炉管要承受1700～1800℃的高温，故应选用刚玉材料为宜，因为烧结金属陶瓷的钼丝电热体通常绕制在刚玉炉管外，所以要求炉衬耐火材料在高温下不发生软化变形，否则会造成电热体损伤乃至断裂。

常用耐火材料的荷重软化开始点见表3-4。

表3-4　常用耐火材料的荷重软化开始点　　　　　　　　　　（℃）

耐火材料名称	黏土砖	高铝砖	硅　砖	镁　砖
荷重软化开始点	1250～1400	1400～1530	1620～1650	1470～1500

C　耐压强度

耐火材料的耐压强度分为常温耐压强度和高温耐压强度。

常温耐压强度是指常温下材料单位面积所能承受的最大压力，单位用 N/mm^2（MPa）表示，即

$$S = \frac{P}{A}$$

式中　S——试样常温耐压强度，N/mm^2；

    P——试样破坏的总压力，N；

    A——试样受压面积，mm^2。

    耐火材料的常温耐压强度是耐火材料的一项重要技术指标。虽然在一般热工设备中耐火材料所承受的静载荷不大，很少因材料的常温耐压强度较低而破坏。但是耐火制品的常温耐压强度是其组织结构的参数。特别是显微结构的敏感参数。测定常温耐压强度是检验现行工艺状况的可靠方法，通过材料的常温耐压强度也可间接地评定其他力学性能的优劣，如抗弯强度、抗拉强度、耐磨性和耐撞击性等。而且，测定常温耐压强度的方法简便。因此，常温耐压强度是判断耐火制品质量的常规检验项目。

    耐火材料的高温耐压强度是指材料在高于 1000~1200℃ 的高温热状态下单位面积所能承受的最大压力，单位为 N/mm^2。耐火材料的耐压强度一般随温度升高而有明显的变化。当温度由常温逐渐升高时，初始阶段时耐压强度都随温度升高而呈线性下降。随后，有的材料耐压强度仍随温度升高而继续下降，而有的材料当温度升至一定范围内时，则随温度升高而升高，并在某一特定温度下达最高值，随后急剧下降。几种耐火制品的高温耐压强度的变化如图 3-4 所示。

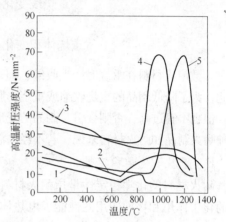

图 3-4 几种耐火制品的高温耐压强度变化
1，2—硅砖；3—镁砖；4—高铝砖；5—黏土砖

    D 耐急冷急热性

    耐急冷急热性是指耐火材料经受温度急变而不破坏的性质。根据规定，将耐火材料放在电炉中加热至 850℃，维持 40min 后，浸在 20℃ 的流水中冷却，反复进行直至剩余其原来质量的 20%（或破裂），从而以耐火材料耐急冷急热的次数来判断其耐急冷急热的性能。

    急冷急热相差较大，因而内外膨胀或收缩不均匀，生成热应力，若热应力超过耐火制品的极限强度，制品就破损。采用耐火制品耐急冷急热性能指标见表 3-5。

表 3-5 耐火材料耐急冷急热次数

砖的种类	黏土砖	高铝砖	硅砖	镁砖
耐急冷急热次数	5~25	5~6	1~4	2~3

    E 高温体积稳定性

    耐火材料在高温下长期使用时，其外形体积保持稳定不发生变化（收缩或膨胀）的性能称为高温体积稳定性。它是评定耐火材料制品质量的一项重要指标。

    耐火材料在烧成过程中，其物理化学变化一般都未达到烧成温度下的平衡状态，当制品在长期使用过程中，再受高温作用时，一些物理化学变化仍然会继续进行。另外，制品在实际烧成过程中，由于各种原因，会有烧成不充分的制品，此种制品在电炉上使用再受高温作用时，由于一些烧成变化继续进行，结果使制品的体积发生变化膨胀或收缩。这种不可逆的体积变化称为残余膨胀或残余收缩，又称为重烧膨胀或重烧收缩。

　　重烧体积变化的大小，表明制品的高温体积稳定性。耐火制品的这一指标对于使用有重要意义，如砌筑炉顶的制品，若重烧收缩过大，则有发生砌砖脱落以致引起整体结构破坏的危险；对于其他砌筑体也会砌体开裂，降低砌体的整体性和抵抗物料的侵蚀能力，从而显著地加速砌体的损坏。此外，通过重烧体积变化也可衡量制品在烧成过程中的烧结程度。烧结不良的制品，重烧体积变化必然较大。

　　重烧时的体积变化可用体积变化率或线变化率表示。若制品重烧前后的长度分别为L_0、L_1，重烧前后的体积为V_0、V_1，则

$$重烧线变化率 = \frac{L_1 - L_0}{L_0} \times 100\%$$

$$重烧体积变化率 = \frac{V_1 - V_0}{V_0} \times 100\%$$

　　多数耐火材料在重烧时产生收缩，但也有少数制品在重烧过程中会产生膨胀，如硅砖。因此，为了降低制品的重烧收缩或重烧膨胀，可采取适当提高烧成温度和延长保温时间的措施。但也不宜过高，否则会引起制品的变形与组织玻璃化，从而降低制品的抗热震性。对于各种耐火制品和耐火材料来说，若不经高温烧成便使用，此项指标的测定就尤为重要。

　　F　高温下化学稳定性

　　耐火材料的化学稳定性是指耐火材料制品高温下抵抗熔渣、熔盐、电热体、炉内气氛等的化学作用和物理作用的性能。电热体搁丝砖不得与电热体材料发生化学作用，对电热体Fe-Cr-Al要求用高铝砖作搁丝砖。熔剂和气氛对一些耐火砖的影响见表3-6。

表3-6　熔剂和气氛对一些耐火砖的影响

砖的名称	碱性熔剂	酸性熔剂	氧化气氛	还原气氛
黏土砖	有作用，其损坏速度根据化学成分、颗粒度、气孔率而定	作用微弱	不损坏	1400℃以下抵抗较好，因砖中Fe_2O_3的影响，CO在400~500℃时损坏耐火砖
高铝砖	抵抗较好	抵抗尚好	不损坏	1400℃以下较好
硅　砖	作用激烈	抵抗较好，与氧化物作用激烈	不损坏	1050℃以下良好，900℃时，H_2与SiO_2反应
碳化硅砖	与FeO作用激烈，于1300℃开始反应；与MgO于1360℃开始反应；与CaO于1000℃开始反应	于1200℃开始反应，抵抗液态和气态酸类效果良好	损坏	抵抗良好

　　G　耐火材料形状的正确性和尺寸的准确性

　　耐火材料形状的正确性和尺寸的准确性对电炉砌筑体的严密性有直接的影响，而砌筑体的严密性在很大程度上决定着砌筑体的使用寿命。砖缝在砌筑体中是最薄弱和最易损坏的部分，同砖相比，砖缝的密度和强度要小很多，因此它更容易溶解于渣中。在厚的砖缝中，黏结材料在使用升温过程中能因收缩而脱离它所黏结的砖，而且其本身会碎裂成片掉落下来，这就扩大了熔渣和气体同制品的接触面积，从而削弱整个内衬的抗渣性和抗热震性。所以，耐火制品的正确形状和准确尺寸也被看做衡量制品质量的一项重要指标。

通常按制品的种类和使用条件不同，规定有尺寸公差、扭曲变形、缺边掉角、裂纹熔洞等缺陷的最高限度。

制造形状正确和尺寸准确的制品，特别是大的异形制品，是生产中一项复杂的任务。原料性质的不稳定，以及违反确定的工艺制度（如原料的配比、颗粒组成、坯料水分、成型压力、砖模形状尺寸和干燥烧成制度等），都会造成制品的形状不正确和尺寸不准确。

耐火制品的形状正确性和尺寸准确性的提高多与下列因素有关，如工艺过程的改进、工艺过程各个部分的机械化和自动化以及必要的生产检验等。

综上所述，使用耐火材料主要考虑它的高温使用性能。影响使用性能的内在因素是耐火材料的化学矿物组成、组织结构以及物理性质；外部因素则是温度变化、熔渣侵蚀、荷重、机械磨损等。这些直接影响着砌体的使用寿命。因此，冶金行业对耐火材料提出"三耐、三小、两好"的严格要求。"三耐"即耐高温（包括耐温度的波动）、耐侵蚀、耐压。"三小"即气孔率小、重烧收缩小、尺寸公差小（耐火砖实际尺寸与标准尺寸差值称为尺寸公差，尺寸公差小的耐火砖筑成的炉子砌体比较规整）。"两好"即耐火砖外形好（无缺角、缺边），断面好（组织结构均匀）。

选定了某种耐火材料后，使用正确与否是决定因素。操作上要严格要求，例如烘炉时，严格遵守升温制度，避免温度变化过大而造成耐火材料的破坏，始终注意创造好的条件，保持耐火砖的良好性能，增强其使用寿命。

3.1.4 特种耐火材料的性能

特种耐火材料是在传统陶瓷和一般耐火材料的基础上发展起来的一种新型耐高温无机材料，也称为高温陶瓷材料。它具有较高的化学纯度、高的熔点、大的高温结构强度、良好的化学稳定性和抗热震性等特性。

特种耐火材料一般包括高熔点氧化物、难熔化合物及其衍生的其他化合物、金属陶瓷和高温无机涂层。

由于高温冶炼、火箭技术、原子能技术等工业部门对温度有更高的要求，因而需要更能耐高温、耐侵蚀的特级耐火材料，为此通常采用一些稀有金属氧化物、氮化物及硼化物。由于从天然岩石获得纯净的氧化物和制造稀有金属氮化物及硼化物的技术条件比较复杂，因而物料的价格昂贵。尽管如此，随着科学技术的不断发展，它们的用途日益广泛。

（1）氧化锆制品。采用 ZrO_2 的天然岩石制成或锆英石（$ZrO_2 \cdot SiO_2$）制成，其主要特性如下：

1）对碱性渣、玻璃、熔融氧化物（ZrO_2 只与 Al_2O_3 形成低熔点混合物）、熔融盐类等抵抗力一般，主要是对酸性渣抵抗性强，耐急冷急热性良好；

2）工作温度高达 2500℃ 以上，荷重软化点 1520～1570℃；

3）对还原剂作用敏感；

4）有较大的重烧收缩。

氧化锆制品多做成坩埚用来熔化稀有金属，贵金属（铂、铱、钯、铑），石英玻璃或某些特种合金；锆英石制品成功地用来砌建熔化铝、铋的炉子；氧化锆粉和锆英石粉用作耐火涂材和火箭技术方面的金属表面涂层。

（2）氧化铝、氧化镁。氧化铝属于特高级材料，密度为 $3.97g/cm^3$，熔点为 2050℃，氧化气氛中最高使用温度为 1950℃，还原气氛中热稳定性良好。氧化铝坩埚用来熔化各种金属氧化物。氧化铝炉管及其粉料在粉末冶金烧结工序中应用很多，详细情况后面讲到，这里不重复。

氧化镁的密度为 $3.58g/cm^3$，熔点为 2800℃，是产量最高的耐火材料之一，在高温氧化气氛下使用温度比氧化铝高，在还原气氛下只能在 1700℃ 以下使用，在真空中也只能用于 1600~1700℃ 以下。

氧化镁可制成坩埚用来熔炼镍、铁、铜、铂等金属，不会掺入夹杂物。

（3）氧化铍（BeO）。熔点 2530℃，密度 $3.02g/cm^3$，受热时稳定性极好，特别是抵抗还原的能力。在所有金属氧化物中 BeO 抵抗碳在高温时的还原作用最强。鉴于其在高温时化学性极不活泼，所以是一种盛装熔融金属的最好耐火材料。氧化铍坩埚已应用于真空感应炉中熔化纯铍和纯铂，其耐火度为 2400℃。

（4）二氧化钍制品，如坩埚、热电偶保护套、核反应堆等。

（5）氮化物制品，如氮化硼和氮化钛（TiN）可制成坩埚和电极。这类制品耐火度高，抗渣性强，且极易氧化，应在真空或中性气氛中使用。

（6）碳化物，如 BC、TiC、ZrC、SiC、MoC 及 W_2C 的熔点均较高。B_4C 在高温下的空气中缓慢氧化，对 SiO_2 及 Al_2O_3 的抵抗性很强；MoC 对金属氧化物（除氧化铁）的抵抗性强，但与大部分金属（除铜外）均相互作用。

归纳起来，特种耐火材料的用途见表 3-7。

表 3-7　特种耐火材料的用途

项　目	用　途	使用温度/℃	应用材料
特殊冶炼	熔炼 Pt、Pa 坩埚	>1500	ZrO_2，Al_2O_3
	铜水连续测温陶管	1700	ZrB_2，Mg-MO
	连续铸钢浸入式水口	>1500	SiO_2
	高级合金炉外精炼炉衬	1700	MgO-Cr_2O_3
	熔炼 Ga、As 等的坩埚	1200	AlN，BN
航　天	导弹头部雷达天线保护罩	≥1000	ZrO_2，Al_2O_3，HfO_2 耐火纤维 + 塑料
	洲际导弹头部防护材料	约 500	碳纤维 + 酚醛
	火箭发动机燃烧室内衬、喷嘴	2000~3000	SiC，SiN_4，BeO，石墨纤维复合材料
原子能	原子能反应堆核燃料	≥1000	UO_2，UC，ThO_2
	核燃料涂层	≥1000	BeO，Al_2O_3，ZrO_2，SiC，ZrC
	吸收中子控制棒	≥1000	HfO_2，B_4C，BN
	中子减速器	1000	BeO，BeC，石墨
	反应堆反射材料	1000	BeO，WC，石墨
飞机及潜艇	喷气机压缩机叶片	≥1000	碳纤维 + 塑料，Si_3C_4
	机身机翼结构部位	300~500	碳纤维 + 塑料复合材料
	潜艇外壳结构部件	300~500	碳纤维 + 塑料复合材料

续表 3-7

项　目	用　途	使用温度/℃	应 用 材 料
新能源	磁流体发电电机电极材料等	2000 ~ 3000	$ZrSrO_3$，SiC，ZrB_2
	电池介质隔膜	300	$\beta - Al_2O_3$
	高温燃料电池固体介质	>1000	ZrO_2

3.2　耐火材料及其用途

电炉用耐火材料种类有：重质耐火材料，包括耐火黏土砖、高铝砖、硅砖、电熔刚玉砖、碳化硅质砖、炭质砖等；轻质耐火材料，包括轻质耐火黏土砖、轻质耐火高铝砖、轻质耐火硅砖等；耐火纤维材料等。部分耐火材料实物图如图 3-5 所示。

图 3-5　部分耐火材料实物图
a—黏土砖；b—高纯刚玉砖；c—碳化硅砖；d—氧化铝粉

3.2.1　重质耐火材料

3.2.1.1　黏土砖

黏土砖由耐火黏土或高岭土（主要组成为 Al_2O_3，SiO_2，H_2O，并含有 6% ~ 7% 的金属氧化物如 K_2O、NaO、CaO、MgO、TiO_2、Fe_2O_3 等）组成。黏土砖是以软质黏土（结合剂）与熟黏土混合成型后，在 1300 ~ 1400℃ 烧结成的制品。黏土砖含 30% ~ 40% 的 Al_2O_3，余下为 SiO_2。

黏土砖属弱碱性耐火材料，能抵抗酸性渣的侵蚀，但对碱性渣的抗蚀能力较差，耐急冷急热性很好；荷重软化开始温度 125 ~ 300℃，耐火度 1610 ~ 1750℃，最高使用温度 1300 ~ 1400℃。黏土砖可用来砌筑炉墙、炉顶、炉底、燃烧室等处。但对 Fe- Cr- Al 电阻丝有腐蚀作用，不宜作为它的搁置砖，而且在控制气氛中易受 CO、H_2 的侵蚀而破坏。

3.2.1.2 高铝砖

高铝砖是指 Al_2O_3 含量在 48% 以上的耐火材料，它是以高铝矾土（$Al_2O_3 \cdot SiO_2$）为原料，在 1500℃ 左右烧成。高铝砖的耐火度为 1750～1790℃，荷重软化开始温度为 1420～1500℃，抗化学侵蚀性较好，但耐急冷急热性较差。高铝砖的重烧收缩一般较大，这对于含 60%～75% Al_2O_3 的高铝砖尤其要注意。在使用烧成温度不足的高铝质马弗炉管或用此高铝砖砌筑炉顶时，由于重烧收缩大，高温使用一段时间后，容易造成顶部下沉或塌落。

3.2.1.3 刚玉砖

刚玉砖是 Al_2O_3 含量大于 98% 的高级耐火材料。根据所用原料不同，刚玉砖又分为电熔刚玉砖和氧化铝刚玉砖两种。

刚玉有天然的，也有人造的。人造刚玉一般用工业氧化铝（主要为 γ-Al_2O_3）经过高温煅烧而形成的，也可由非结晶氧化铝原料经过高温电炉熔化制成，常称为电熔刚玉。

电熔刚玉是以电熔刚玉砂为主要原料，并加入适量磷酸铝溶液作胶结剂制成的耐火制品，其成型方法有捣打（或机压）成型法和石膏模浇注成型法。它的烧成温度为 1700～1800℃，耐火度为 1950℃，荷重软化开始温度为 1770℃，耐急冷急热性为 50 次，密度为 3.1～3.4g/cm^3，使用温度为 1800～1850℃。

由于刚玉制品耐急冷急热性好、硬度大、耐磨性好，可作为高温钼丝炉的炉管等。值得注意的是，刚玉制品要求很高的烧成温度，如果烧成温度低，使用时同样容易产生重烧收缩，耐磨性也会降低，耐急冷急热性也会变差，这点对卧式连续钼丝炉炉管很重要。

氧化铝刚玉砖是采用工业纯氧化铝粉料添加适量的氧化物（氧化钛、氧化铬等）于 1600℃ 以上烧成，或采用 98% 以上氧化铝烧成的纯氧化铝制品。此类制品使用温度为 1750～1850℃，一般用作高温窑炉、电炉炉衬、炉管等。

氧化铝刚玉砖的技术指标见表 3-8。

表 3-8　氧化铝刚玉砖的技术指标

项　目	指　标
Al_2O_3 含量/%	≥98.5
体积密度/g·cm^{-3}	3.8
气孔率/%	0.5
荷重软化温度/℃	>1900
耐压强度/MPa	600 不破裂

3.2.1.4 硅砖

硅砖是指含 SiO_2 在 93% 以上的氧化硅质耐火材料，它是由石英岩粉碎后加石灰乳或其他黏结剂制成的。

硅砖属于酸性耐火材料，抗酸性渣能力强，抗碱性渣能力弱，使用时要注意这一点。硅砖的耐火度达 1710～1730℃，荷重软化开始温度几乎接近其耐火度，一般在 1620～

1640℃以上，这是硅砖的最大优点；其缺点是耐急冷急热性差，有时用来砌筑加热炉高温部分，但对间断式炉子不宜采用。

3.2.1.5 镁砖及镁铝砖

镁砖是由煅烧过的菱镁矿（$MgCO_3$）为原料制成，它含氧化镁80%以上。镁砖属于碱性耐火材料，抗碱蚀性能良好，对抗氧化铁的侵蚀作用较好，耐火度高达2000℃，荷重软化开始温度为1550~1600℃，在高温下长期使用体积稍有收缩，耐急冷急热性不好，水冷只3~5次。镁砖常用来砌筑加热炉炉底。应该注意，镁砖是碱性耐火材料，与黏土砖、高铝砖及硅砖在高温下均有不同程度的反应。

镁铝砖是为了改善镁砖的热稳定性，通过在配料中加入5%~10% Al_2O_3而形成的镁铝尖晶石（$MgO \cdot Al_2O_3$）结合的镁砖，其耐火度2135℃，热震稳定性和耐急冷急热性比镁砖都好，荷重软化开始温度也有所提高，因此是性能优良的耐火材料。

3.2.1.6 碳化硅质耐火制品

碳化硅质耐火制品是以碳化硅为原料，加入结合剂（或不加结合剂）成型后烧制而成的。其制品分为三类：（1）以黏土为结合剂的制品；（2）以其他矿物结合剂（硅铁、石英等）的制品；（3）无结合剂（再结晶）的制品。以黏土为结合剂的碳化硅制品的性质见表3-9。

表3-9 以黏土为结合剂的碳化硅制品的性质

制砖方法	SiC/%	SiO$_2$/%	显气孔率/%	体积密度/g·cm^{-3}	耐火度/℃	0.2MPa荷重软化温度/℃	导热系数/W·(m·℃)$^{-1}$
压制	86.88	10.05	31.4	2.10	1800	1620	7.3
捣打	86.92	9.50	30.3	2.13	1800	1640	9.8

碳化硅质耐火材料的机械强度大，抗磨性、耐急冷急热性、导热性（比一般耐火材料大5~10倍）、导电性等都很好，荷重软化点高，变形开始点约1600℃。其缺点是价格贵，使用温度高于1300℃时易被氧化，并易被碱性炉渣所侵蚀，质地越致密的碳化硅材料，其抗氧化性能越好。

碳化硅质耐火制品常用作电炉炉衬、马弗式电炉的马弗壁、耐火电热板及电热元件等。

3.2.1.7 石墨质耐火制品

石墨质耐火制品以石墨为原料，软质黏土作结合剂。其品种有优等、一等、二等、三等，耐火度为3000℃，使用温度为2000℃，荷重软化开始温度为1800~1900℃。

3.2.1.8 氧化铝粉

氧化铝粉的熔点为2015℃，它在氧化气氛和强还原气氛下均非常稳定，当温度在1900℃以下时，可以在任何一种类型的气氛中使用。

纯氧化铝在低温下有几种晶型结构，如六方型（用α表示），尖晶石型（化学式为$RO \cdot R_2O_3$一类的混合氧化物称为尖晶石，用β表示），立方型（用γ表示）。但是这些晶型均在加热到温度超过1600℃以上便成为高温稳定的α-Al_2O_3（刚玉），这个转变是不可逆的。

氧化铝粉在1900℃以下的高温下既可用作耐火材料，同时也是较好的隔热材料。筑炉工常在绕有电热元件的炉管外充填50~100mm厚的Al_2O_3粉就是这个道理。值得注意的是，如果炉内气氛是碳气氛，碳微粒较容易沉积在氧化铝粉中，对Ni-Cr电阻丝很不利，甚至遭到损坏。

氧化铝制品常用作烧结炉的耐火炉衬；也可用作缠绕钼丝或钨丝的电炉炉管或隔焰套，在氢气或分解氨气氛下操作；还可制成小舟、观察孔套、坩埚等，氧化铝坩埚用来熔化各种金属及氧化物，其化学稳定性极高。

3.2.2　轻质耐火材料

在砌筑的电炉炉体中，常分为耐火层、高温耐火保温层、中温耐火保温层等。为了减少炉墙本身的蓄热和通过炉墙向外散失的热量，以缩短升温时间、节约热能，常在靠近电炉内衬高温耐火层附近安放一层热阻能力较强，既耐火又保温的轻质耐火材料。尽管这种材料的体积密度只有0.4~1.3g/cm³，却能耐1200℃以上的高温，被广泛地用作电炉内衬和高温保温层材料。但也由于它的体积密度低、气孔率高，导致机械强度低、耐磨性能差、抗化学腐蚀性也较差，选用时应考虑高温机械强度能否满足要求。

轻质耐火砖的制造方法有三种：烧掉加入物法（通常加入木屑）、泡沫法及化学法。

目前常用的轻质耐火砖有轻质耐火黏土砖、轻质耐火硅砖、轻质耐火高铝砖等。

3.2.2.1　轻质耐火黏土砖

轻质耐火黏土砖是以黏土熟料为主要原料烧制而成，体积密度按相应的牌号应不大于0.4~1.3g/cm³，其主要性能指标见表3-10。

表3-10　轻质耐火黏土砖的主要性能指标

指　　标	牌　　号				
	QN-1.3a	QN-1.3b	QN-1.0	QN-0.8	QN-0.4
体积密度/g·cm⁻³，不大于	1.3	1.3	1.0	0.8	0.4
耐火度/℃，不小于	1710	1670	1670	1670	1670
重烧线收缩/%，不大于（试验温度/℃）	1.0 (1400)	1.0 (1350)	1.0 (1350)	1.0 (1250)	1.0 (1250)
常温耐压强度/MPa	4.5	3.5	3.0	2.0	0.6
导热系数/W·(m·℃)⁻¹	$0.41+0.35\times10^{-3}t$	$0.41+0.35\times10^{-3}t$	$0.29+0.26\times10^{-3}t$	$0.21+0.43\times10^{-3}t$	$0.08+0.22\times10^{-3}t$
比热容/kJ·(kg·℃)⁻¹	$0.84+2.64\times10^{-4}t$				
线膨胀系数/%，1450℃	0.1~0.2	0.1~0.2	0.1~0.2	0.1~0.2	0.1~0.2

轻质耐火黏土砖主要用于热处理炉内衬，亦可用于炉子的高温隔热材料。其弱点是气孔率大，耐磨性差，荷重软化开始温度仅1100℃左右，热稳定性差，耐火度与黏土砖接近。

3.2.2.2　轻质耐火硅砖

轻质耐火硅砖用于温度不超过1550℃的砌体部分，二级砖用作高温隔热材料。轻质耐火硅砖的主要性能指标见表 3-11。

表 3-11　轻质耐火硅砖的主要性能指标

牌号	SiO_2 含量 /%	耐火度 /℃	0.1MPa 荷重软化点/℃	显气孔率 /%	常温耐压强度 /MPa	真密度 /g·cm⁻³	体积密度 /g·cm⁻³	导热系数 /W·(m·℃)⁻¹
(Q-G) -1.2	≥91	≥1670	≥1560	≥45	≥3.5	≤2.39	≤1.2	$0.46+0.046 \times 10^{-3}t$

轻质耐火硅砖具有较高的荷重软化温度（1600℃左右），且高温下残余膨胀在 0.2% 以下，广泛用于炉顶、炉墙部位。

3.2.2.3　轻质耐火高铝砖（泡沫高铝砖）

轻质耐火高铝砖体积密度为 0.4 ~ 1.0g/cm³。密度大的可用于直接与火焰接触部位，但不宜与高气流冲刷或高温熔化部位接触。密度小的作保温用，使用温度应不高于 1450℃，轻质耐火高铝砖的主要性能指标见表 3-12。轻质高铝砖用于砌筑各类高温炉窑、电炉和高温保温材料。

表 3-12　轻质耐火高铝砖的主要性能指标

指　标	牌　号			
	PM-1.0	PM-0.8	PM-0.6	PM-0.4
Al_2O_3/%	48	48	48	48
Fe_2O_3/%，≥	2	2	2.5	2.5
体积密度/g·cm⁻³，≤	1.0	0.8	0.6	0.4
常温耐压强度/MPa	4.0	3.0	2.0	0.6
耐火度/℃，≥	1750	1750	1730	1730
0.1MPa 荷重软化开始温度/℃，≥	1230	1180	1100	1050
重烧线收缩/%，≥	0.5	0.6	1	1
试验温度(2h)/℃，≥	1400	1400	1350	1350

注：制品 PM-1.0、PM-0.8 可用于无强烈高温熔融物料侵蚀及冲刷作用的部位，直接与火焰接触；其余牌号制品用作保温层。

3.2.2.4　轻质氧化铝砖（泡沫氧化铝砖）

轻质氧化铝砖由细粉加工烧制而成，性质优于高铅砖，常用于电炉高温部位的保温材料，使用温度为 1300℃，温度过高会出现收缩变形。

轻质氧化铝砖的主要性能指标见表 3-13。

表 3-13　轻质氧化铝砖的主要性能指标

指　标	数　值
Al_2O_3/%	93
Fe_2O_3/%	0.33
体积密度/g·cm⁻³	0.4 ~ 0.5
耐压强度/MPa	1.1

3.2.2.5 氧化铝耐火空心球

随着科技的发展，一些高级耐火保温材料不断出现，如氧化铝空心球就是一例。氧化铝耐火空心球呈颗粒状使用，也可加入适当胶结剂成型后砌筑用。

氧化铝耐火空心球砖的主要性能指标见表3-14。

表3-14 氧化铝耐火空心球砖的性能指标

氧化铝耐火空心球砖		编 号	
		1	2
空心球大小配比/%	>5.13mm	1	
	5.13~3.22mm	14	13
	3.22~2.0mm	18	18
	2.0~1.0mm	24	24
	1.0~0.5mm	13	13
	细粉	30	32
	外加20% $Al_2(SO_4)_3$	5	5
	外加 H_2O	4	4
烧成温度/℃		1750	1500
气孔率/%		65.5	66.9
体积密度/g·cm^{-3}		1.23	1.18
耐压强度/MPa			3.82
导热系数 /W·(m·℃)$^{-1}$	在热面800℃，冷面460℃，平均630℃以下	0.94	0.81
	在热面1100℃，冷面580℃，平均840℃以下	0.92	0.78
热稳定性（1300℃）		水冷3次，风冷大于21次	水冷3次，风冷大于21次

注：氧化铝空心球砖的化学成分为99.76% Al_2O_3，0.05% Fe_2O_3，0.22% SiO_2。

氧化铝耐火空心球如图3-6所示。

图3-6 氧化铝耐火空心球

3.2.3 耐火纤维材料

耐火纤维制品是一种新型的耐火材料，并兼有耐火和保温的作用，同时具有质量轻、导热系数低、比热小、热稳定性好、耐高温、耐热震和抗机械震动、柔软、容易施工等许多优点，用作工业窑炉内衬材料，可节约能源30%左右，减轻炉衬质量90%以上，节省炉体用钢材20%～50%，是设计与制造高热效率电炉时提倡选用的新型轻质耐火材料。

用耐火纤维棉制成了毯、毡、纸、板、绳、真空异形制品等，这些形状特点为电炉的砌筑提供了极大的方便。纤维可以压挤到砖砌电炉的裂缝和所有缺陷的地方，再加上耐火纤维炉衬的升温和冷却周期短，极大地降低了电耗，提高了工作效率。缺点是这种材料目前制造成本较高，因此在使用上受到一定的限制。

耐火纤维产品如图3-7所示。

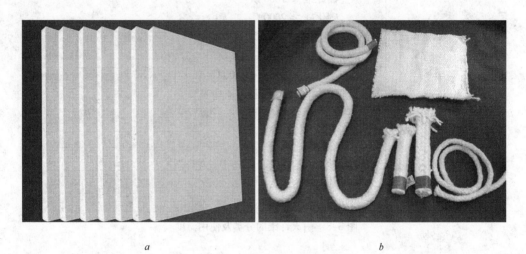

a b

图3-7 耐火纤维产品
a—耐火纤维毡；b—耐火纤维绳

耐火纤维的生产方法有很多种，主要介绍以下几种：

（1）熔融喷吹法。将原料在高温电炉内熔融，形成稳定的流股引出，用压缩空气或高压蒸汽喷吹成纤维丝。

（2）熔融提炼法和回转法。高温炉熔融物料形成流股，再进行提炼或通过高速回转的滚筒而制成纤维。

（3）高速离心法。用高速离心机将流股甩成纤维。

（4）胶体法。将物料配制成胶体盐类，并在一定条件下固化成纤维坯体，最后煅烧成纤维。

此外，还有载体法、先驱体法、单晶拉丝法和化学法等。

耐火纤维的分类及使用温度如图3-8所示。

耐火材料
- 非晶质
  - 天然石棉 600℃
  - 玻璃棉 < 400℃
  - 岩棉 < 400℃
  - 渣棉 < 600℃
  - 石英玻璃质纤维 < 1000 ~ 1200℃
  - 硅酸铝质纤维
    - 一般制品 < 1200℃
    - 加 Cr_2O_3 制品 < 1200 ~ 1400℃
    - 高铝质 < 1200 ~ 1400℃
- 多晶质
  - 石英纤维 < 1200℃
  - 高铝纤维 < 1400℃
  - 二氯化锆纤维 < 1600℃
  - 钛酸钾质纤维 < 1100 ~ 1200℃
  - 碳纤维 < 2500℃
  - 硼纤维 < 1800℃
- 单晶质
  - 碳化硅 < 2000℃
  - 氧化铝 < 1800℃
  - 氧化镁 < 1800℃
- 复合纤维(多相)钨
  - 硼 < 1700℃
  - 碳化硅 < 1900℃
  - 碳化硼 < 1700℃
- 金属纤维
  - 钢 < 1400℃
  - 碳素钢 < 1400℃
  - 钨 < 3400℃
  - 钼 < 2600℃
  - 铍 < 1280℃

图 3-8 耐火纤维的分类及使用温度

3.2.4 耐火材料新品种

3.2.4.1 氧化物-非氧化物复合材料

高纯氧化物制品（如刚玉、刚玉-莫来石、氧化锆、锆英石和方镁石等）虽已广泛应用于各种高温炉的重要部位，但是它们存在抗热震性较差、易于产生结构剥落的弱点。综合考虑高温强度、抗热震性、抗侵蚀性和抗氧化性等各项高温使用性能，氧化物-非氧化物复合材料已发展成为新一代的高技术、高性能的优质高效耐火材料，并应用于高温关键部位。氧化物包括 Al_2O_3、锆刚玉莫来石（ZCM）、ZrO_2、锆英石、$CaZrO_3$ 和 MgO；非氧化物包括 SiC、BN、Si_3N_4、SiAlON、AlON 和 ZrB_2。研究结果表明：

（1）与碳结合材料比较，氧化物-非氧化物复合材料具有优越得多的常温和高温强度以及抗氧化性；

（2）与氧化物材料比较，氧化物-非氧化物复合材料具有较好的抗热震性；

（3）氧化物-非氧化物复合材料还具有良好的抗渣性。

一些氧化物-非氧化物复合材料的开始氧化温度和表观活化能见表 3-15。

表 3-15　一些氧化物-非氧化物复合材料的开始氧化温度和表观活化能

材　　料	开始氧化温度/℃	表观活化能/J
ZCM-SiC	800	$(0.7 \sim 1) \times 10^5$
ZCM-BN	1000	$(6 \sim 10) \times 10^5$
BN-ZCM	1000	$(2 \sim 3) \times 10^5$
O-SiAlON-ZrO$_2$	1200	$(4 \sim 9) \times 10^5$
Al$_2$O$_3$-β-SiAlON	1000	$(3 \sim 4) \times 10^5$
ZrB$_2$-CM	1000	$(2 \sim 3) \times 10^5$
O-SiAlON-ZrO$_2$-SiC	1200	5.195×10^5

3.2.4.2　含游离 CaO 的碱性材料

随着工业的高速发展和对高性能耐火材料的需求，含游离 CaO 的碱性材料（主要是 MgO-CaO 系耐火材料，其化学组成和物理性能见表 3-16）发展很快，其主要优点是具有良好的抗侵蚀性和抗渗透性，使用寿命长。

表 3-16　MgO-CaO-C 砖的化学组成和物理性能

项　　目	指　　标
MgO/%	55.96
CaO/%	30.18
C/%	7.02
体积密度/g·cm^{-3}	2.96
显气孔率/%	2.92
耐压强度/MPa（110℃×16h）	52
高温抗折强度/MPa（1400℃×0.5h）	6.4

3.2.4.3　高效不定型耐火材料和梯度浇注料

最近二十年，不定型耐火材料成了世界耐火材料发展的一个重要领域，如发达国家不定型耐火材料的生产比例已由以前的 15%～20% 增至现在的 50%～60%。不定型耐火材料的快速发展主要表现在：

（1）不定型材料已进入高温领域并且取得良好效果。在以前，不定型耐火材料多数用于使用条件较为温和，一般没有或很少用于有熔渣或熔剂侵蚀的中低温环境，如用作加热炉和热处理炉的炉衬（800～1400℃）。现在，不定型材料已广泛用于温度高达 1600～1700℃，并存在熔渣（或碱）的化学侵蚀和冲刷、急剧的热震等恶劣使用条件的部位。例如，高温条件下使用的 Al$_2$O$_3$-SiC-C 浇注料的开发。

（2）为扩大在高温领域的使用，研究开发了许多高性能不定型材料。突出的有低水泥（LCC）、超低水泥（ULCC）和无水泥（ZCC）浇注料，它们比加入约 15% 水泥的传统浇注料具有更好的高温性能，尤其是热力学性能和抗侵蚀性能得到了进一步的提高。

（3）开发了许多用于制备优质不定型材料的高性能合成原料，它们包括：

1）Al_2O_3 基原料，如刚玉（电熔、烧结、板状），刚玉 – 莫来石，锆刚玉莫来石，莫来石和富 Al_2O_3 尖晶石等；

2）MgO 基原料，如电熔镁砂、MgO 含量为 98% 的高纯烧结镁砂、镁铬合成砂和富 MgO 尖晶石等；

3）微粉类原料，如硅微粉、活性 Al_2O_3 和 ρ- Al_2O_3 等。

表 3-17 给出了我国一些高质量合成耐火原料的化学组成和物理性能。

表 3-17　我国一些高质量合成耐火原料的化学组成和物理性能

材　料	化学成分/%							体积密度 /g·cm^{-3}	显气孔率/%
	SiO$_2$	Al$_2$O$_3$	ThO$_2$	Fe$_2$O$_3$	MgO	CaO	ZrO$_2$		
烧结镁砂	0.32 ~ 0.33	0.11 ~ 0.12		0.47 ~ 0.5	98.08 ~ 98.19	0.75 ~ 0.77		3.3 ~ 3.4	2.1 ~ 3.5
电熔镁砂	0.5				98	1.0		3.45	
烧结 Al$_2$O$_3$	0.25	99.22		0.08				3.65	
电熔白刚玉	0.47	98.72	痕量	0.10				3.91	0.6
电熔致密刚玉	0.37	99.0	0.07	0.08				3.92	5.6
电熔棕刚玉	0.66	94.3		0.42				3.92	1.2
电熔亚白刚玉	0.32	98.18	3.2	0.07				3.83 ~ 3.91	5.8
矾土基尖晶石 SP-2	3.73	59.89	0.41	1.62	30.94	0.88		3.01	2.2 ~ 3.0
矾土基尖晶石 SP-3	3.16	59.51	3.01	1.52	32.14			>3.15	8.6
刚玉- 莫来石	4 ~ 6	85 ~ 88	2.70				7 ~ 9	3.4 ~ 3.6	<3
一氧化锆熟料	6 ~ 10	73 ~ 78					14 ~ 16	3.4 ~ 3.5	

3.3　保温材料

粉末冶金炉在高温下作业时，热量会通过炉墙向外散失，而且砌砖也在不断蓄热。因而，在砌建炉子时，通常采用密度小、气孔率大和导热性很小的材料砌筑在高温耐火层外的方式，用以减少热损失，提高炉子的热效率以减少电或燃料的消耗量，同时还可以改善劳动操作条件。

这种密度小、气孔率大、导热性能小的材料是通常所说的保温材料，按要求保温材料的导热系数小于 0.23W/(m·℃)，其气孔率一般在 70% 以上，由于气孔很多，因而体积密度小（通常在 0.5g/cm^3 以下）、机械强度低，这些是各种保温材料的共同特点。

保温材料种类很多，根据使用温度不同，可分为高温（1200℃ 以上）保温材料、中温（900 ~ 1100℃）保温材料、低温（900℃ 以下）保温材料三大类。

3.3.1　高温保温材料

前面讲到的轻质黏土砖、轻质高铝砖、轻质氧化铝砖、轻质硅砖、氧化铝耐火空心球、各种耐火纤维制品等均属于高温保温材料。

3.3.2 中温保温材料

3.3.2.1 超轻质珍珠岩制品

超轻质珍珠岩制品是由天然岩经过煅烧，体积大大膨胀以后，所得到的一种密度很小（可以小到 $60kg/m^3$）的高级保温材料，这种材料可以作为粉料使用（充填于炉子砌体与炉壳之间），但多数加入水玻璃、水泥或磷酸等胶结剂，经成型、烧成等工序，制成保温砖或保温粒使用。

以磷酸胶结的珍珠岩保温砖性能最好，使用温度可达 1000℃，密度只有 $200kg/m^3$，导热系数也很小（$0.05 + 0.29 \times 10^{-3} t W/(m \cdot ℃)$）。用水泥和水玻璃胶结的珍珠岩保温砖耐火度较差，前者使用温度为 800℃，后者为 650℃。

珍珠岩制品的主要性能见表 3-18 ~ 表 3-20。

表 3-18　一般膨胀珍珠岩制品性能

指　标		制品名称		
		水玻璃珍珠岩制品	水泥珍珠岩制品	磷酸盐珍珠岩制品
密度/kg·m^{-3}，≤		250	250 ~ 400	220
抗压强度/MPa	常温，≥	0.6		0.7
	高温，≥		0.6 ~ 1	0.6（450℃冷却后）
耐火度/℃，≥		900	1250	1360
导热系数/W·(m·℃)$^{-1}$，≤		0.069	0.069 ~ 0.127	$0.05 + 0.29 \times 10^{-3} t$
残余收缩/%，≤		0.5（600℃）	0.13（800℃）	0.7（1000℃烘烤3h）
使用温度/℃，≤		650	650 ~ 800	1000

表 3-19　高级膨胀珍珠岩制品的主要性能

指　标	级　别		
	1	2	3
密度/kg·m^{-3}	40 ~ 80	80 ~ 120	>120
导热系数/W·(m·℃)$^{-1}$	0.019 ~ 0.029	0.029 ~ 0.038	0.047 ~ 0.062
使用温度/℃	800	800	800
吸湿率	1.8	1.8	1.8

表 3-20　高温超轻质珍珠岩制品的主要性能

指　标	在下列温度下的性能						
	110℃	250℃	350℃	450℃	550℃	650℃	1000℃
密度/kg·m^{-3}	240	226	223	212	211	211	210
抗压强度/MPa	0.7	0.6	0.7	0.6	0.5	0.4	0.3
收缩/%（以4cm×4cm×14cm试样烘干后尺寸为基础）		0	1.25	0.625	0.20	0.40	0.60
失量/%（以烘干后尺寸为基础）		4.0	7.0	11.7	12.0	12.0	12.3
失量/%（以成型后质量为基础）	31.4	34.1	36.1	39.4	36.6	39.6	39.8
导热系数/W·(m·℃)$^{-1}$				0.048			

3.3.2.2　蛭石

蛭石是外形像云母似的矿物，其化学成分为 $(MgFe)_2 \cdot (H_2O)_2 \cdot (SiAlFe)_4O_{10} \cdot 4H_2O$，熔点为 1300～1370℃。

蛭石矿物加热时体积大大膨胀，成为体积密度很小（0.1～0.3g/cm³）的松散物料，称为膨胀蛭石。它的允许工作温度可达 1000℃，导热系数很小（0.05～0.06W/(m·℃)），是一种良好的保温材料。

膨胀蛭石配以适量的矾土水泥，水玻璃或沥青作胶结剂，可制成保温砖使用。但由于胶结剂的加入，使用性能有所降低。如水玻璃蛭石砖的使用温度下降为 800℃，导热系数为 0.08～0.10W/(m·℃)，体积密度上升为 0.4～0.45g/cm³。体积密度大，炉子砌体吸收热量大，蓄热损失小。

3.3.2.3　超轻质黏土砖

超轻质高铝砖等黏土砖的体积密度为 0.3～0.4g/cm³，导热系数为 0.23W/(m·℃)，是很好的中温保温材料。

3.3.3　低温保温材料

3.3.3.1　硅藻土

硅藻土是藻类机物在地壳中腐败之后形成的一种多孔矿物，其主要成分为 SiO_2，并含有少量黏土等杂质。

硅藻土粉料的体积密度为 0.6～0.68g/cm³，导热系数在 500℃ 时为 0.186～0.23W/(m·℃)，可作保温填充材料。

超轻质硅藻土砖通常以煅烧过的硅藻土砖熟料为主，再添加生硅藻土或黏土作结合剂制成的，以熟料制成的砖，使用时体积残余收缩较小。硅藻土保温材料分为 A、B、C 三级，A 级性能最好，密度为（500±50）kg/m³，显气孔率为 78.3%，导热系数为（0.07＋0.21）×$10^{-3}t$。三种等级的硅藻土砖的使用温度均在 900℃ 以下，保温性能都比蛭石差。

硅藻土保温砖的理化性能见表 3-21。

表 3-21　硅藻土保温砖的理化性能

级别	耐火度/℃	密度 /kg·m⁻³	显气孔率 /%	抗压强度 /MPa	导热系数 /W·(m·℃)⁻¹	线膨胀系数/%
A	1280	500±50	78.25	0.5	$0.07+0.21×10^{-3}$	$0.9×10^{-6}$
B	1280	550±50	75.25	0.7	$0.08+0.21×10^{-3}$	$0.94×10^{-6}$
C	1280	650±50	73.14	1.1	$1.0+0.23×10^{-3}$	$0.97×10^{-6}$

3.3.3.2　石棉

石棉是具有韧而结实的纤维结构的蛇纹石或角闪石类矿物，其化学组成是镁、铁及部分钙和钠等的含水硅酸盐，分子式为 $3MgO \cdot 2SiO_2 \cdot 2H_2O$。石棉有较小的体积密度和导热性，如一级石棉粉的体积密度在 0.6g/cm³ 以下，导热系数小于 0.07W/(m·℃)，是保温性能较好的材料。但石棉的耐热度较差，500℃ 开始失去结晶水而导致强度降低；加热到 700～800℃ 时便变脆。因此石棉的长期使用温度一般在 500~600℃以下，短期可达700℃。

石棉除了以粉状形式使用外，还可用掺有有机物的白黏土将石棉纤维胶合成石棉板，或将石棉纤维编结成石棉绳，织成石棉布等。

（1）石棉板。石棉板的规格一般有 1000mm×1000mm 和 2000mm×1000mm 两种，厚度为 10~20mm。

各种石棉板的单重如下：

厚度/mm	1.6	3.2	4.8	6.4	8.0	9.6	11.2	12.7	14.3	15.9
板重/kg·m^{-2}	1.85	3.70	5.55	7.40	9.25	11.10	12.95	14.80	16.65	18.50

（2）石棉绳。石棉绳由石棉纱、线（或夹金属丝）制成，按其形状及编制方式分为三种，即石棉扭绳、石棉编绳、石棉方绳等。

石棉编绳的规格如下：

直径/mm	6	8	10	13	16	19	22	25	32	38	45	50
质量/g·m^{-1}	33	50	60	110	150	230	285	370	560	830	1100	1500

（3）石棉布。石棉布是用石棉纱、线编织而成的，石棉布的品种规格见表3-22。

表3-22 石棉布的品种规格

品 种	宽度/mm	厚度/mm	石棉布质量/kg·m^{-2}				
			厚3.5mm	厚3.0mm	厚2.5mm	厚2.0mm	厚1.5mm
普通石棉布	500, 900, 1000	1.5, 2.0, 2.5, 3.0		2.0~2.2	1.6~1.8	1.2~1.4	0.85~1.0
钢丝石棉布	500, 800, 1000	1.5, 2.0, 2.5, 3.0		2.4~2.7	2.0~2.3	1.6~1.9	1.2~1.5
食盐电解石棉布	1000, 1200	1.5, 2.5	≤3.8	1.8~2.1		1.4~1.6	
隔膜石棉布	700, 900, 1000	3.5					

3.3.3.3 矿渣制品

（1）粒状高炉渣。粒状高炉渣的密度为 500~550kg/m^3，导热系数为 0.09 + 0.29 × 10^{-3}W/（m·℃），使用温度小于600℃。

2）矿渣棉。矿渣棉是熔融的冶金矿渣从炉中流出来时（如从高炉流出来的熔融矿渣），用高压蒸汽喷射使成雾状后，迅速在空气中冷却而制成的人造矿物纤维。纤维长 2~60mm，直径为 2~20μm，通常为白色，具有密度小（150~180kg/m^3）、导热系数低、吸热性小和不燃烧等特点。但堆积过厚或受震动时，易被压实，使比重增加，保温性能变差。长纤维矿渣棉的使用温度可达 500~600℃，普通矿渣棉 400~500℃。

3）矿渣棉砖、板、管。利用矿渣棉以水玻璃作黏结剂压制烘干而制成的矿渣棉砖、板、管，其使用温度小于 500~750℃；规格大小不限，根据需要定：板的规格（长×宽×厚）为：500mm×500mm×（20~200）mm 或 200mm×200mm×（10~50）mm；管的规格为：管径 2″~20″，壁厚 40~120mm。

（4）玻璃棉制品。

1）玻璃棉。一般玻璃棉纤维直径为 15~23μm，耐热度为350℃。超细玻璃棉直径 0.33μm，密度为 14~20kg/m^3，使用温度小于450℃。

2）玻璃棉板、管是以玻璃棉用热固性树脂作黏合剂加热聚合压制而成的材料，使用温度低于 300℃。板的规格（长×宽）为：1500mm×750mm、1000mm×1000mm 或 1000mm×500mm；厚 10~100mm；管的规格为：管长 1000~1300mm，管径 4″~8″，管壁厚 40~80mm。

3）玻璃棉毡。玻璃棉毡分三种：

①用线把玻璃棉毡缝制成带状材料，称为玻璃棉缝毡；

②用玻璃棉粘贴以玻璃布面而缝制带状材料，称为玻璃贴面缝毡；

③玻璃棉以沥青作黏合剂制成的带状材料，称为沥青玻璃棉毡，使用温度低于 250℃。

另外，除上述保温材料外，炭黑既可作高温炉的耐火层，也是较好的保温材料。如碳管炉就全部用炭黑填充。炭黑的密度小（190kg/m³）；导热系数低，在 10~100℃ 时为 0.031W/(m·℃)，在 100~500℃ 时为 0.045W/(m·℃)；其使用温度大于 1000℃。

关于保温材料的使用温度必须注意如下几点：

（1）除各种轻质耐火砖在一定条件下可作炉子内衬以外，其他保温砖都只能砌于耐火砖外层。因保温砖不是耐火材料，不能承受高温下的物理化学作用，且不能超过允许的使用温度，以免变质而失去保温作用。

（2）各种保温砖的耐压强度较低，砌筑时必须留足够的膨胀缝，以免高温下砌体膨胀而挤破。设计时在保温层与炉壳钢板之间应留足适当的间隙，其中充填粉状保温材料，让炉体有膨胀余地。

（3）保温砖不能承受大的荷重，除了本身的重量以外，炉子的其他重量不能支撑在高温砖上。

（4）保温材料的气孔很多，气孔率一般在 70% 以上，容易吸潮。有些电炉中的电热元件为钼丝，很容易在高温下由筑炉材料中蒸发出来的水汽所氧化，当然烘炉时可以严格要求，但是更重要的是应尽量采用干燥的筑炉材料。

常用中低温保温材料的主要特性见表 3-23。玻璃棉制品保温材料如图 3-9 所示。

表 3-23　常用中低温保温材料的主要特性

名　称	密度/kg·m⁻³	最高使用温度/℃	导热系数	
			W·(m·℃)⁻¹	kcal·(m·h·℃)⁻¹（旧）
硅藻土粉	生料 680	900	$0.10+0.28\times10^{-3}t$	$0.09+0.24\times10^{-3}t$
	熟料 600		$0.08+0.21\times10^{-3}t$	$0.07+0.18\times10^{-3}t$
膨胀蛭石	100~300	<1000	0.05~0.06	0.045~0.050
蛭石石棉板	240~280	1100	0.087~0.093	0.075~0.08
水玻璃蛭石砖、管、板	400~450	<800	0.08~0.10	0.07~0.09
石棉绳	900	<500	$0.07+0.31\times10^{-3}t$	$0.063+0.27\times10^{-3}t$
石棉板	1150	<600	$0.16+0.18\times10^{-3}t$	$0.135+0.16\times10^{-3}t$
石棉粉	150~350	450~650	<0.08	<0.07
粒状高炉渣	500~550	<600	$0.09+0.29\times10^{-3}t$	$0.08+0.25\times10^{-3}t$
矿渣棉	150~180	400~500	$0.04+0.19\times10^{-3}t$	$0.035+0.16\times10^{-3}t$
矿渣砖、管、板	350~450	<750	<0.07	<0.06

名　称	密度/kg·m^{-3}	最高使用温度/℃	导热系数	
			W·(m·℃)$^{-1}$	kcal·(m·h·℃)$^{-1}$（旧）
超细玻璃棉	1420	<450	<0.033	<0.028
玻璃纤维	300	750	$0.069+0.157\times10^{-3}t$	$0.06+0.135\times10^{-3}t$
炭　黑	190	>1000	0.031（10~100℃） 0.045（100~500℃）	0.027（10~100℃） 0.034（100~500℃）
鸡毛灰	<450	>750	<0.08	<0.07

注：鸡毛灰组成为硅藻土粉85%，纤维长度为2~5mm石棉4%、5~20mm石棉1%，含水不大于7%。

图 3-9　玻璃棉制品保温材料

3.4　不定型耐火材料

不定型耐火材料是一种不经过煅烧的新型耐火材料，其发展速度十分快，日本、美国和德国的产量已占耐火材料总产量的1/3以上，使用范围已从轧钢工业炉扩展到炼钢和炼铁等高温窑炉，解决了一些关键工艺设备衬里问题。

3.4.1　不定型耐火材料的定义

不定型耐火材料是由合理配制的粒状和粉状料与结合剂共同组成的不经成型和烧成而供使用的耐火材料。通常，将构成此类材料的粒状料称为骨料；将粉状料称为掺和料；将结合剂称为胶结剂。这类材料无固定的外形，可制成浆状、泥膏状和松散状，因而也通称为散状耐火材料。用此种耐火材料可构成无接缝的整体构筑物，故还称为整体性耐火材料。

不定型耐火材料的基本组成是粒状和粉状的耐火物料。依其使用要求，可由各种材质制成。为了使这些耐火物料结合为整体，除极少数特殊情况外，一般皆加入适当品种和数量的结合剂。为改进其可塑性，可加入少量适当的增塑剂。为满足其他特殊要求，还可分别加入少量的促硬剂、缓硬剂、助熔剂、防缩剂和其他外加剂。

3.4.2　不定型耐火材料的分类

不定型耐火材料的种类很多，可依耐火材料的材质而分类，也可按所用结合剂的品种而分类。通常，根据其工艺特性分为浇注或浇灌耐火材料（简称浇注料或浇灌料）、可塑耐火材料（简称可塑料）、捣打耐火材料（简称捣打料）、喷射耐火材料（简称喷射料）、投射耐火材料（简称投射料）和耐火泥等。耐火涂料也可认为是一种不定型耐火材料。按工艺特性划分的各种不定型耐火材料的主要特征见表3-24。

表3-24　按工艺特性划分的各种不定型耐火材料的主要特征

种　类	定义和主要特征
浇注料	以粉粒状耐火物料与适当结合剂和水等配成，具有较高流动性的耐火材料；多以浇注或（和）振实方式施工；结合剂多用水硬性铝酸钙水泥；用绝热的轻质材料制成的称为轻质浇注料
可塑料	由粉粒状耐火物料与黏土等结合剂和增塑剂配成，呈泥膏状，在较长时间内具有较高可塑性的耐火材料；施工时可轻捣和压实，经加热获得强度
捣打料	以粉粒状耐火物料与结合剂组成的松散状耐火材料，以强力捣打方式施工
喷射料	以喷射方式施工的不定型耐火材料，分湿法施工和干法施工两种，因主要用于涂层和修补其他炉衬，还分别称为喷涂料和喷补料
投射料	以投射方式施工的不定型耐火材料
耐火泥	由细粉状耐火材料和结合剂组成的不定型耐火材料，有普通耐火泥、气硬性耐火泥、水硬性耐火泥和热硬性耐火泥之分；加入适量液体制成的膏状和浆状混合料，常称为耐火泥膏和耐火泥浆，用于涂抹用时也常称为涂抹料

3.4.3　不定型耐火材料的特点

不定型耐火材料的化学和矿物组成主要取决于所用的粒状和粉状耐火物料。另外，还与结合剂的品种和数量有密切关系。由不定型耐火材料构成的构筑物或制品的密度主要与组成材料及其配比有关。同时，在很大程度上取决于施工方法和技术。一般来讲，与相同材质的烧结耐火制品相比，多数不定型耐火材料由于成型时所加外力较小，在烧结前甚至烧结后气孔率较高；在烧结前构筑物或制品的某些性能也可能因产生化学反应而有所变动，如有的中温强度可能稍为降低；由于结合剂和其他非高温稳定的材料存在，其高温下的体积稳定性可能稍低；由于其气孔率较高，可能使其侵蚀性较低；但抗热震性一般较高。

通常，不定型耐火材料的生产只经过粒状、粉状料的制备和混合料的混炼过程，过程简便，成品率高，供应较快，热能消耗较低。根据混合料的工艺特性采用相应的施工方法，即可制成任何形状的构筑物，适应性强，用在不宜用砖块砌筑之处更为适宜。多数不定型耐火材料可制成坚固的整体构筑物，可避免因接缝而造成的薄弱点。当耐火砖的砌体或整体构筑物局部损坏时，可利用喷射进行冷态或热态修补，既迅速又经济。用作砌筑体或轻质耐火材料的保护层和接缝材料尤为必需。也可用以制造大型耐火制品比较方便。

鉴于上述优点，近年来不定型耐火材料得到快速发展。目前在各种加热炉中，不仅广泛使用不定型耐火材料，还可使用轻质不定型耐火材料，并向纤维化方向发展。甚至不定型耐火材料在有的国家已约占该国全部耐火材料产量的1/2以上。

3.4.4　耐火浇注料

耐火浇注料（耐火混凝土）是一种由耐火物料制成的粉状材料，并加入一定量结合剂和水分共同组成的。它具有较高的流动性，适宜用浇注方法施工。

有时为提高其流动性或减少加水量，还可另加塑化剂或减水剂。有时为促进其凝结和硬化，可加促硬剂。由于其基本组成和施工、硬化过程与土建工程中常用的混凝土相同，因此也常被称为耐火混凝土。

3.4.4.1 耐火浇注料的结构

耐火浇注料（耐火混凝土）由胶结料、骨料、掺和料三部分组成，有时还加入促凝剂。

耐火骨料是耐火混凝土的主体，各种耐火材料（黏土质、高铝质、硅质、镁质等），经过煅烧后的熟料，或各种废砖破碎到一定程度均可作为耐火骨料。骨料的颗粒大小对制品的质量有很大的影响，所以对骨料颗粒的大小除有一定的限制外，在数量上也有一定比例要求，耐火骨料相当于普通建筑用混凝土的碎石和砂子。在耐火混凝土的配料中，骨料一般占 70% ~ 80%。其中，粗骨料（5 ~ 20mm）在配料中占 35% ~ 45%；细骨料（0.15 ~ 5mm）占 30% ~ 35%。

胶结料（结合剂）起胶结硬化作用，使制品具有一定的强度。可作胶结料的有：普通硅酸盐水泥、矾土水泥（高铝水泥）、镁质水泥、水玻璃、磷酸等。为保证混凝土有足够的耐火度（胶结料在高温下为熔剂，其量越多，混凝土耐火度越低），并为减少在使用过程中体积收缩，胶结料的用量应尽可能的少些，一般为 10% ~ 25%，而且希望胶结料与骨料不能生成较多的低熔物。

有的耐火混凝土（如磷酸盐耐火混凝土）在配料中还必须加入少量促凝剂，以加速混凝土的硬化与固结。

为了改善耐火混凝土的性能，如提高在升温过程中的强度、减少体积收缩等，常加入 10% ~ 25% 的掺和料。掺和料的原料与骨料相同，是经过磨细的耐火材料熟料细粉，其中 70% ~ 80% 的细度在 0.088mm 以下。

3.4.4.2 常用耐火浇注料

浇注料中粒状料的强度一般皆高于结合剂硬化体的强度和其同颗粒之间的结合强度，故浇注料的常温强度实际上取决于结合剂硬化体的强度。中温和高温下强度的变化也主要发生于或首先发生于结合剂硬化体中，故可认为高温强度也受结合剂控制。

多数或绝大多数易熔组分总是包含在结合剂中，若所用粒状和粉状料的材质一定，则浇注料的耐高温性会在相当大程度上受结合剂所控制。结合剂的种类和用量对浇注料的耐火度和荷重软化温度等高温性质的影响也十分显著。另外，浇注料硬化后的高温体积稳定性较低和抗渣性较低等特点也与此有关。一般而论，浇注料的抗热震性较同材质的烧结制品优越，这主要是由于浇注料硬化体的结构特点，能吸收或缓冲热应力和应变之故。

A 铝酸钙水泥浇注料

铝酸钙水泥浇注料是以铝酸钙为主要成分的水泥为结合剂，以矾土熟料为骨料及掺和料制成的水硬性浇注料。由于铝酸钙水化速度很快，因此这种浇注料的特点是硬化快、早期强度高。但到 350℃ 开始排除结晶水后，体积收缩，强度下降，因此烘炉时必须严格按预定曲线进行。在 1100 ~ 1200℃ 以上，铝酸盐耐火浇注料的强度有所提高。铝酸盐水泥耐火混凝土的组成见表 3-25，其主要性能指标见表 3-26。

B 磷酸盐耐火混凝土

磷酸盐耐火混凝土是由磷酸或磷酸盐溶液、耐火骨料和粉料按一定比例配制成型，并经养护或烧烤后而形成的具有良好性能的新型材料。

表 3-25　铝酸盐耐火混凝土的组成

胶结料		掺和料				骨料	水灰比
名称	含量/%	名称	含量/%	名称	粒度/mm	含量/%	
矾土水泥	12~20	高铝矾土熟料粉	0~15	高铝矾土熟料粉	0.15~5, 5~20	33~35, 35~40	0.35~0.45
矾土水泥	12~20	铝铬渣粉	12	铝铬渣		76	0.3
低钙铝酸盐水泥	12~15	高铝矾土熟料粉	5~15	高铝矾土熟料粉	0.15~5, 5~20	30~35, 35~40	0.32~0.38
铝酸盐-60水泥	15.5	高铝矾土熟料粉	8.5	高铝矾土熟料粉	0.15~5, 5~20	46, 30	0.7

注：1. 掺和料一般要求粒度小于 0.088mm 的砂不少于 70%~85%。

　　2. 铝铬渣粒度组成：5~10mm 占 55%；1.5~5mm 占 18%；1.2mm 以下占 27%。

　　3. 水灰比 = 水/(水泥 + 掺和料)。

表 3-26　铝酸盐耐火混凝土的主要性能指标

项　目	指　标			
	1	2	3	4
湿密度/kg·m^{-3}	2500~2800	3000~3100	2500~2800	2460~2560
荷重软化开始点/℃	1300~1320	1430	1300~1340	1330
耐火度/℃	1710~1750	>1820	1750~1790	>1770
导热系数/W·(m·℃)$^{-1}$	0.93~1.62			
耐急冷急热性(850℃水冷次数)	>25			
高温下耐压强度(900℃)/MPa	200		150~200	
最高使用温度/℃	1300~1400	1600	1400~1500	1300~1400

磷酸盐耐火混凝土的组成见表 3-27，其主要性能指标见表 3-28。

表 3-27　磷酸盐耐火混凝土的组成

编号	胶结料		掺和料[①]		骨料		
	名　称	%	名　称	%	名　称	粒度/mm	%
1	磷酸[②]（浓度60%）	6.5~12	锆英石	50	锆英石	<0.3	50
2	磷酸（浓度40%~60%）	6.5~18	矾土熟料	25~30	矾土熟料	<1.2, 1.2~5	35~40, 30~40
3	磷酸[③]（浓度40%）	6.5~14	矾土熟料	25~30	矾土熟料	<1.2, 1.2~5	35~40, 30~40
4	磷酸（波美度45）矾土水泥	10~12, 2	矾土熟料	28	二级矾土熟料	1.2~5, 5~10	25, 45

①一般要求粒度小于 0.088mm 的砂不少于 70%~80%。

②由浓度为 80%~85% 的工业磷酸加水稀释而成。

③由 40% 工业磷酸溶液与工业氧化铝按质量比 7∶1 调制而成。

表 3-28 磷酸盐耐火混凝土的主要性能指标

项 目	指 标			
	1	2	3	4
湿密度/kg·m⁻³	2700 ~ 3400			
耐火度/℃	>1800			
荷重软化开始点/℃	1400 ~ 1600	1300 ~ 1500	1300 ~ 1350	1460
耐急冷急热性 （1000℃水冷次数）	>20		>20	
高温下耐压强度/MPa	>20（1200℃）	6 ~ 13（1200℃） 10 ~ 13（1350℃）	5 ~ 7（1350℃）	
最高使用温度/℃	1400 ~ 1500			

磷酸盐耐火混凝土（见图 3-10）须预先混料、堆积并覆盖草袋，静置 24h 后才能筑炉，其目的是排除有害气体，防止制品产生膨胀变形并保证致密性。

磷酸盐耐火混凝土主要用于要求温度高、强度高的部位，也可用于温度变化频繁及要求耐磨、耐冲刷的部位，如加热炉基墙、旋风分离器等。

C 水玻璃耐火混凝土

水玻璃耐火混凝土的主要成分为硅酸钠（$Na_2O \cdot nSiO_2$）。用水玻璃作胶结剂时，因其在常温下硬化较缓慢，一般加入硅氟化钠（Na_2SiF_6）作促凝剂。

水玻璃耐火混凝土的组成见表 3-29，其主要性能指标见表 3-30。

图 3-10 磷酸盐耐火混凝土

表 3-29 水玻璃耐火混凝土的组成 （%）

胶结料		掺和料		骨 料		
名 称	含量	名 称	含量	名 称	粒度/mm	含量
水玻璃硅氟酸钠	15 ~ 20[①]， 10	废黏土砖及矾土熟料粉	30	焦宝石熟料	0.15 ~ 5，5 ~ 20	30 40
水玻璃硅氟酸钠	15 ~ 20[①]， 10 ~ 12	石英石粉	20 ~ 25	黏土耐火砖粉	0.15 ~ 5，5 ~ 20	30 ~ 35， 40 ~ 45
水玻璃硅氟酸钠	15 ~ 20	黏土耐火砖粉	20 ~ 25	黏土耐火砖粉	0.15 ~ 5，5 ~ 20	30 ~ 35， 40 ~ 45
水玻璃硅氟酸钠	15 ~ 20	黏土耐火砖粉	20 ~ 25	高铝砖	0.15 ~ 5	75 ~ 80
水玻璃硅氟酸钠	11[①]， 10	镁砂粉	30	镁 砂	0.15 ~ 5，5 ~ 20	40 30

注：掺和料一般要求粒度小于 0.088mm 的砂不少于 70% ~ 85%。

①占骨料的质量分数。

表 3-30　水玻璃耐火混凝土的主要性能指标

项　目	指　　标			
耐火度/℃	1430	1580	>1600	>1770
荷重软化开始点/℃	1180	1120	950	1150
耐急冷急热性（风冷次数）	290	330	290	
导热系数/W·(m·℃)$^{-1}$		0.46~0.93	0.93~1.04	
高温下耐压强度/MPa	30（900℃）	30（900℃）	25（800℃）	6（900℃）
最高使用温度/℃	600	900	900	

表 3-30 中所使用的水玻璃模数为 3.0，密度为 1.38g/cm^3。水玻璃耐火混凝土是气硬性的，成型后可直接进行烘干，严禁用水或蒸汽进行保养。

水玻璃耐火混凝土主要用于受酸液（氢氟酸除外）或酸性气体侵蚀部位，但不得使用于有水及水蒸气作用的部位。

D　硅酸盐水泥耐火混凝土

硅酸盐水泥耐火混凝土是以硅酸盐水泥、矿渣水泥等为胶结剂，以黏土熟料、废黏土砖等为骨料而制成的。硅酸盐水泥是一种快硬高强水硬性胶结剂，因此混凝土加水搅拌后，应迅速捣打，中间不要停顿，以免捣打不实。胶模后用草袋覆盖，浇水保养。

这种混凝土开裂倾向大，烘炉应缓慢进行，可作加热炉炉墙、退火炉炉门、烧结回转窑窑衬等。

3.4.4.3　浇注料的配制与施工

浇注料的各种原料确定以后，首先要经过合理的配合，再经搅拌制成混合料，有的混合料还需困料。根据混合料的性质采取适当方法浇注成型并养护，最后将已硬化的构筑物，经正确的烘烤处理后投入使用。

A　颗粒料的配合

对各级粒度的颗粒料，根据其最紧密堆积原则进行配合。

由于浇注料多用于构成各种断面较大的构筑物和制成大型砌块，粒状料的极限粒度可相应增大。但是，为了避免粗颗粒与水泥石之间在加热过程中产生的膨胀差值过大而破坏两者的结合，除应选用低膨胀性的颗粒料以外，也应适当控制极限粒度。一般认为，振动成型者应控制在 10~15mm 以下；机压成型者应小于 10mm，对大型制品或整体构筑物不应大于 25mm；皆应小于断面最小尺寸的 1/5。

各级颗粒料的配比一般为 3~4 级，颗粒料的总量占 60%~70%。

在高温下体积稳定的、细度很高的粉状掺和料，特别是其中还有一部分超细粉的掺和料，对浇注料的常温和高温性质都有积极作用，应配以适当数量，一般认为细粉用量在 30%~40% 之间为宜。

B　结合剂及促凝剂的确定

结合剂的品种取决于对构筑物或制品性质的要求，应与所选粒状和粉状料的材质相对应，也与施工条件有关。

制造由非碱性粒状料组成的浇注料时，一般多采用水泥做结合剂。采用水泥做结合剂，应兼顾对硬化体的常温和高温性质的要求，尽量选用快硬高强而含易熔物较低的水泥，其用量应适当，一般认为不宜超过 12%～15%。为避免硬化体的中温强度降低以及提高其耐高温性能，水泥用量应尽量减少，而代以超细粉的掺和料。

若采用磷酸或磷酸盐做结合剂，则应根据浇注料硬化体性质的要求和施工特点，采用相应浓度的稀释磷酸或磷酸盐溶液。以浓度为 50% 左右的磷酸为宜，其外加用量一般控制在 11%～14% 之间。若以磷酸铝为结合剂，当 Al_2O_3/P_2O_5（摩尔比）为 1:3.2，相对密度为 1.4 时，外加用量宜控制在 13% 左右。由此种结合剂配制的浇注料在未热处理前凝结硬化慢、强度很低，故常外加少量碱性材料以促进其凝固。若以普通高铝水泥做促凝剂，一般外加量为 2%～3%。

若采用水玻璃，应控制其模数及密度。当模数为 2.4～3.0，相对密度为 1.36～1.40g/cm³ 时，一般用量为 13%～15%。若用硅氟酸钠促硬剂，其用量一般占水玻璃的 10%～12%。

其他结合剂及其用量，根据瘠性料的特性、对硬化体的性质及施工要求而定。

C 用水量

各种浇注料皆含有与结合剂用量相应的水分。可以在结合剂与瘠性料组成混合料后再加入水，如对易水化且凝结速度较快的铝酸钙水泥就常以此种形式进行；也可以将水预先与结合剂混合制成一定浓度的水溶液或溶胶加入，如对需预先水解才可具有黏结性的结合剂则主要以此种形式进行。当结合剂与水反应后不变质时，为使结合剂在浇注料中分布均匀，也往往预先与水混合，如前述磷酸和水玻璃等就是这样处理的。

一般对由普通高铝水泥结合的硅酸铝质熟料制成的浇注料，采用的水灰比多为 0.4～0.65。其中，以振动成型者，常取 0.5～0.65，混合料的水分为 8%～10%；机压成型者，常取 0.4 左右，混合料水分为 5.5%～6.5%。为了减少浇注料中的水分，提高硬化体的密度，在浇注料中应加适当增塑减水剂。

D 养护

浇注料成型后，必须根据结合剂的硬化特征，采取适当的措施进行养护，促其硬化。铝酸钙水泥要在适当的温度及潮湿条件下养护。其中，普通高铝水泥应首先在较低（小于 35℃）温度下覆盖，凝固后浇水或浸水养护 3 天；低钙高铝水泥养护 7 天，或蒸汽养护 24h。对某些金属无机盐要经干燥和烘烤。如水玻璃结合者，要在 15～25℃ 的空气中存放 3～5 天，不许受潮，也可再经 300℃ 以下烘烤；但绝不可在潮湿条件下养护，更不许浇水，因硅酸凝胶吸水膨胀，失去黏结性，水溶出后，强度也会急剧降低。磷酸盐制成者，可先在 20℃ 以上的空气中养护 3 天以上，然后再经 350～450℃ 烘烤；未烘烤前，也不许受潮和浸水。耐火混凝土的养护制度见表 3-31。

表 3-31 耐火混凝土的养护制度

种 类	养护环境	养护温度/℃	养护时间/d
矾土水泥耐火混凝土	水中养护或标准养护	15～25	3
磷酸盐耐火混凝土（加促进剂）	自然养护	>20	3
水玻璃耐火混凝土（加促进剂）	自然养护	15～25	7
硅酸盐水泥混凝土	水中养护或标准养护	15～25	7
	蒸汽养护	60～80	0.8～1

E　烘烤

浇注料构成热工设备的内衬和炉体时，一般应在第一次使用前进行烘烤，以便使其中的物理水和结晶水逐步排除，使其体积和某些性能达到在使用时的稳定状态，达到某种程度的烧结。烧结制度是否恰当，对使用寿命有很大影响。制定烘烤制度的基本原则是升温速度与可能产生的脱水及其他物相变化和变形要相适应。在急剧产生上述变化的某些温度阶段内，应缓慢升温甚至保温相当时间。若烘烤不当或不经烘烤，立即快速升温投入使用，极易产生严重裂纹，甚至松散倒塌，在特大特厚部位甚至可能发生爆炸。硬化体的烘烤速度依结合剂及构筑物断面尺寸不同而异。以水泥浇注料而论，可大致分为三个阶段：

（1）排出游离水。以 $10 \sim 20 ℃/h$ 的速度升温到 $110 \sim 115 ℃$，保温 $24 \sim 48h$。

（2）排除结晶水。以 $15 \sim 30 ℃/h$ 的速度升温到 $350 ℃$，保温 $24 \sim 48h$。

（3）均热阶段。以 $15 \sim 20 ℃/h$ 的速度升温到 $600 ℃$，保温 $16 \sim 32h$；然后，以 $20 \sim 40 ℃/h$ 的速度升温到工作温度。构筑物断面大者升温速度取下限，保温取上限；断面小者相反。

3.4.5　耐火可塑料

耐火可塑料是由粒状和粉状物料与可塑黏土等结合剂和增塑剂配合后，再加入少量水分，经充分混炼所组成的一种呈硬泥膏状并在较长时间内保持较高可塑性的不定型耐火材料。

耐火可塑料的主要组分是粒状和粉状料，占总量的 $70\% \sim 85\%$。它可由各种材质的耐火原料制成，并常依材质对其进行分类与命名。由于这种不定型耐火材料主要用于不直接与熔融物接触的各种加热炉中，一般多采用黏土熟料和高铝质熟料，制备轻质可塑料通常采用轻质粒状料。

可塑性黏土是可塑料的重要组分，它只占可塑料总重的 $10\% \sim 25\%$，但对可塑料和其硬化体的结合强度、可塑料的可塑性、可塑料和其硬化体的体积稳定性和耐火性都有很大的影响。在一定意义上，可认为黏土的性质和数量控制着可塑料的性质。

3.4.5.1　可塑料的性质

A　可塑料的工作性质

一般要求可塑料应具有较高的可塑性，而且经长时间储存后，仍具有一定的可塑性。

耐火材料的可塑性与黏土特性、黏土用量以及水分的数量有关，其主要取决于水分的数量，它随水量的增多而提高。但水量过高会带来不利的影响，一般以 $5\% \sim 10\%$ 为宜。

为了尽量控制可塑料中的黏土用量和减少用水量，可外加增塑剂，其增塑作用主要有：使黏土颗粒的吸湿性提高；使黏土微粒分散并被水膜包裹；使黏土中腐殖物分散并使黏土颗粒溶胶化；使黏土–水系统中的黏土微粒间的静电斥力提高；稳定溶胶；将阻碍溶胶化的离子作为不溶性的盐排除于系统之外等。可作为增塑剂的材料很多，如纸浆废液、环烷酸、木素磺酸盐、木素磷酸盐、木素铬酸盐以及其他无机和有机的胶体保护剂等。

欲使可塑料的可塑性在其保存期内无显著降低，不能采用水硬性结合剂。

B　可塑料的硬化与强度

为了改进以软质黏土做结合剂的可塑料在施工后硬化缓慢和常温强度很低等缺点，往往另外加入适量的气硬性和热硬性结合剂，如硅酸钠、磷酸和磷酸盐和氯化盐等无机盐及其聚合物。

可塑料中无化学结合剂者称为普通可塑料。此种可塑料在未烧结前强度很低，但随温度升高，水分逸出，强度提高。经高温烧结后，冷态强度增大。但高温下热态强度随温度上升而降低。普通可塑料在不同温度下的耐压强度如图3-11所示。

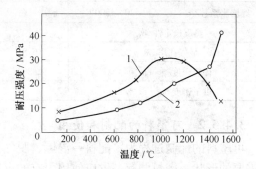

图 3-11 普通可塑料在不同温度下的耐压强度
1—热态强度；2—冷态强度

加有硅酸钠的可塑料在施工后的强度随温度升高而增长较快，在施工后可较快地拆模。但是，在干燥过程中，这种结合剂可能向构筑物或制品的表面迁移，阻止水分的顺利排除，引起表皮产生应力和变形。另外，施工后的可塑料碎屑也不宜再用，含有此种结合剂的可塑料宜用于建造工期较长的大型窑炉和用于炉顶等处。

磷酸铝是可塑料中使用最广泛的一种热硬性结合剂，施工后经干燥和烘烤可获得很高的强度。

C　可塑料的抗热震性

与相同材质的烧结耐火制品和其他不定型耐火材料相比，可塑性耐火材料的抗热震性较好，主要原因有以下几方面：由硅酸铝质耐火原料作为粒状和粉状料的可塑料，在加热过程中或在高温下使用时不会产生由于晶型转化而引起的严重变形；在加热面附近的矿物组成为莫来石和方石英的微细的结晶，玻璃体较少，沿加热面向低温侧过渡，可塑料的结构和物相是递变而非激变；可塑料具有均匀的多孔结构，膨胀系数和弹性模量一般都较低等。

几种常用耐火可塑料的性能见表3-32。

表 3-32　常用耐火可塑料的性能

编　号		1	2	3	4	5
化学成分/%	Al_2O_3	52	54	63	64	70
	Si_2O_3	39	41	29	26	19
耐火度/℃		1750~1770	1770	1790	1790	>1790
荷重软化开始温度/℃	开始点			1440	1330	
	4%			1510	1520	
烘干和稍后耐压强度/MPa	110℃	18	15	23	15	12.5
	800℃	26	18	15.5	20	49
	1400℃	32.5	30	37.5	38	32
高温耐压强度/MPa	1000℃			20	33	3.5
	1400℃			3.0	4.0	-0.12
烧后线变化/%	800℃	-0.31	-1.8		0.10	-0.03
	1400℃	0.34			0.22	3.5

编　号		1	2	3	4	5
线膨胀系数/℃⁻¹	20~1200℃			3.3×10^{-6}	5.1×10^{-6}	5.4×10^{-6}
热震稳定性/次				100	110	130
显气孔率/%		16.8	17.5	21		
体积密度/g·cm⁻³		2.29	2.30			
烘干密度/kg·m⁻³				2210	2260	2600

3.4.5.2　可塑料的配制和使用

可塑料的配制过程为：配料→混炼、脱气并挤压成条→经切割或再挤压成块、饼或其他需要的形状→密封储存→供应使用。有的也采用其他密实化手段，如经震实、压实等制成料块。

可塑料在施工时不需要特别的技术，当用以制成炉衬时，将可塑料由密封容器中取出，铺在吊挂砖或挂钩之间，用木槌或气锤分层（每层厚 50~70mm）捣实即可。在尚未硬化前，可进行表面加工。为便于使其中水分排出，每隔一定间隔打通气孔。最后根据设计留设胀缩缝。若用以制整体炉盖，可先在底模上施工，经干燥后再吊装。

可塑料主要用于各种加热炉、均热炉、退火炉、渗碳炉、热风炉、烧结炉等，也可用于小型电弧炉的炉盖、高温炉的烧嘴以及其他相似的部位。其使用温度主要依所用粒状和粉状料的品质而异：普通黏土质可塑料用于 1300~1400℃；优质可塑料用于 1400~1500℃；高铝质可塑料用于 1600~1700℃，甚至更高温度下；铬质可塑料用于1500~1600℃。

3.5　其他筑炉材料

对筑炉材料的了解除了耐火材料和保温材料之外，对其他筑炉材料如耐火胶泥、涂料及填料、常用胶合剂、水泥石棉板、石棉橡胶板、炉用钢材等也必须做全面的了解，以保证炉子的使用寿命。这点对于粉末冶金用钼丝炉、Fe-Cr-Al 丝炉等尤为重要，如筑炉过程中将酸性涂料与钼丝或 Fe-Cr-Al 丝接触，就会引起高温造渣，致使电阻丝早期被损坏。

3.5.1　水泥石棉板

水泥石棉板如图 3-12 所示。它的体积密度为 0.3~0.5g/cm³，允许工作温度为 450℃，是良好的低温保温材料和良好的电绝缘材料，常用来做电阻丝炉元件引出墙与炉壳之间绝缘用。使用时为了保证其牢固、结实，应选择适当的厚度，如钼丝炉就采用 20mm 厚的水泥石棉板做元件引出端的绝缘材料。

图 3-12　水泥石棉板

3.5.2　石棉橡胶板

石棉橡胶板是用石棉、橡胶及填料经过压缩制成的衬垫材料。根据其强度及品质的不同可分为三类：高压石棉橡胶板、中压石棉橡胶板和低压石棉橡胶板。高压石棉橡胶板可用于设备的金属接头和连接面上的衬垫，以密封高温高压下的汽油、煤油、润滑油和酒精等介质；中压石棉橡胶板适用于水管及蒸汽管道接合处的密封垫；低压石棉橡胶板适用于一般低压水管和蒸汽管道接合处的密封衬垫。

石棉橡胶板的规格见表 3-33。耐油石棉橡胶板如图 3-13 所示。

表 3-33　石棉橡胶板的规格

高压石棉橡胶板/mm		中压石棉橡胶板/mm		低压石棉橡胶板/mm	
长×宽	厚	长×宽	厚	长×宽	厚
500×500	0.5, 0.6, 0.8	500×500	1.0~6.0 以 0.5 进级	500×500	1.0~6.0 以 0.5 进级
600×600	1.0, 1.2, 1.5	600×600			
1000×1000	2.0, 2.5, 3.0	1000×1000		1000×1000	
1250×1250	4.0	1250×1250 600×1250		1250×1250 600×1250	

3.5.3　常用胶合剂

3.5.3.1　水玻璃

水玻璃（NaO·nSiO$_2$）又称为硅酸钠或泡花碱，水玻璃是细磨的石英砂或石英岩粉与碳酸钠或硫酸钠按一定比例配合后，在熔炉中加热到 1300~1400℃ 而成的块状固体硅酸钠，再将块状固体硅酸钠装入高压釜内，通入蒸汽后熔化而生成的液体硅酸钠。水玻璃（固体泡花碱）如图 3-14 所示，其技术条件见表 3-34。

图 3-13　耐油石棉橡胶板

表 3-34　水玻璃的技术条件

指　标	样　品		
	1:3.3（Na$_2$O:3.3SiO$_7$）	1:2.4（Na$_2$O：2.4SiO$_2$）	
	波美度（Be'）45°	波美度（Be'）40°	波美度（Be'）51°
密度（20℃）	1.376~1.386	1.376~1.386	1.53~1.5586
NaO/%	8.52~9.09	10.17~10.94	13.10~14.20
SiO$_2$/%	27.02~29.10	23.60~25.50	30.30~33.10
分子比	1:(3.3±0.1)	1:(2.4±0.1)	1:(2.4±0.1)
FeO/%	<0.06	<0.06	<0.08
水不溶物/%	0.7	0.7	0.9

注：在工厂中也常用波美度来表示溶液的浓度，波美度与密度有密切的关系。常用密度计上有两种刻度，一种可以从刻度上直接读出液体的密度，另一种是用波美度（Be'）表示液体密度。

除了最常用的钠水玻璃外，还有钾水玻璃或钾钠水玻璃。新发展起来的硅酸锂及硅酸季胺水玻璃是具有工业价值的新型水玻璃。高分子锂的硅酸钾溶液可用硅胶或硅溶液溶解于氢氧化锂溶液中制得。而硅酸季胺是一种最新的工业可溶性硅酸盐产品，是由硅胶溶液与氢氧化季胺制成。

图 3-14　水玻璃（固体泡花碱）

水玻璃除了溶液状态的产品之外，尚有不同形状的固体产品：

（1）未经溶解的块状或粒状水玻璃。

（2）溶液除去水分后呈粉状的水玻璃。

（3）结晶状态的水玻璃，如 $NaSiO_3 \cdot 0.5H_2O$。

水玻璃溶液在逐渐失去水分之后，黏度会显著增大，而后则引起硬化。因此，水玻璃可作黏结剂，胶黏性能最强的是模数为 3.0~3.3，密度为 1.39~1.42g/cm^3 的溶液。

水玻璃在耐火材料及其制品中应用很广，用水玻璃和耐火黏土调成的稠黏糊状体可以作为炉体的密封材料。在制造耐火硅酸盐混合料时，采用磨细的石棉作填充料。将石棉和 67% 的模数为 3.3、密度为 1.4g/cm^3 的水玻璃拌和，可以制成加热到 1000℃ 仍不发生变化的稳定的耐火涂料。粉末冶金电炉如钼丝炉、Fe-Cr-Al 丝炉等，在砌筑炉体时，炉内结构的各个结构件需要紧密地黏结在一起，而且要求高温下密封。为了防止因加水玻璃后引起耐火度下降，常在黏结料加入高度耐火性材料，如加入 20%~50% 刚玉或粉，就可保持制品的耐火度；或在粘涂料中加入碳化硅、锆石等高度耐火材料，也会得到同样结果。用水玻璃调制的复合混合料可用作修筑炉子时高温各部位粘涂料，它在常温下失去水分而硬化，但强度不高；加热时必须缓慢地逐渐加热，水分完全蒸发后强度变得十分低；加热到高温发生烧结之后，耐火砌体的构件开始被固结住。

然而，水玻璃属于硅酸盐溶液，与黏土耐火料拌和之后，砌筑炉子时不能与电阻丝接触，以免高温下引起造渣而熔断电阻丝，这点务必注意。

3.5.3.2　亚硫酸盐纸浆废液

亚硫酸盐纸浆废液是造纸厂以亚硫酸盐液蒸煮纤维原料后所获得的含非纤维杂质的蒸煮液。亚硫酸盐低浆废液为暗褐色稠状液体或粉状。一般造纸厂出售的亚硫酸盐纸浆废液多为该废液的浓缩物，其密度为 1.2~1.3g/cm^3。

3.5.4　耐火涂料

耐火涂料根据其用途不同分密封涂料与保护涂料两种。密封涂料的主要作用是增加砌砖体、炉门、辐射孔等处的气密性；保护涂料用以保护砖砌体不被炉渣、金属氧化物、高温气体等所侵蚀。

因此，耐火涂料应满足下列要求：

（1）有较高的熔点；

（2）与被涂的材料应有很好的黏着性；

（3）孔隙应尽可能少；

（4）具有温度急变抵抗性；

（5）膨胀系数应与被涂耐火材料的膨胀系数相适应；

（6）高温下不与砌砖体材料发生化学反应。

常用的几种密封涂料和保护涂料的成分分别见表3-35和表3-36。

表 3-35　常用的几种密封涂料的成分

涂料名称	成 分 名 称	体积分数/%	使用温度范围/℃
1号涂料	石英砂或硅砖粉（粒度小于1mm）	70	400～500
	石棉纤维	10	
	水玻璃	20	
	水（使涂料为半浓稠度）	适量	
2号涂料	石英砂或硅砖粉（粒度小于1mm）	30	400～500
	石棉硅藻土粉	50	
	水玻璃	20	
	水（使涂料为半浓稠度）	适量	
3号涂料	石英砂或硅砖粉（粒度小于1mm）	70	400～500
	石墨粉（粒度小于1mm）	10	
	水玻璃	20	
	水（使涂料为半浓稠度）	适量	
4号涂料	石英砂或硅砖粉（粒度小于1mm）	90	400～500
	石墨粉（粒度小于1mm）	10	
	水玻璃（密度1.3～1.4g/cm³）	15（外加）	
	水（使涂料为半浓稠度）	12～15（外加）	
陶土换热器墙外表面及管子内表面涂料[①]	黏土熟料粉	90	
	铁矾土	10	
	（NF)-28黏土质耐水泥	15（外加）	
	水玻璃（密度为1.5～1.6g/cm³）	12～15（外加）	
硅藻土砖砌炉墙外表面[①]	矾土水泥	5	
	石棉纤维	30	
	（NF)-黏土质耐水泥	55	
	水玻璃	10	
炉墙铁丝网外面的面层[①]	硅酸盐水泥	10	
	石棉纤维	20	
	（NF)-28黏土质耐水泥	40	
	砂子	30	
	水	适量	

①质量分数。

表 3-36　常用的几种保护涂料的成分

涂料名称	成 分 名 称	体积分数/%	最高使用温度/℃
黏土质涂料	任何牌号的黏土砖粉	88	800~1000
	结合黏土	12	
	水玻璃（占干料体积分数）	3	
	水	适量	
石英高岭土料	SiO_2 含量不少于 95% 的石英砂	70	1000~1400
	高岭土	19	
	结合黏土	11	
	水	适量	
黏土质涂料	耐火黏土砖粉末	91	1100~1400
	结合黏土	9	
	水玻璃（占干料体积分数）	2	
	水	适量	
硅质或黏土质涂料	与耐火砌砖性质相同的耐水泥	80	1000~1200
	结合黏土	10	
	水玻璃	10	
	水	适量	
铬质涂料	Cr_2O_3 含粉量不少于 35% 的铬铁矿粉	88	1400~1500
	结合黏土	12	
	水玻璃	7（外加）	
	水	适量	
铬镁质涂料	Cr_2O_3 含粉量不少于 35% 的铬铁矿粉	44	1400~1600
	(MF)-78 镁水泥	39	
	结合黏土	17	
	水玻璃	7（外加）	
	水	适量	
铬镁质涂料	Cr_2O_3 含粉量不少于 35% 的铬铁矿粉	70	1400~1600
	(MF)-78 镁水泥	20	
	SiO_2 含量不少于 95% 的石英砂	4	
	结合黏土	6	
	水玻璃	10（外加）	
	水	适量	
高铝质涂料	Al_2O_3 粉	50	1200~1600，如钼丝炉管接头处密封
	黏土耐火熟料	45	
	水玻璃	5	
	水	适量	

注：1. 作涂料的各种粉子其粒度小于 0.5mm 的占 60%~70%，粒度为 0.5~2mm 的占 30%~40%。

　　2. 结合黏土和高岭土的粒度应小于 1mm，而且小于 0.5mm 的应有 75%~80%。

　　3. 旧型砂成分应为：SiO_2 80%~90%，Al_2O_3 4%~10%，Fe_2O_3 10%~20%；粒度应小于 1mm。

　　4. 水玻璃密度为 1.3~1.4g/cm^3，模数为 2.6。

3.5.5　耐火胶泥

　　耐火胶泥简称耐火泥或火泥，它是砌炉时用来填充耐火砖缝使互相黏结并使砌体具有一定的整体性、强度和气密性的材料。因此耐火泥的使用对砌体质量、电炉的热损失以及炉壳温度有着显著影响。

　　对耐火泥的要求如下：

（1）能用水调到一定的稠度、填充砖的不平部分，不发生裂纹；

（2）与砖体性质相近（如耐火度、荷重软化温度等）；

（3）干燥后和高温下使用有较好的气密性；

（4）具有一定的机械强度和很好的气密性。

常用的耐火泥有黏土质、高铝质、硅质、镁质耐火泥等。在砌筑黏土耐火砖时，应用黏土质耐火泥。黏土质耐火泥是由黏土质熟料和结合黏土组成，其成分见表3-37。

表3-37　黏土质耐火泥成分　　　　　　　　　　　　　　　（%）

名　称	细粒耐火泥	中粒耐火泥	粗粒耐火泥
熟料	80～85	75～85	65～75
结合黏土	15～20	20～25	25～35

在砌筑高铝砖时，应用高铝质耐火泥。砌筑含 Al_2O_3 60%～70% 的高铝砖时，采用的耐火泥由 75%～85% 的烧矾土和 10%～20% 的生黏土组成；砌筑含 Al_2O_3 48%～55% 的高铝砖时，也可采用高耐火度的黏土质耐火泥。

在砌筑硅砖时，应用 SiO_2 含量为 90%～93% 的硅质耐火泥，其颗粒组成：残留在 1.0mm 筛网上的颗粒不大于 3%，通过 0.20mm 筛网上的颗粒不小于 80%。

在砌筑镁砖时，应用镁质耐火泥，其氧化镁含量不小于 78%，氧化硅含量不小于 6%，灼烧碱量不大于 2%。镁质耐火泥粒度组成是：小于 1mm 的占 100%；小于 0.5mm 的不少于 97%，小于 0.125mm 的不少于 50%。

通常砌筑电炉用的耐火泥均采用细粒耐火泥。耐火泥的使用指标见表3-38。各种砌体所用的泥浆组成见表3-39。高温耐火胶泥如图3-15所示。

表3-38　耐火泥的使用指标

耐火泥名称及牌号		耐火度/℃	Al_2O_3含量/%	SiO_2含量/%	MgO含量/%	粒度组成					
						细粒耐火度		中粒耐火度		粗粒耐火度	
						通过筛孔/mm	含量/%	通过筛孔/mm	含量/%	通过筛孔/mm	含量/%
黏土质	耐火泥(NF)-40	1730									
	耐火泥(NF)-38	1969									
	耐火泥(NF)-34	1650				0.125	≥50				
	耐火泥(NF)-28	1580				0.5	≥97				
高铝质	耐火泥(LF)-70	1770				1.0	≥100			0.125	≥15
	耐火泥(LF)-60	1770				0.125	≥50	0.125	≥35	2.0	≥97
	耐火泥(LF)-50	1750				0.5	≥97	1.0	≥97	2.8	≥100
硅质	耐火泥(GF)-93	>1690	7～70	>93		1.0	≥100	2.0	≥100	0.125	≥25
	耐火泥(GF)-90	1650～1690	60～70	90～93		0.2	≥80			1.0	≥97
	耐火泥(GF)-85	1580～1650	50～60	85～90		0.2	≥80			2.0	≥100
镁质	耐火泥(MF)-82					1.0	≥97				
	耐火泥(MF)-78			≤6	≥82	<1.0	≥100				

表 3-39　各种砌体所用的泥浆组成

砌体名称	泥浆名称	泥浆组成		备注
		成　分	数　量	
黏土耐火砖,轻质黏土砖	黏土质泥浆	黏土质耐火泥	100%	
		水	400~600L/m³（干料）	
硅砖	硅质泥浆	硅质耐火泥	100%	
		水	400~600L/m³（干料）	
高铝砖	高铝砖泥浆	高铝质耐火泥	100%	
		水	400~600L/m³（干料）	
镁砖或镁铝砖	温砌：镁质泥浆	镁质耐火泥	100%	或用干燥镁质耐火泥加适量氧化铁粉
		卤水（密度1.25g/cm³）	适量	
	干砌：镁质耐火泥	干燥的镁质耐火泥	100%	
镁铬砖	镁铬质泥浆	镁铬砖粉	100%	
		卤水（密度为1.25~1.3g/cm³）	适量	
硅藻土砖	黏土质泥浆	黏土质耐火泥	100%	
		水	400~600L/m³（干料）	
	硅藻土粉-结合黏土泥浆	硅藻土粉	60%~70%	体积比
		结合黏土	60%~70%	
		水	400~600L/m³（干料）	
	水泥-硅藻土泥浆	水泥:硅藻土粉	1:5	质量比
		水	400~600L/m³（干料）	
陶土换热器砌体	黏土熟料-铁矾土泥浆	黏土熟料粉	90%	质量比
		镁矾土	10%	
		水玻璃（密度为1.5~1.6g/cm³）	15%（外加）	
		水	12%~15%（外加）	

3.5.6　炉用钢材

　　炉架及炉壳主要用来承受砌体重量、拱顶产生的旁推力以及炉子工作时产生的附加作用力，增加炉子的整体结构强度，便于安装各种附属机件等。

　　炉架常采用各类型钢焊接，型钢尺寸根据炉子大小及受力情况确定。

　　炉壳通常采用 3~5mm 厚的钢板制作，一般炉子可采用断续焊接。对于可控气氛电阻炉，必须采用连续焊接，焊后用煤油检漏。

图 3-15　高温耐火胶泥

炉温比较高的部分，如炉门、炉盖等地方需要考虑减少变形，必要时可把材料加厚或加大面积，或采用耐热钢或钢件等不易变形的材料。炉架及炉壳的焊接部分应避免受高温，炉架上受高温部分也可用铸件制成。

炉子的形状一般多为圆柱状、箱式或长方形。如果炉子的长宽比相差太大时，则容易因温度升高而产生变形，所以在选用炉子的结构和炉壳采用的材料时，都应考虑防止变形。

本章小结

电炉用筑炉材料主要包括耐火材料、保温材料、金属材料以及一般建筑材料。凡具有抵抗高温作用以及高温下不产生物理化学作用的材料称为耐火材料。电炉通常在高温下进行操作，所以筑炉材料最为重要。在设计、制造电炉时，对耐火材料的性能、电炉对耐火材料的具体要求以及选用原则等应全面了解，这是提高炉子寿命、降低成本、节约电耗的重要环节。

电炉用耐火材料种类很多：重质耐火材料，包括耐火黏土砖、高铝砖、硅砖、电熔刚玉砖、碳化硅质砖、碳质砖等；轻质耐火材料，包括轻质耐火黏土砖、轻质耐火高铝砖、轻质耐火硅砖等；耐火纤维材料等。保温材料的导热能力必须很低，常把导热系数小于 $0.23W/(m \cdot ℃)$ 的材料称为保温材料，其气孔率一般在70%以上，由于气孔很多，因而体积密度小、机械强度低，这些是各种保温材料的共同特点。保温材料种类很多，根据使用温度不同可分为：高温（1200℃以上）保温材料、中温（900~1100℃）保温材料、低温（900℃以下）保温材料三大类。不定型耐火材料是由合理配制的粒状和粉状料与结合剂共同组成的不经成型和烧成而供使用的耐火材料。筑炉材料除了耐火材料和保温材料之外，其他筑炉材料有耐火胶泥、涂料及填料、常用胶合剂、水泥石棉板、石棉橡胶板、炉用钢材等。

复习思考题

3-1 什么叫耐火材料？电炉对耐火材料有何要求？

3-2 常用耐火材料的物理性能包括哪些方面？

3-3 简述耐火材料的工作性能。

3-4 冶金工业对耐火材料提出"三耐、三小、两好"的要求分别是指什么？

3-5 电炉用耐火材料种类主要包括哪些方面？

3-6 简述耐火材料新品种的特点。

3-7 保温材料在使用过程中关于其使用温度必须注意哪几点？

3-8 什么叫不定型耐火材料？不定型耐火材料有何特点？

3-9 耐火混凝土由哪几个部分组成？各组成部分有何特点？

4　粉末冶金电炉电热元件及设计

本章学习要点

　　本章主要介绍了金属电热元件和非金属电热元件的材料、性能、设计及安装。要求了解电热元件的分类方法及使用要求，掌握电热元件材料及其性能，掌握电热元件的表面负荷及电热元件尺寸的计算方法，熟悉电热元件在炉内的安装方法。

4.1　电热元件概述

　　电热元件设计得是否合理，材料选择是否得当，对电阻炉的寿命和能否实现产品工艺制度的要求具有重大的影响。设计电热元件时，应对炉子工作温度、炉内气氛、元件的性能等进行综合考虑。

4.1.1　电热元件的使用要求

　　电热元件是电炉最重要的组成部分，直接决定了电炉的使用寿命，理想的电热元件应满足以下使用要求：

　　（1）具有较高的比电阻和较小的电阻温度系数；

　　（2）熔点高；

　　（3）在高温下具有化学稳定性；

　　（4）足够的高温机械强度；

　　（5）加工性好，便于制造；

　　（6）材料质量均匀，电阻稳定；

　　（7）热膨胀系数小；

　　（8）价格低廉，国内货源充足。

4.1.2　电热元件的分类

　　常用电热元件材料分为金属电热元件和非金属电热元件两类。金属电热元件又分为合金电热元件和纯金属电热元件两种，其中合金电热元件应用较广，价格低廉；纯金属电热元件的使用温度比合金电热元件高，但价格贵。非金属电热元件的使用温度介于纯金属电热元件与合金电热元件之间，价格较低廉，但质硬而脆，常做成棒状。电热元件的分类见表4-1。

　　常用电热元件如图4-1所示。

表 4-1 电热元件的分类

类 型	品 种	使用温度/℃		特 点	用 途
		推 荐	最 高		
金属电热元件	镍铬合金 Cr20Ni80	1000~1050	1150	电阻率较高；电阻温度系数较小；加工性能好，可拉成细丝；高温强度较好，用后不变脆；奥氏体组织，基本无磁性	用于 ϕ1mm 以下的丝和移动式电炉
	Cr15Ni60Fe25	900~950	1050		
	铁铬铝合金 1Cr13Al4	900~950	1100	与镍铬合金比较具有：抗氧化性能好，使用温度高；电阻率高，密度小；热膨胀系数大；高温强度低，用后变脆；加工性能稍差；铁素体组织，有磁性；价格较低廉	用于粗丝和固定式电炉
	0Cr13Al6Mo2	1050~1200	1300		
	0Cr25Al5	1050~1200	1300		
	0Cr27Al7Mo2	1200~1300	1400		
	纯金属 铂（Pt）		1600	在空气中使用，不能在还原性气氛中使用；高温下形成挥发性氧化物，影响使用寿命；价格昂贵	用于研究型小型电炉
	钼（Mo）	1400~1500	1800	熔点高；须在保护气体中使用，如钨、钼可在真空、惰性气体、氢气、分解氨中使用，而钽仅能在真空、惰性气体（氨气除外）中使用；电阻率低，电阻温度系数大，须配调压装置；钨的加工（弯曲、铆接、焊接）特难；材料稀少、价贵	用于高温真空炉、高温氢气炉
	钨（W）	2000~2300	2400		
	钽（Ta）	1800~2000	2200		用于高温真空炉
非金属电热元件	硅碳棒（SiC）	1250~1400	1500	能在空气中耐 1300℃ 以上高温；高温强度高；价格低廉；硬而脆，不能加工成型，一般只做成棒状；元件间的电阻值一致性差，有老化现象	用于隧道窑炉、多温区、长温区传送炉等
	硅钼棒（$MoSi_2$）	1500~1600	1700	能在空气中耐 1600℃ 以上高温；无老化现象；电阻温度相差较大，须配调压装置，开始加热阶段须逐渐降低电压，防止过大电流；室温下脆而硬	用于 1500℃ 以上高温
	石 墨	2300（真空）	3000	能耐 3000℃ 以上高温；电阻率高，但加热器总电阻很低，又不精确，故须配低电压，大电流变压器，须在真空或保护空气气氛中使用，石墨蒸气容易污染炉膛和工件	用于 1700℃ 以上高温电炉

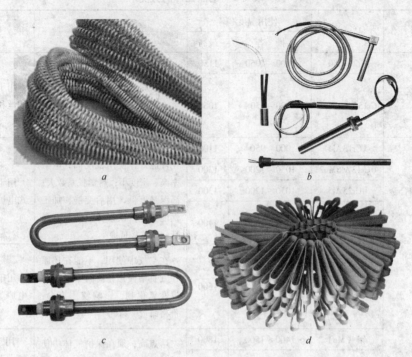

图 4-1　常用电热元件

a—电阻丝；*b*—电加热棒；*c*—U 形电热管；*d*—带状电阻丝

4.2　电热元件材料及其性能

4.2.1　金属电热元件

4.2.1.1　铁铬铝系电热元件

A　化学成分及性能

　　铁铬铝系合金已在我国黑色和有色粉末冶金炉中得到了广泛的应用，常用的牌号有 0Cr25Al5、Cr17Al51、Cr13Al4、0Cr13Al6Mo2、0Cr27Al7Mo2 等，这些产品大量地用于粉末冶金中的还原炉，部分也用于烧结炉。铁铬铝系电热元件材料的化学成分和性能见表 4-2。

表 4-2　铁铬铝系电热元件材料的化学成分和性能

元件牌号		DR23	DR21	DR21	DR21
		0Cr25Al5	1Cr13Al4	0Cr13Al6Mo2	0Cr27Al7Mo2
主要化学成分/%	Cr	23 ~ 27	12 ~ 15	12.5 ~ 14	26.5 ~ 27.8
	Al	4.5 ~ 6.5	3.5 ~ 6.5	5 ~ 7	6 ~ 7
	Ni		≤0.6	≤0.6	≤0.6
	Mo			1.5 ~ 2.5	1.3 ~ 2.2
	Fe	余量	余量	余量	余量

续表 4-2

元件牌号		DR23	DR21	DR21	DR21
		0Cr25Al5	1Cr13Al4	0Cr13Al6Mo2	0Cr27Al7Mo2
工作温度/℃	正常	1050~1200	900~950	1050~1200	1200~1300
	最高	1300	1100	1300	1400
密度/g·cm^{-3}		7.1	7.4	7.2	7.1
抗张强度/Pa		$(637~784)\times10^6$	$(588~735)\times10^6$	$(686~833)\times10^6$	$(686~784)\times10^6$
20℃时的电阻率/Ω·m		$(1.40\pm0.10)\times10^{-6}$	$(1.26\pm0.08)\times10^{-6}$	$(1.40\pm0.10)\times10^{-6}$	$(1.50\pm0.10)\times10^{-6}$
电阻温度系数/℃$^{-1}$		$3\times10^{-5}~4\times10^{-5}$ (20~1200℃)	15×10^{-5} (20~850℃)	7.25×10^{-5} (0~1000℃)	0.65×10^{-5} (20~1200℃)
热膨胀系数/℃$^{-1}$		16×10^{-6} (20~1000℃)	15.4×10^{-6} (20~1000℃)	15.6×10^{-6} (0~1000℃)	16×10^{-6} (0~1200℃)
导热系数/W·(m·℃)$^{-1}$		12.74	14.62	13.57	12.52
比热容/kJ·(kg·℃)$^{-1}$		0.493	0.489	0.493	0.493
熔点/℃		1500	1450	1500	1520

B 优缺点及注意事项

铁铬铝合金的电阻率较大，电阻温度系数较小，功率稳定。由于电阻率较大、密度较小，在电热元件的电阻和截面尺寸相同的条件下，铁铬铝合金用量比镍铬合金少、工作温度高、耐热性能好，如 0Cr27Al7Mo2、Cr23Al6CoZr 及 Cr21Al7Mo 等，使用温度可达1300℃以上。这些电热材料使烧结同类产品的炉体结构设计简化、密封性加强，从而节约了电能。部分电热材料有较强的抗渗碳、耐各种气体侵蚀的能力，如 Cr23Al6Y0.5 合金比同类的其他合金抗渗碳的能力更强，同时在含硫的氧化性气氛中耐蚀性强；铁铬铝合金的材质成分来源比较符合我国的资源条件，因而成本可以大幅度地降低。但铁铬铝合金也有一些缺点，使用时应注意以下问题：

（1）铁铬铝合金塑性较差，卷绕时应尽量避免反复弯曲，以防止加工硬化脆断。

（2）铁铬铝合金的膨胀系数较大，安装电热元件时应留有余地，或适当加以支撑，但电热元件能自由伸缩。

（3）铁铬铝合金在工作温度下长期使用过程中，晶粒长大，材质变脆，使用之后不便再用，同时在工作状态下，应避免冲击和震动。

（4）铁铬铝合金焊接性差，焊接时应尽量缩短时间，控制受热区的扩大和过热程度。

（5）铁铬铝合金与酸性耐火材料（SiO_2 质、黏土质等），氧化铁，碱土金属等起化学反应，导致保护膜破坏甚至造渣。因此，用铁铬铝合金做温度较高炉子的电热元件时所用搁砖或炉管应采用高铝质（$Al_2O_3 > 48\%$）材料，并尽量避免与石棉板（SiO_2 43.5%、MgO43.6%、H_2O13%），水玻璃（Na_2SiO_3），蛭石粉等接触。

（6）不同的炉内气氛对铁铬铝合金的寿命和最高工作温度有明显的影响，见表4-3。

铁铬铝合金适用于氧气或氢气气氛中使用。但抗氟、氯、氮、氨及其化合物腐蚀的能力较差。在氮气中使用时，因铬、铝与氮的亲和力强，高温时氧化铝保护膜被破坏，生成氮化物，促使其寿命比在空气中低。在含硫的还原性气氛中，合金氧化膜也被破坏，使合金基体不能抵抗硫的侵蚀。铁铬铝合金在这些气氛中使用前可经过高温预氧化处理，有益于延长使用寿命。但要从根本上解决上述问题，必须研究出高温抗蚀合金的电热元件材料。

表 4-3　铁铬铝电热元件在不同炉内气氛中使用的最高温度　　　　　　　（℃）

材　料	在不同气氛中使用的最高温度					
	空气	氢气	分解氨	渗碳及碳氮共渗	含硫氧化性	真　空
0Cr13Al6Mo2	1300	1300	1150	1150	1150	1000
0Cr25Al5	1300	1300	1150	1150	1150	1000
0Cr27Al7Mo2	1400	1400	1250	1100	1100	1000

4.2.1.2　镍铬系电热元件

A　化学成分及性能

镍铬系合金有二元合金和三元合金，二元合金含铁量不大于 0.1%，常用的牌号有 Cr15Ni60、Cr23Ni18 等。镍铬系电热元件材料的化学成分和性能见表 4-4。

表 4-4　镍铬系电热元件材料的化学成分和性能

元 件 牌 号		Cr20Ni80	Cr15Ni60
主要化学成分/%	Cr	20 ~ 23	15 ~ 18
	Al	≤0.5	≤0.5
	Ni	余量	35 ~ 61
	Fe	≤0.1	余量
工作温度/℃	正常	1000 ~ 1050	900 ~ 950
	最高	1150	1050
密度/g·cm^{-3}		8.4	8.2
抗张强度/Pa		$(637 ~ 784) \times 10^6$	$(637 ~ 784) \times 10^6$
20℃时的电阻率/Ω·m		$(1.09 \pm 0.05) \times 10^{-6}$	$(1.12 \pm 0.05) \times 10^{-6}$
电阻温度系数/℃$^{-1}$		$8.5 \times 10^{-5}(20 ~ 1100℃)$	$14 \times 10^{-5}(20 ~ 1000℃)$
热膨胀系数/℃$^{-1}$		$14 \times 10^{-6}(20 ~ 1000℃)$	$13 \times 10^{-6}(20 ~ 1000℃)$
导热系数/W·(m·℃)$^{-1}$		16.71	12.52
比热容/kJ·(kg·℃)$^{-1}$		0.493	0.459
熔点/℃		1400	1390

B　特点

镍铬系合金含铬量越高，抗氧化性能越好，但加工性能变坏。增加铁含量可节约镍的用量并改善其加工性能，但合金的电性能和抗氧化性能均会降低。镍铬合金高温时强度好，常温时塑性好、易于绕制，且焊接性好，经高温加热也不脆化，能再次使用。镍铬系合金在空气中加热后，表面形成一层很硬的 Cr_2O_3 保护膜，有利于延长合金的使用寿命。镍铬系合金也具有较好的抗氮化能力。

与铁铬铝合金相比，镍铬系合金的电阻率较小，电阻温度系数较大，密度较大，工作温度较低。在含碳气氛中使用时其使用温度有所降低，在含硫或渗碳气氛中基本上不能使用；镍铬系合金使用于空气、氢气、分解氨和防热性气氛中；在硬质合金氧化钴还原生产中也用多元的镍铬合金钢（如1Cr18Ni9Ti）；同时它还充当炉子的炉管，因此在使用时须用大电流、低电压（十几伏）的变压器。

镍铬系合金在不同气氛中的长期使用温度见表4-5。

表4-5　镍铬系合金在不同气氛中的长期使用温度 （℃）

电热元件材料	在下列各种气氛中的长期使用温度							
	空气	氢或分解氨	含氢15%的放热性气氛	一氧化碳吸热性气氛	渗碳气氛	含硫气氛	含Pb、Zn的还原性气氛	真空
Cr20Ni80	<1150	<1180	<1150	<1010	不能应用	不能应用	不能应用	
Cr15Ni60	<1010	<1010	1010	<930	不能应用	不能应用	不能应用	<1150
Ni35Cr20Fe45	<930	<930	<930	<870	不能应用	<930	<930	

4.2.1.3　纯金属电热元件

A　性能及规格

纯金属电热元件主要是钼、钨、钽、铂等金属的丝、棒、带材。铂抗氧化性、耐腐蚀性强，多用作抽玻璃丝的坩埚并作发热元件，但由于价格贵，人们一直致力于寻找其替代材料。钽在实验室以片状电热元件的形式使用。钼和钨电热元件广泛应用于粉末冶金烧结炉中，尤其是高熔点金属和硬质合金的烧结。

钨、钼、钽、铂金属的主要性能见表4-6。

钨、钼两种电热材料的丝和棒的规格见表4-7。

表4-6　钨、钼、钽、铂金属的主要性能

电热材料	20℃时的电阻率/Ω·m	电阻温度系数/℃$^{-1}$	导热系数/W·(m·℃)$^{-1}$	密度/g·cm^{-3}	热膨胀系数/℃$^{-1}$	比热容/kJ·(kg·℃)$^{-1}$	熔点/℃	允许使用最高温度/℃
钨	0.055	5.5×10^{-3}	163（1723℃）	19.3	4.3×10^{-6}	0.134（900℃）	3390	2300~2500
钼	0.048	5.5×10^{-3}	123（0~1600℃）	10.2	5.1×10^{-6}	0.251	2520	1600~2000
钽	0.155	4.1×10^{-3}	83（1800℃）	16.5	6.5×10^{-6}	0.188（1400℃）	2996	2500
铂	0.10	4×10^{-3}	70	21.46	9×10^{-6}	0.192（1230℃）	1770	1400

表4-7　钨、钼两种电热材料的丝和棒的规格

牌号	直径/mm	直径公差	最小长度/mm	牌号	直径/mm	直径公差	最小长度/mm
钨棒	ϕ1.5~2.8（间距0.1）	±2%	1000	钨丝	ϕ0.3~0.5（间距0.01）	±1.5%	25000
	ϕ3.0~4.8（间距0.2）	±2.5%	600		ϕ0.52~0.8（间距0.02）	±1.5%	15000
					ϕ0.82~1.0（间距0.02）	±2.0%	7000
	ϕ5.0~7.0（间距0.5）	±2.5%	300		ϕ1.05~1.5（间距0.05）	±2.0%	3000

牌号	直径/mm	直径公差	最小长度/mm	牌号	直径/mm	直径公差	最小长度/mm
钼棒	$\phi1.5 \sim 2.8$（间距0.1）	±2.5%	1000	钼丝	$\phi0.3 \sim 0.5$（间距0.01）	±2.5%	40000
	$\phi3.0 \sim 4.8$（间距0.2）	±2.5%	1000		$\phi0.52 \sim 0.8$（间距0.02）	±2.5%	15000
	$\phi5.0 \sim 10.0$（间距0.5）	±3.0%	500		$\phi0.85 \sim 1.5$（间距0.05）	±2.5%	10000
					$\phi1.6 \sim 2.5$（间距0.1）	±2.5%	2000

B 特点

钨、钼、钽、铂金属的电阻率较小，电阻温度系数大，电阻系数随温度的升高而显著增大。钨、钼电热元件材料不同温度下的电阻率见表4-8。

表4-8 钨、钼电热元件材料不同温度下的电阻率   （$\Omega \cdot m$）

材料	电阻率ρ											
	20, 100, 200, 300, 400, 500, 600, 1200, 1300, 1400, 1600, 1700											
钼	0.048, 0.074, 0.100, 0.126, 0.152, 0.179, 0.205, 0.374, 0.404, 0.435, 0.496, 0.526											
钨	0.055, 0.07, 0.099, 0.099, 0.154, 0.184, 0.213, 0.396, 0.428, 0.461, 0.527, 0.559											

钨、钼电热材料不宜在氧化气氛中使用。钼在500℃左右生成的MoO_3，钨在500℃以上氧化生成WO_3，WO_3在850℃已有明显的挥发性；钨、钼材料在干燥氢，分解氨，惰性气体（氩、氦）中均较稳定；在含碳气氛中，钼在1200℃以上、钨在1300℃以上其表面有碳化作用；在1Pa以下的真空下，钼在1700℃以下、钨在2000℃以下稳定；在更高的真空度（$10^{-2}Pa$）和更高的温度下，钨、钼均强烈挥发。钨、钼电热材料高温时易与耐火材料起反应，如钨、钼与碱性耐火材料反应的开始温度为1600℃，与酸性材料反应的开始温度为1200℃，所以应尽量避免与耐火材料接触。在粉末冶金中，使用钼丝做电极材料时，常将钼丝绕在用高纯Al_2O_3（或刚玉）制作的炉管外壁上，表面涂抹一层Al_2O_3粉。钼丝的线膨胀系数小、强度高、较脆，所以不绕制成螺旋状，而是编织成束使用；在再结晶温度（纯钼为1008℃）以上长时间加热时，钼晶粒变粗，强度降低，脆性增加，受震时容易断裂。在工作状态下断丝，将产生剧烈的电弧，使炉管报废。高温下使用过的钨、钼丝因变脆而不能重复使用。

4.2.2 非金属电热元件

常用的非金属电热元件有碳化硅、石墨、炭布和硅化钼等的制品。

4.2.2.1 碳化硅电热元件

碳化硅电热元件是用石英砂与焦炭（或无烟煤）混合粉末，经焙烧反应得到碳化硅生料，再加黏结剂成型（棒状或管状），在 2000~2400℃下烧结成制品。制品中碳化硅的含量可达 97%~98%。

碳化硅电热元件由工作部分和加粗部分构成。碳化硅能耐高温，且耐急冷急热性好，在 1350℃下的氧化气氛中能长期工作，最高炉温可达 1400（可连续工作 2000h）~1700℃（短期使用）；与氢反应变脆，在氢和氨分解气氛中最高炉温为 1370℃；与一氧化碳、二氧化碳作用缓慢；在高温下与碱、碱土金属等发生作用。

碳化硅电热元件的电阻系数很大，而且随温度的变化有明显的转折点，在约 800℃时电阻系数最小，在此温度以下电阻温度系数为负值，而在此温度以上为正值。碳化硅电热元件在使用 60~80h 以后，电阻值增大 15%~20%，以后则缓慢增加，这种现象称为"老化"。由于老化，炉子功率降低。为了保证炉子工作温度，须用调压变压器或可控硅以提高元件的端电压来稳定功率。使用碳化硅电热元件时应注意以下事项：

（1）在配组使用时其元件间的电阻差不大于 0.5Ω。

（2）碳化硅元件的发热工作段的长度应等于其配置方向炉膛净空尺寸，或长 20~40mm；冷端伸出炉外 50mm，元件配置最小中心间距可取 $4d$（d 为元件发热工作段的直径，mm）。

（3）应避免碳化硅元件与水蒸气、氢气、碱、碱土金属、硅酸及石棉等接触。

（4）碳化硅元件的材质脆、强度低，安装、拆卸时不要碰撞。

碳化硅元件的性能见表 4-9。

碳化硅元件的规格及电气性能见表 4-10。

表 4-9　碳化硅元件的性能

项目	体积密度 /g·cm^{-3}	电阻率（1400℃） /Ω·m	电阻温度系数 /℃$^{-1}$	导热系数 /W·(m·℃)$^{-1}$	热膨胀系数（2~1500℃） /℃$^{-1}$	比热容 /kJ·(kg·℃)$^{-1}$	抗张强度 /Pa	最高工作温度/℃
数据	3.1~3.2	1.0×10^{-3}	<800℃为负值 >800℃为正值	23.2	5	0.71	$39.2\times10^{4}\sim$ 49×10^{4}	1450

表 4-10　碳化硅元件的规格及电气性能

硅碳棒规格 $d/L_1/m$	总长/mm	冷端直径/mm	1400℃时电阻（±10%）/Ω	不同炉温下每根碳化硅棒的功率、电压、电流 $\left(\dfrac{功率(W)}{电压(V)/电流(A)}\right)$		有效表面积/cm^2
				1350℃	1400℃	
6/60/75	210	12	2.2	$\dfrac{115}{16/7.2}$	$\dfrac{70}{12.5/5.6}$	11.3
6/100/75	250	12	3.5	$\dfrac{100}{2.6/7.3}$	$\dfrac{114}{20/5.7}$	18.85
6/100/130	360	12				
8/100/85	270	14	2.4	$\dfrac{250}{24/10.4}$	$\dfrac{150}{19/7.9}$	25.13
8/100/130	360	14				
8/150/60	270	14	3.6	$\dfrac{380}{37/10.3}$	$\dfrac{280}{28.5/7.9}$	37.69
8/150/85	320	14				
8/150/150	450	14				

续表 4-10

硅碳棒规格 $d/L_1/m$	总长/mm	冷端直径/mm	1400℃时电阻（±10%）/Ω	不同炉温下每根碳化硅棒的功率、电压、电流 $\left(\dfrac{功率(W)}{电压(V)/电流(A)}\right)$		有效表面积/cm²
				1350℃	1400℃	
8/180/60 8/180/85 8/180/150	300 350 480	14 14 14	4.4	$\dfrac{460}{45/10.2}$	$\dfrac{270}{34.5/7.9}$	45.23
8/200/85 8/200/150	370 500	14 14	5.0	$\dfrac{500}{49/10.2}$	$\dfrac{300}{38/7.9}$	50.26
8/250/100 8/250/150	450 550	14 14	6.2	$\dfrac{630}{62/10.1}$	$\dfrac{388}{49/7.9}$	32.83
12/100/200	500	18	1.1	$\dfrac{375}{20/18.7}$	$\dfrac{225}{16/14.3}$	37.70
12/150/200	550	18	1.7	$\dfrac{565}{31/18.2}$	$\dfrac{340}{24/14.2}$	56.55
12/200/200	600	18	2.2	$\dfrac{755}{41/18.5}$	$\dfrac{450}{31.5/14.3}$	75.4
12/250/200	650	18	2.9	$\dfrac{940}{51/18.4}$	$\dfrac{565}{40/14.2}$	94.25
14/200/250 14/200/350	700 900	22	1.8	$\dfrac{880}{40/22.0}$	$\dfrac{530}{31/17.2}$	87.96
14/250/250 14/250/300	750 950	22	2.2	$\dfrac{110}{49/22.4}$	$\dfrac{665}{38/17.3}$	109.9
14/300/250 14/300/350	800 1000	22	2.6	$\dfrac{1320}{59/22.4}$	$\dfrac{785}{45/17.4}$	131.90
14/400/250 14/400/350	900 1100	22	3.5	$\dfrac{1750}{78/22.5}$	$\dfrac{1060}{61/17.4}$	175.90
14/600/250 14/600/350	1100 1300	2	6.0	$\dfrac{2650}{118/22.6}$	$\dfrac{1580}{91/17.4}$	263.80
18/250/250 18/250/350	750 950	28	1.3	$\dfrac{1410}{43/32.8}$	$\dfrac{840}{33/25.5}$	141.40
18/300/250 18/300/350	800 1000	28	1.7	$\dfrac{1700}{54/31.5}$	$\dfrac{1020}{41.2/24.5}$	169.70
18/400/250 18/400/350	900 1100	28	2.3	$\dfrac{2260}{72/31.4}$	$\dfrac{1360}{56/24.3}$	226.20
18/500/250 18/500/350	1000 1200	28	2.7	$\dfrac{2860}{88/32.6}$	$\dfrac{1700}{68/25.1}$	282.20

续表4-10

硅碳棒规格 $d/L_1/m$	总长/mm	冷端直径/mm	1400℃时电阻 ($\pm10\%$)/Ω	不同炉温下每根碳化硅棒的功率、电压、电流 $\left(\dfrac{功率(W)}{电压(V)/电流(A)}\right)$		有效表面积/cm^2
				1350℃	1400℃	
18/600/250 18/600/350	1100 1300	28	3.4	$\dfrac{3400}{107/31.8}$	$\dfrac{2040}{831/24.5}$	339.30
18/800/250 18/800/350	1300 1500	28	4.6	$\dfrac{4500}{144/31.3}$	$\dfrac{2700}{111/24.3}$	452.40
25/300/400	1100	38	1.1	$\dfrac{2400}{49/49}$	$\dfrac{1400}{37.5/37.5}$	234.50
25/400/35025/400/400	1100 1200	38	1.3	$\dfrac{3140}{64/69.2}$	$\dfrac{1900}{50/38.0}$	314.20
30/1000/500	2000	45	2.6	$\dfrac{9420}{129/72.6}$	$\dfrac{5275}{99/53}$	942.00

注：碳化硅棒规格图如下：

4.2.2.2 炭质电热元件

炭质电热材料主要包括石墨和炭布，它们常用来做高温真空炉中的电热元件，其最高使用温度可达3000℃。碳粒发热材料在粉末冶金工业中已不再使用。

A 石墨

石墨产品是由焦炭经压制成型，然后在2600~3000℃下直接通电，使碳原子重新排列而形成石墨结构的晶体。

石墨除加工成石墨筒、石墨棒和石墨管以外，还可加工成石墨纤维来制备加热元件。石墨的热膨胀系数小；导热系数大，为116~170W/(m·℃)；电阻率一般为8~13Ω·mm^2/m，优质石墨为11Ω·mm^2/m，一等石墨为13Ω·mm^2/m，二等石墨为15Ω·mm^2/m。尽管电阻率大，但由于石墨不能制成截面很小、长度很长的电热元件，因此使用时要采用低电压（12V或36V）调压变压器进行功率调节。石墨的电阻温度系数小，且随温度的升高而减小。石墨在不同温度下的电阻修正系数见表4-11。

表4-11 石墨在不同温度下的电阻修正系数

T/℃	20, 200, 400, 600, 800, 1000, 1200, 1400, 1600, 1800, 2000
α_t	1, 0.94, 0.88, 0.84, 0.81, 0.79, 0.78, 0.79, 0.80, 0.84, 0.90

石墨的密度约为2.2g/cm^3，容易加工，耐高温，耐急冷急热，价格比较便宜；石墨

在空气中、高温下容易氧化，所以应在还原气氛或真空下使用。

B　炭布

炭布是聚丙烯腈在张力下进行预氧化处理，再进行高温炭化处理而制成的。炭布与石墨相比较，黑度要大些，所以在相同温度下辐射能量也大，因此在相同保温条件下可节省电能。炭布的电阻率很大（$2.1\Omega \cdot mm^2/m$），可采用较高的工作电压（220V），直接用可控硅调节电功率。炭布的电阻温度系数尽管为负值，但在升到高温时，有烧坏电热元件的危险。但由于其电阻温度系数小，从 $25 \sim 1500℃$ 电阻温度系数变化仅为 $1.98 \times 10^{-4}/℃$，因此可在较高的工作电压下升温。炭布的密度小、无刚性、无脆性、容易加工。但炭布强度较低，且与氧、二氧化碳、水在一定温度下发生作用，使其寿命缩短。

4.2.2.3　硅化钼电热元件

硅化钼是用粉末冶金法挤压烧结而成的，其形状呈 U 形或 W 形。元件由工作部分和加粗部分构成，一般配有铝质端头和连接导线，工作部分直径分 $\phi6mm$ 和 $\phi9mm$ 两种，加粗部分分别为工作直径的两倍，棒的中心距为 50mm 和 60mm。硅化钼的性能见表 4-12。

表 4-12　硅化钼的性能

项目	体积密度 /g·cm^{-3}	电阻率（1400℃）/Ω·m	电阻温度系数 /℃$^{-1}$	导热系数 /W·(m·℃)$^{-1}$	热膨胀系数 (20~1500℃) /℃$^{-1}$	熔点 /℃	抗弯强度 /Pa	最高工作温度 /℃
数据	5.3~5.5	0.25~0.32	480×10^{-5}	7~8	30×10^{-6}	2000	$(245 \sim 343) \times 10^6$	1700

硅化钼在空气、水蒸气、二氧化氮及二氧化碳气氛中，由于形成致密的 SiO_2 膜，最高工作温度可达 1700℃，在 1600℃ 以下使用时的寿命很长。硅化钼棒在一氧化碳、氨分解气氛、碳氢化合物气氛中最高工作温度约 1500℃ 左右；在干氢和 1Pa 真空中最高工作温度约为 1350℃，在湿氢中工作温度约为 1400℃。

硅化钼在 400~700℃ 范围内会发生低温氧化，致使元件毁坏，应避免在此范围内使用，还应避免与氯、酸碱物质接触。

硅化钼在室温下硬脆，抗冲击强度低，高于 1350℃ 时变软，有延展性，故通常在炉中垂直安装使用。冷却后恢复脆性，但耐急冷急热性好。硅化钼的电阻温度系数很大（$480 \times 10^{-5}/℃$），使用时应配备变压器。硅化钼使用后电阻不会增大，故新旧棒可混合使用。

4.3　电热元件的表面负荷

所谓表面负荷是指电热元件单位表面积上所辐射的电功率，单位为 W/cm^2。

在设计电热元件时，能否正确地确定元件的表面负荷对炉子寿命有较大的影响。表面负荷越高，元件本身的温度就越高，辐射的能量也就越多。表面负荷使用过高，虽可节省材料，却使其工作温度过高，必将缩短电热元件的使用寿命，以致熔断；表面负荷使用过低，虽可延长电热元件的使用寿命，但会使其温度过低，辐射出来的热量减少，必然增加元件的使用数量。

在计算电热元件时，必须确定合理的表面负荷数值，即电热元件的允许表面负荷，用 $\omega_{允}$ 表示。在具体确定 $\omega_{允}$ 时，可考虑以下的一些原则：

（1）工作温度越高（一般比工艺温度高 100～200℃）或炉内有控制气体或腐蚀气体时，$\omega_{允}$ 可取小一些。

（2）在敞开状态下工作时，$\omega_{允}$ 可取大一些；在散热条件差的封闭状态下工作时，$\omega_{允}$ 应取小一些；如有遮盖物的电热元件，其单位表面负荷应比一般部位的电热元件表面负荷降低 20%～50%。具体数据见表 4-13。

表 4-13　电热元件表面负荷降低值

炉种及遮盖材料	还原炉耐热钢	履带式中温烧结炉碳化硅板	卧式铁基件烧结炉炉底黏土板
表面负荷降低值/%	20～30	30～40	40～50

（3）带状电热元件的 $\omega_{允}$ 值应比丝状电热元件的 $\omega_{允}$ 值高一些。

（4）在更换电热元件困难的电炉中，$\omega_{允}$ 可取小些。

4.3.1　金属电热元件的允许表面负荷

4.3.1.1　在空气中使用的铁铬铝（或镍铬）合金的允许表面负荷

常用的确定 $\omega_{允}$ 的方法理论计算法、经验数据法及图解法，这里主要介绍前两种确定 $\omega_{允}$ 的方法。

A　理论计算法

如果把粉末冶金还原电炉中的铁铬铝（或镍铬）合金对不锈钢的加热，烧结炉中钼丝对刚玉炉管和铁铬铝合金对黏土耐火炉管的加热看成是两个平行且相等的平面，中间没有屏蔽，并假定通过内衬的热损失为零，此时电热元件的表面负荷称为理想电热体的表面负荷，用下式计算：

$$\omega_{理} = C_{导} \times 10^{-4} \left[\left(\frac{T_1}{100} \right)^4 - \left(\frac{T_2}{100} \right)^4 \right]$$

式中　$\omega_{理}$——理想电热元件的表面负荷，W/cm²；

T_1——电热体的表面温度，K；

T_2——被加热的炉管温度，近似计算时可用炉温代替；

$C_{导}$——电热体与炉管之间的导热辐射系数，W/(m²·K⁴)。

粉末冶金还原炉的 $C_{导}$ 值：

$$C_{导} = \frac{5.67}{\frac{1}{\varepsilon_1} + \frac{1}{\varepsilon_2} - 1}$$

式中　ε_1——电热元件的黑度；

ε_2——工件的黑度。

一般铁铬铝（或镍铬）合金的 ε_1 取 0.8，而承受物即不锈钢炉管的 ε_2 取 0.8。

根据公式

$$C_{导} = \frac{5.67}{\frac{1}{0.8} + \frac{1}{0.8} - 1} = 3.78 \text{ W/(m}^2 \cdot \text{K}^4)$$

粉末冶金烧结炉的 $C_导$ 值：取铁铬铝合金的 ε_1 为 0.8，黏土耐火材料的 ε_2 为 0.75，则

$$C_导 = 3.58\,\mathrm{W/(m^2 \cdot K^4)}$$

将 $C_导$ 值代入 $\omega_理$ 公式就可作出理想电热体在不同使用温度下其表面负荷与受热表面（被加热物或工件表面）的理想温度曲线，即当 ε_1、ε_2 一定时，可以作出 $\omega_理 = f(T_1、T_2)$ 关系曲线。但电热体并非在理想条件下工作，因此在计算电热体表面负荷时要考虑各种有关因素的影响。对于以辐射为主要传热方式的粉末冶金电炉，电热元件的允许表面负荷与理论表面负荷之间的关系可按下式计算：

$$\omega_允 = \alpha_辐\,\alpha_形\,\alpha_导\,\omega_理$$

式中　$\alpha_辐$——有效辐射系数，即考虑了电热体各种安装类型对 $\omega_理$ 影响后的修正值（见表 4-14）；

　　　$\alpha_形$——电热元件几何形状对 $\omega_理$ 的修正系数，称为节距系数（见图 4-2 ~ 图 4-4）；

　　　$\alpha_导$——考虑辐射系数的修正系数（见图 4-5）。

表 4-14　有效辐射系数 $\omega_理$ 的修正值 $\alpha_辐$

加热元件安装类型说明	安装示意图	最小节距比	$\alpha_辐$
用圆线绕在管子上的螺旋形加热元件（S—螺旋节距；d—元件直径）		$\dfrac{S}{d} = 2$	0.32
放在搁砖上的螺旋形电加热元件		$\dfrac{S}{d} = 2$	0.32
放在开口圆槽内的螺旋形电加热元件		$\dfrac{S}{d} = 2$	0.22

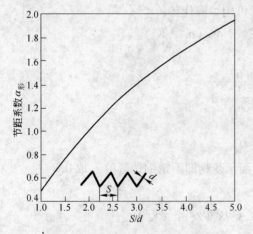

图 4-2　螺旋线电热元件的节距系数

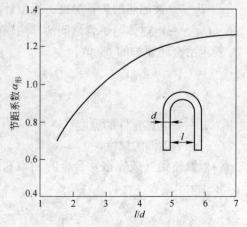

图 4-3　波形线电热元件的节距系数

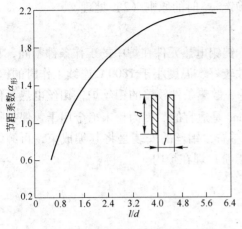

图 4-4　波形带电热元件的节距系数

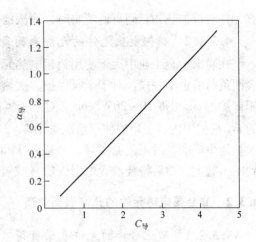

图 4-5　导热辐射系数的修正系数

例 4.1　假设某炉子功率为 42kW，炉温要求为 1100℃，选用本身最高使用温度可达 1200℃ 的 0Cr25Al5 电热元件，并采用放在开口槽内的螺旋形安装方法，计算电热元件的允许表面负荷。

解：查表 4-14 得 $\alpha_{辐}$ = 0.22。

因为螺旋节距 S 与 d 的关系最好是 $S = (2 \sim 3)d$，则可由图 4-2 查得 $\alpha_{形}$ = 1。

查图 4-5 得 $\alpha_{导}$ = 0.92。

根据公式计算出

$$\omega_{理} = 4.13 \text{W/cm}^2$$

则

$$\omega_{允} = 0.32 \times 1 \times 0.92 \times 4.13 = 0.84413 \text{W/cm}^2$$

该允许表面负荷是有遮盖物保护的，$\omega_{允}$ 应减少 40% ~ 50%，但圆槽有一部分是开口的，在此可取减少 20%，故

$$\omega_{允} = 0.84 - 0.84 \times 0.20 = 0.67 \approx 0.7 \text{W/cm}^2$$

B　取经验数据法

取经验数据法是一种最简便的方法，高电阻合金线状电热元件在不同温度下的 $\omega_{允}$ 见表 4-15。

表 4-15　线状电热元件在不同温度下的 $\omega_{允}$ 　（W/cm^2）

材　料	电热元件本身在不同温度下的 $\omega_{允}$							
	600	700	800	900	1000	1100	1200	1300
Cr17Al5	2.6 ~ 3.2	2.0 ~ 2.6	1.6 ~ 2.0	1.1 ~ 1.5	0.8 ~ 1.0	0.5 ~ 0.7		
0Cr25Al5		3.0 ~ 3.7	2.6 ~ 3.2	2.1 ~ 2.6	1.6 ~ 2.0	1.2 ~ 1.5	0.8 ~ 1.0	0.5 ~ 0.7
Cr15Ni60	2.5	2.0	1.5	0.8				
Cr20Ni80	3.0	2.5	2.0	1.5	1.1	0.5		

表 4-15 中的数值是对线状电热元件而言，对于带状电热元件，其 $\omega_{允}$ 可比线状元件大 20% ~ 30%；表 4-15 中的数据是指电热元件直接对被加热物料辐射传热时的 $\omega_{允}$，所以电

热元件与被加热物料间有遮蔽物时，应按前述确定$\omega_允$时的原则（2）处理。

4.3.1.2　钨钼电热元件的允许表面负荷

在粉末冶金工业中大量使用钨钼电热元件。钨钼电热元件在炉中的工作条件不同，其表面负荷值也不一样。对于干氢保护、散热条件较好、温度小于1800℃连续工作时的钨、钼棒炉的$\omega_允$可取$10\sim20$W/cm²。对于干氢保护、散热条件较差的钼丝炉，钼丝电热元件的$\omega_允$根据国内各工厂的使用情况选用$2\sim3$W/cm²是适宜的。因为粉末冶金用干氢保护钼丝炉所生产产品的工艺温度高，一般在1500℃左右，钼丝的安装是将其编成束，再缠绕到刚玉管上，然后将绕丝管用刚玉粉（或氧化铝粉）埋在炉内。

4.3.2　非金属电热元件的允许表面负荷

4.3.2.1　碳化硅棒的允许表面负荷

碳化硅棒常用于受到还原气氛影响的粉末冶金铁基零件烧结中，也广泛用于粉末冶金铁氧体磁性材料烧结炉中，正确地选择允许表面负荷对烧结炉能否正常工作具有重要意义。碳化硅棒表面负荷与温度的关系如图4-6所示。由图4-6可见，在氢、氨分解气氛中使用到最高炉温1370℃时，碳化硅棒的允许表面负荷最大只能取3W/cm²，如果在空气气氛中使用到最高炉温1700℃时，其允许表面负荷最大只能取$2\sim3$W/cm²。

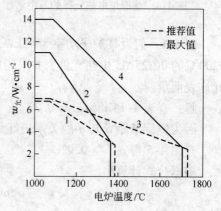

图4-6　碳化硅棒表面负荷与炉温的关系
1，2—在还原气氛中应用；3，4—在空气中应用

4.3.2.2　炭质棒、管、布的表面负荷

由于炭质材料本身允许的工作温度高、黑度大，因此电热体的理论表面负荷大，即使考虑减弱系数为50%，允许表面负荷仍很大，如炭布的允许表面负荷达200W/cm²。但在真空炉中炭质电热元件实际上所用的表面负荷值是很小的，因此材料是安全的。

4.4　电热元件的计算方法

计算电热元件前，应算出炉子的安装功率，确定供电线路电压及要采用的电热元件材料等。电热元件的计算主要有元件直径（宽度）和厚度、长度、质量及装置结构尺寸的计算。

4.4.1　金属电热元件尺寸的计算

4.4.1.1　金属电热元件主要尺寸的理论计算法

设电阻炉的总功率为$P_总$，共有n根电热元件，n值根据电阻炉功率大小、炉内温度分布及电热元件的线路连接方式等因素来确定。电热元件线路连接方式见表4-16，计算元件尺寸时应按单根元件进行，而单根元件的功率为

$$P = \frac{P_总}{n} \tag{4-1}$$

表 4-16　电热元件线路接线方法

接线方法	示意图	总电阻/Ω	总功率/kW
串联　+		$R = nr_{阻}$	$P = \dfrac{U^2}{10^3 nr_{辐}}$
并联　‖		$R = \dfrac{r_{辐}}{n}$	$P = \dfrac{nU}{10^3 r_{辐}}$
串并（先并后中）		$R = \dfrac{mr_{辐}}{n}$	$P = \dfrac{nU^2}{10^3 mr_{辐}}$
并串（先串后并）		$R = \dfrac{nr_{辐}}{m}$	$P = \dfrac{mU^2}{10 nr_{辐}}$
星形 Y		$R = r_{辐}$	$P = \dfrac{U^2}{10^3 r_{辐}}$
三角形 Δ		$R = \dfrac{r_{辐}}{3}$	$P = \dfrac{3U^2}{10^3 r_{辐}}$
双星形 YY		$R = \dfrac{r_{辐}}{2}$	$P = \dfrac{2U^2}{10^3 r_{辐}}$
双三角形 ΔΔ		$R = \dfrac{r_{辐}}{6}$	$P = \dfrac{6U^2}{10^3 r_{辐}}$
串星（先串后接成星形）+ − Y		$R = nr_{辐}$	$P = \dfrac{U^2}{10^3 nr_{辐}}$
串角（先串，后接成三角形）+ − Δ		$R = \dfrac{nr_{辐}}{3}$	$P = \dfrac{3U^2}{10^3 nr_{辐}}$

注：P—功率，kW；U—电源电压，V；R—总电阻，Ω；$r_{阻}$—元件电阻；m—每组元件数。

电阻炉在所需最高使用温度下，每根电热元件的电阻 R_t 为：

$$R_t = \frac{U^2}{P} \times 10^{-3} \qquad (4\text{-}2)$$

式中　U——电热元件的端电压，V。

又知

$$R_t = \rho_t \frac{L}{f} \qquad (4\text{-}3)$$

式中　L——电热元件的长度，m；

ρ_t——电热元件所在最高使用温度下的电阻系数，$\Omega \cdot mm^2/m$；

f——电热元件的截面积，mm^2。

因此式（4-2）与式（4-3）相等，则得

$$\rho_t \frac{L}{f} = \frac{U^2}{P} \times 10^{-3}$$

$$L = \frac{fU^2}{\rho_t P} \times 10^{-3} \qquad (4\text{-}4)$$

在式（4-4）中，有两个未知数 L 和 f，属不定方程式，因此必须找出另一个包含 L 和 f 的关系式，才能求出与一定的 f 值相对应的 L 值，因电热元件的允许表面负荷与功率的关系为

$$P = \omega_允 f \times 10^{-3} \qquad (4\text{-}5)$$

式中　$\omega_允$——电热元件的允许表面负荷，W/cm^2；

f——电热元件的截面积，cm^2，

$$f = 10lL \qquad (4\text{-}6)$$

l——电热元件的截面周长，mm。

则

$$L = \frac{10^2 P}{\omega_允 l} \qquad (4\text{-}7)$$

将式（4-7）代入式（4-4），整理后得

$$lf = \frac{10^5 P^2 \rho_t}{\omega_允 U^2} \qquad (4\text{-}8)$$

式（4-8）为计算电热元件主要尺寸的一般公式。但由于线状和带状元件的截面积和周长计算方式不同，故需分别进行讨论：

（1）线状电热元件。在（4-8）式中：$l = \pi d$；$f = \frac{\pi}{4}d^2$。

将 l、f 代入式（4-8）中得：

$$\frac{\pi^2}{4}d^3 = \frac{10^5 P^2 \rho_t}{\omega_允 U^2}$$

整理后，得到求电热元件直径公式

$$d = \sqrt[3]{\frac{4 \times 10^5 P^2 \rho_t}{\pi^2 U^2 \omega_允}} \qquad (4\text{-}9)$$

或用

$$d = 34.3 \sqrt[3]{\frac{P^2 \rho_t}{\omega_允 V^2}} \tag{4-10}$$

或将式（4-4）代入式（4-9）得：

$$n = \sqrt{\frac{4 \times 10^5 P_总^2 \rho_t}{\pi^2 d^3 U^2 \omega_允}} \tag{4-11}$$

计算出线状电热元件直径后，应按元件出厂标准尺寸选定，查表4-11或表4-17，线状电热元件的长度可按（4-4）和式（4-7）两式计算，也可按式（4-3）求得：

$$L = \frac{R_t f}{\rho_t} = \frac{\pi}{4} d^2 \frac{R}{\rho_t} = 0.785 \times 10^{-3} \frac{U^2 d^2}{P \rho_t} \tag{4-12}$$

电热体的质量为

$$G = \frac{\pi}{4} d^2 L r \times 10^{-3} \tag{4-13}$$

式中 r ——电热元件材料的密度，g/cm^3。

电热体的总长度和总质量为：

$$L_总 = nL \tag{4-14}$$

$$G_总 = nG \tag{4-15}$$

（2）带状电热元件。按式（4-8）求带状电热元件的宽度 b 和厚度 a，设定 $\frac{b}{a} = m$，m 一般取 3~12。

电阻带的截面积为

$$f = ab = ma^2$$

因电阻带轧制时有圆角，截面变小，所以常取

$$f = 0.94ab = 0.94ma^2 \tag{4-16}$$

带状电热元件的截面周长

$$l = 2(a + b) = 2(m + 1)a \tag{4-17}$$

将（4-16）和（4-17）两式代入（4-8）式得：

$$a = \sqrt[3]{\frac{P^2 \rho_t \times 10^5}{1.88m(m+1)U^2 \omega_允}} \tag{4-18}$$

$$b = ma \tag{4-19}$$

带状电热元件的长度为

$$L = \frac{abR_t}{\rho_t} \tag{4-20}$$

其质量为

$$G = abLr \times 10^{-3} \tag{4-21}$$

电阻带的总长度和总质量为

$$L_总 = nL \tag{4-22}$$

$$G_总 = nG \tag{4-23}$$

当电热元件的主要尺寸决定后，必需按式（4-5）计算出实际的表面负荷 $\omega_实$，将其与所选定的 $\omega_允$ 进行比较，要求 $\omega_实 < \omega_允$，因为电热元件必须在低于其允许表面负荷下

工作。

（3）耐热不锈钢管的供电计算。以两管还原炉为例，炉管材料为 1Cr18Ni9Ti 的耐热不锈钢管，每根钢管长为 6m，通电工作部分为 3m，炉管断面为矩形，其宽为 174mm、高为 60mm、厚为 6mm，炉子总功率为 35kW，其余辅以电阻丝加热。

根据公式：

$$R_t = \rho_t \frac{L}{A}$$

式中 R_t——钢管的高温电阻，Ω；

      ρ_t——钢管在 950℃时的电阻率，为 $1.17\Omega \cdot mm^2/m$；

      L——钢管通电工作部分的长度，为 3m；

      A——钢管的截面积，

$$A = (174 + 12)(60 + 12) - 174 \times 60 = 2952mm^2$$

将各已知数代入公式得：

$$R_t = \frac{1.17 \times 3}{2952} = 0.0012\Omega$$

通过以上计算知 R_t 很小，需将两管串联

$$R_{串} = 2R_t = 0.0024\Omega$$

将 $P = 15kW$ 和 $R_{串} = 0.0024\Omega$ 代入电压、电流公式

$$U = \sqrt{0.0024 \times 15000} = 6V$$

$$I = \frac{6}{0.0024} = 2500A$$

一般来讲，钢管通电加热所得高温区为通电部分的 1/3，但为了延长高温区的长度，可以同时辅以电热元件加热，进而提高生产能力。

4.4.1.2 金属电热元件的表解法

表 4-17 所示为 0Cr25Al5 线状电热元件各种功率的参考数据。对于普通辐射式电阻炉，若已知炉子的功率，从表中可粗略地直接查得此种元件每根的功率、根数、连接方法、直径以及每根元件的长度等，这些数据对粉末冶金还原用或相同条件烧结用、热处理用电炉可做参考。但对粉末冶金烧结温度高出 1100℃的烧结炉，数据则不适用，这是由于这种烧结炉的工作条件比较恶劣。

表 4-17　0Cr25Al5 线状电热元件各种功率的参考数据

电阻炉功率/kW	元件温度/℃	元件功率/kW	元件根数	电源电压/V	元件相数	接线方法	元件电流/A	元件直径/mm	元件热阻/Ω	元件长度/m	元件表面功率/kW·m⁻²
1	1200	1	1	220	1	+	4.55	1.0	48.4	25.2	12.6
3	1200	3	1	220	1	+	13.64	2.0	16.1	33.6	14.2
5	1200	5	1	220	1	+	22.73	2.8	9.68	39.5	14.4
7	1200	7	1	220	1	+	31.82	3.5	6.91	44.1	14.4

电阻炉功率/kW	元件温度/℃	元件功率/kW	元件根数	电源电压/V	元件相数	接线方法	元件电流/A	元件直径/mm	元件热阻/Ω	元件长度/m	元件表面功率/kW·m⁻²
9	1200	9	1	220	1	+	40.91	4.0	5.38	44.8	16.0
10	1200	10	1	220	1	+	45.45	4.5	4.84	51.0	13.9
12	1200	12	1	220	1	+	54.55	5.0	4.03	25.5	14.5
15	1200	15	1	220	1	+	68.18	5.5	3.22	50.7	17.1
15	1200	15	1	380	1	+	39.47	4.0	9.65	80.5	14.9
18	1200	18	1	220	1	+	81.82	6.5	2.69	59.2	14.9
20	1200	20	1	220	1	+	90.91	7.0	2.42	61.8	14.7
20	1200	20	1	380	1	+	57.63	5.0	7.23	94.1	13.5
24	1200	24	1	220	1	+	109.1	7.5	2.02	59.1	17.2
24	1200	24	1	380	1	+	63.16	5.5	6.03	95.0	14.7
25	1200	25	1	220	1	+	113.6	8.0	1.94	64.8	15.4
25	1200	8.3	3	380	3	Y	37.8	4.0	5.83	48.6	13.5
30	1200	10	3	380	3	Y	45.45	4.5	4.84	51.0	13.9
35	1200	11.7	3	380	3	Y	53.00	4.8	4.13	49.6	15.6
36	1200	12	3	380	3	Y	54.55	5.0	4.03	52.5	14.6
42	1200	14	3	380	3	Y	63.64	5.5	3.45	54.5	14.9
45	1200	15	3	380	3	Y	68.18	5.5	3.22	50.7	17.1
45	1200	7.5	6	380	3	Y	34.09	3.5	6.45	41.2	16.5
45	1200	7.5	7	380	3	YY	34.09	4.0	6.45	53.7	11.1
48	1200	16	3	380	3	YY	72.73	6.0	3.02	56.6	15.0
48	1200	8	6	380	3	Y	36.37	3.8	6.05	45.5	14.7
54	1200	18	3	380	3	YY	81.82	6.5	2.69	59.2	14.9
54	1200	18	3	380	3	YΔ	47.37	4.5	8.05	84.0	15.0
54	1200	9	6	380	3	YY	40.91	4.0	5.38	44.8	16.0
54	1200	6	9	380	3	YYY	27.27	3.0	8.07	37.8	16.9
60	1200	20	3	380	3	Y	90.915	7.0	2.42	61.8	14.7
60	1200	20	3	380	3	Δ	2.63	5.0	7.24	94.1	13.5
60	1200	10	6	380	3	YY	45.45	4.5	4.84	50.1	13.9
66	1200	22	3	380	3	Y	100.0	7.0	2.20	56.3	17.8
66	1200	11	6	380	3	YY	50.0	4.5	4.40	64.5	16.7
72	1200	24	3	380	3	Y	109.15	7.0	2.02	59.1	17.2
72	1200	12	6	380	3	YY	4.55	5.0	4.03	52.5	14.5

4.4.1.3　电热元件安装形状和尺寸的确定

计算出电热元件的截面积及长度之后，还要将它绕制成适当的形状和大小，以便准确地布置在炉内。

A　线状电热元件

线状电热元件绕制成螺旋形布置在炉内，绕制的形状如图4-7所示。

图4-7中，螺旋直径 D 可在表4-18中查找。

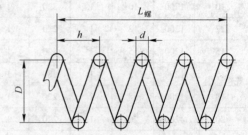

螺旋节距为

$$h = \frac{1000L_{螺}}{n}$$

式中　$L_{螺}$——螺旋柱长度，m；

　　　n——螺旋圈数，其值为

$$n = \frac{1000L}{\pi D}$$

图4-7　线状电热元件螺旋形状

　　　L——线状电热元件长度，m。

表4-18　线状电热元件螺旋直径

项　目	铁铬铝电热元件		镍铬电热元件		
	>1000℃	<1000℃	>950℃	750~950℃	<750℃
螺旋直径 D/mm	$(4~6)d$	$(6~8)d$	$(5~6)d$	$(6~8)d$	$(8~12)d$

当 D 与 h 的比例过大时，高温下螺旋圈易于倾斜；比例过小，则螺旋线太长。

h 与 d 的比例过小时，易因受热或机械的原因造成短路，烧坏螺旋圈；比例过大，同样会带来元件在炉内安装的困难。

计算出螺旋柱长度 $L_{螺}$，与炉膛的结构尺寸通常难以一一吻合，时长时短。所以，要根据炉膛结构尺寸调整 h 和 D 值，如计算的 h 值太大，就应适当加大 D，以便减小 h 值。

B　带状电热元件

带状电热元件多绕制成波纹形，其波纹带的结构尺寸如图4-8所示。

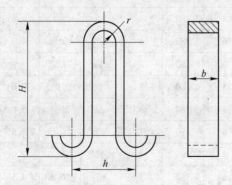

图4-8　带状电热元件波纹带的结构尺寸

最大波纹高度 H 查表4-19。

表 4-19 最大波纹高度值

安装方式	电阻带宽度 b/mm	最大波纹高度 H 值/mm				
		镍铬电热元件		铁铬铝电热元件		
		元件温度/℃		元件温度/℃		
		1100	1200	1100	1200	1300
垂直悬挂	10	300	200	250	150	130
	20	400	300	270	230	200
	30	450	350	420	280	250
水平放置	10	200	160	180	140	120
	20	270	220	250	175	150
	30	320	270	300	200	170

波形带弯曲半径

$$r = (4 \sim 8)a$$

每一波纹长度

$$L_b = 2(\pi r + H - 2r)$$

电热元件波纹数

$$n = \frac{1000L}{L_b}$$

波纹带间距

$$h = \frac{1000L_g}{n}$$

式中　L——元件带长，m；

　　　a——带状电热元件厚度，m；

　　　L_g——波形长度，m；

　　　r——波纹带弯曲时弯曲半径，m。

确定元件的结构尺寸后，应检查其在炉内的布置是否适当，否则应调整某些尺寸。

4.4.2 非金属电热元件尺寸的计算

4.4.2.1 碳化硅棒尺寸的计算

碳化硅棒的计算方法有多种，这里主要介绍两种：一是根据功率计算碳化硅棒工作段直径及规格；二是根据已有规格，确定所需数目。

A　确定碳化硅棒的直径

（1）确定每根碳化硅棒的功率

$$P = \frac{P_总}{n}$$

式中　$P_总$——炉子总功率，kW；

　　　n——碳化硅棒的根数。

根据炉子的温度要求以及硅碳棒的合理布置，大致确定所要的碳化硅棒根数，若为三相，则根数应为 3 的倍数。

（2）确定碳化硅棒工作段的长度，工作段的长度应等于碳化硅棒配置方向的炉膛净空尺寸，或稍长 20 ~ 30mm。

（3）确定碳化硅棒工作段的直径

$$d = \frac{10^5 \times P}{\pi L \omega_允}$$

式中　L——碳化硅棒工作段长度，mm；

$\omega_允$——碳化硅棒的允许表面负荷（见图 4-12），W/cm^2。

（4）根据已定 L、d 和元件配置方向炉体的尺寸，由表 4-10 确定碳化硅棒的规格。

（5）确定碳化硅棒的端电压。根据碳化硅棒工作温度下的电阻及每根棒的功率 P，计算其端电压 U。

$$U = \sqrt{10^3 \times P R_t}$$

R_t 是指 1400℃ 时的电阻值，选用时要求每根电阻值尽量接近，所计算的电压为二次电压，且为变压器最低一级电压。

（6）选择变压器（或可控硅）。根据计算的端电压，确定电压调节范围 $U_调$

$$U_调 = (0.35 ~ 2) U$$

B　确定碳化硅棒的数目

确定碳化硅棒的数目用实例进行说明。

例 4.2　有一碳化硅棒烧结炉，炉膛温度为 1300℃，炉子设计总功率为 50kW，炉身外形尺寸为 3750mm × 1250mm × 850mm，布置碳化硅棒的有效长度为 2750mm，按炉子高度方向布置，此向的炉膛净空尺寸为 250mm，已知碳化硅棒直径为 18mm，确定碳化硅棒的数量、连接方式及调压范围。碳化硅棒数目计算程序见表 4-20。

表 4-20　碳化硅棒数目计算程序

计算项目	公式或图表	计算结果或采用数值
碳化硅棒的允许表面允许负荷 $\omega_允/W \cdot cm^{-2}$	按图 4-6 查表得	炉温 1300℃，在空气中使用时最大值为 9.8，推荐值为 5.5。实例中两边竖放，散热较好，取 7.5
碳化硅棒的有效辐射面积 $F_效/cm^2$	$F_效 = \dfrac{P_总 \times 1000}{\omega_允}$	$F_效 = \dfrac{50 \times 1000}{7.5} = 6667$
碳化硅棒的尺寸/mm	按表 4-10 选用	碳化硅棒总长度稍长于炉高（850mm），直径/有效长/端部长 = 18/250/350，总长 950mm
电阻值/Ω		当 1400℃ 时，电阻值为 1.3
碳化硅棒的有效表面积 $f_效/cm^2$		有效表面积 141.1
碳化硅棒数 n/根		6667/141.1 = 47，取 48
每个墙根上根数 $n_墙$/根		48/2 = 24
碳化硅棒间距/mm	$\dfrac{配置碳化硅棒炉长}{n_墙 + 1}$	2750/2411 ≈ 110
功率及碳化硅棒根数分配		低温带分 2 段（Ⅰ、Ⅱ），功率为 = 6 + 6 = 12kW，碳化硅棒根数为 6 + 6 = 12；高温带分 3 段（Ⅲ、Ⅳ、Ⅴ）功率为 12 + 12 + 14 = 38kW，碳化硅棒根数为 12 + 12 + 12 = 36

计算项目	公式或图表	计算结果或采用数值				
		I 段每两根串成一组，再三组并联，$1.3 \times 2/3 = 0.87$	II 段同 I 段，0.87	III 段每四根串成一组，再三组并联，$1.3 \times 4/3 = 1.73$	IV 段同 III 段，1.73	V 段同 III 段，1.73
各段碳化硅棒总电阻 R_t/Ω						
全负荷时变压器二次电压 U/V	$\sqrt{R_t \times P}$	$\sqrt{0.87 \times 6000}$ $= 72.2$	72.2	$\sqrt{1.73 \times 12000}$ $= 144$	144	$\sqrt{1.73 \times 14000}$ $= 155.6$
电流值 I/A	$I = U/R_t$	72.2/0.87 $= 83$	83	144/1.73 $= 83.2$	83.2	155.6/ 1.73 = 90

注：电力调整装置可根据具体情况进行选择。

4.4.2.2 碳管或真空炉用石墨管发热元件的计算

A 电热元件尺寸确定

粉末冶金在高温下，在氢气和真空中其电热元件多用管状石墨质和炭质材料，设计时主要确定电热元件发热部分（开口部分）的高度、管的壁厚及内径。这些尺寸均首先需根据产品的工艺制度和产量确定圆形烧舟的大小。据此，发热体的内径等于烧舟的外径加上烧舟外壁与发热体内壁之间的间距，其间距一般为 10～15mm。

发热元件发热部分的确定原则是应保证全部产品受热均匀，且处于所需烧结温度范围内。根据经验，发热体发热部分的高度为

$$H_a = (1.3 \sim 1.4)H$$

式中　H_a——发热体发热部分高度（即开口部分垂直高度），mm；

　　　H——按产量要求所需全部烧舟的高度，mm。

发热管的壁厚由炉子功率和对发热管强度的要求来定，一般为 10～15mm。

B 选择电压，确定电流和电阻

电流电阻的计算公式如下

$$I = \frac{p \times 10^3}{U}$$

$$R_t = \frac{U^2}{P \times 10^3}$$

式中　p——电炉总功率，kW；

　　　U——发热体的端电压，一般小于 24V；

　　　R_t——发热体在工作温度时的实际电阻，Ω；

　　　I——炉子最大工作电流，A。

C 电热元件导电宽度计算

碳管发热体由于长度短，因此用开口来增加电阻，开口形式有螺旋形和切口形。前者的优点是发热体不易损失，但加工困难；后者的优点是加工容易，但强度较低。在实际应用中切口形较多，从发热均匀的观点来看，切口数目多开为好。确定开口数目的原则是：

对单相电源，切口数目是偶数倍，三相电源切口数目为 3 的倍数。计算导电宽的目的是为了在一定厚度的情况下，确定导电的横截面积。导电宽由下式计算

$$b = \frac{\pi d - n\delta'}{n}$$

式中 d——碳管发热体内径（严格的讲应是管内外平均直径），mm；

δ'——每一个切口的宽，mm，一般 $1 \sim 2$ mm；

n——切口数目；

b——导电宽度，mm。

D 发热体导电长度计算

导电长度是指电流从发热元件进口到出口所走的路程 l

$$l = \frac{(H_a + b)n + n\delta'}{n'}$$

式中 H_a——碳管发热部分垂直高度；

n'——对单相电源，整个发热元件底部做成两半（$n' = 2$），对三相电源，$n' = 3$。

长度计算出来后可验算电阻，看能否满足在一定端电压和功率下电阻的要求；或验算功率，看能否满足炉子功率要求，验算式如下

$$R_t = \rho_t \frac{l}{A}$$

或

$$p = \frac{U^2 A}{\rho_t l \times 10^{-3}}$$

式中 ρ_t——发热元件在工作温度 t 时的电阻系数，$\Omega \cdot mm^2/m$；

l——导电长度，m；

A——导电的横截面积，mm^2，$A = bS$；

S——发热碳管壁厚，mm；

U——发热元件端电压，V；

R_t——发热元件在工作温度 t℃时的实际电阻，Ω；

p——发热元件的功率，kW。

4.5 电热元件在炉内的安装

4.5.1 电热元件的安装方式

电热元件在炉内的安装部位主要根据炉温分布和工艺要求而定，同时还要考虑到炉子的结构和电热元件的形状。箱式炉一般都布置在炉底和侧墙上，大型箱式淬火炉还在炉顶甚至炉门上布置电热元件，后墙一般不布置电热元件。

各种电热元件的安装方式归纳如下：

（1）安装在侧墙上。电热元件平放在侧墙搁砖上，也可悬挂在侧墙上或安装在套管上。

（2）安装在炉顶。电热元件放在炉顶的异型砖沟槽内。

（3）安装在炉底。电热元件水平放置在炉底搁砖上，但应与炉底板有适当的距离，

以避免接触炉底板短路。

（4）安装在辐射管内。在可控气氛炉中，为便于更换和保护电热元件不受炉气侵蚀，将电热元件绕在芯棒或骨架上，再套上圆形辐射管，辐射管既可竖安又可横安于侧墙，也可安装在炉顶或炉底。

（5）非金属电热元件的安装方式。碳化硅棒可垂直或水平安装，而硅化钼棒在高温下易发生塑性变形，只能垂直安装。电热元件距壁面的距离应大于30mm。

归纳起来，电热元件的安装方式主要有三种，分别为搁置安装方式、悬挂安装方式和嵌入安装方式，各种安装方式示意图如图4-9～图4-11所示。

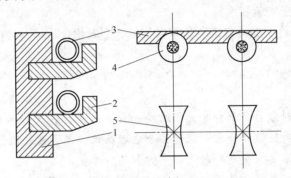

图4-9　搁置安装方式

1—砌砖；2—搁砖；3—电热元件；4—支撑瓷柱；5—捆绑丝

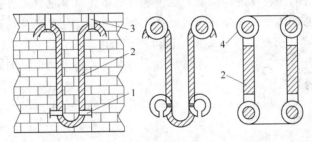

图4-10　悬挂安装方式

1—压卡；2—电热元件；3—炉钩；4—瓷柱

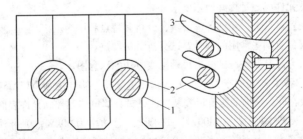

图4-11　嵌入安装方法

1—嵌槽；2—电热元件；3—支撑瓷柱

4.5.2　电热元件的安装原则

在炉内安装电热元件时，不论采用哪种安装方式，都必须遵循以下原则：

（1）根据生产的性质和质量要求来确定电热元件的安装方式。对于通常的还原炉，温度变化的范围较宽，所以电热元件可在炉顶、炉底或两侧同时布置；对于固相烧结炉，所用烧结温度已接近产品中主要成分熔点的80%~85%，如电热元件布置不当，就有可能出现局部炉温过高，影响产品质量，因此最好将元件布置在炉膛的四周。

（2）根据粉末冶金产品及生产的特点（如产品多孔，生产要求匀速、连续等），要求炉子在长度方向上分成几个单独控制的加热区，这样既可增加产品产量又可使炉内的温度分布更加均匀。

（3）电热元件在炉内的安装应和炉膛结构设计同时考虑，确保炉子整体设计合理的同时又使电热元件易于安装和维修。

（4）安装电热元件的部位应避免与有害气氛、金属化合物等直接接触。

本章小结

常用电热元件材料分为金属和非金属两类，金属电热元件又分为合金和纯金属两种。常用的金属电热元件有铁铬铝合金、镍铬系合金以及钨、钼、钽、铂金属，常用的非金属电热元件有碳化硅、石墨、炭布和硅化钼等的制品。

所谓表面负荷是指电热元件单位表面积上所辐射的电功率，单位为 W/cm^2。在设计电热元件时，能否正确地确定元件的表面负荷，对炉子的使用寿命有较大的影响。表面负荷越高，元件本身的温度就越高，辐射的能量也就越多。计算电热元件前，应算出炉子的安装功率，确定供电线路电压及要采用的电热元件材料等。电热元件的计算主要包括元件直径（宽度）和厚度、长度、质量及装置结构尺寸的计算。

电热元件在炉内的安装部位主要根据炉温分布和工艺要求而定，同时还要考虑到炉子的结构和电热元件的形状。

复习思考题

4-1 实际应用中，电热元件应满足哪些使用要求？

4-2 电热元件如何分类？每种电热元件各举一例，分析其特点和用途。

4-3 铁铬铝合金电热元件有哪些常用的牌号？试分析其优缺点。

4-4 电热元件线路接线方法有哪些？试画出每种接线方法的示意图。

4-5 某电阻炉功率为12kW，炉温要求为1000℃，选用电热元件的材料为Cr17Al51，最高使用温度可达1200℃，并采用放在开口槽内的螺旋形安装方法，试计算电热元件的允许表面负荷。

4-6 某碳化硅棒烧结炉，炉膛温度为1400℃，炉子设计总功率为60kW，炉身外形尺寸为3800mm×1200mm×900mm，碳化硅棒的有效长度为2800mm，按炉子高度方向布置，此向的炉膛净空尺寸为250mm，已知碳化硅棒直径为18mm，试确定碳化硅棒的数量、连接方式和调压范围。

4-7 电热元件在炉内的安装方式有哪些？

4-8 在炉内安装电热元件时，不管采用哪种安装方式，都必须遵循哪些原则？

5　　粉末冶金电阻炉

本章学习要点

本章主要介绍了粉末冶金电阻炉的结构设计、电炉功率的分配以及粉末冶金电炉的类型和设计实例。要求了解粉末冶金电阻炉的用途、分类和使用范围，掌握电阻炉结构设计方法和电炉功率的分配方式，熟悉粉末冶金电阻炉的各种类型及其特点；要求学生能根据已学的知识独立设计和计算粉末冶金电阻炉的各项参数。

5.1　　电阻炉概述

电阻炉就是将电流通往电热元件，由电阻使电能转化为热能，通过传导、对流和辐射作用使被加热的物料或制品加热到所需温度的热工设备。在电流相同的情况下，元件的电阻越大，产生的热量就越多。

5.1.1　电阻炉的分类及用途

从产生热量的方式来看，电阻炉可分为间接加热式电阻炉和直接加热式电阻炉。

间接加热式电阻炉是指在炉子内部装置有用特殊电阻材料做成的加热元件或能导电的流体，当其接上电源后产生热量，并通过传导、对流和辐射作用，间接地加热炉内的物料或制品。间接加热式电阻炉又可分为空气电阻炉、真空电阻炉、保护气体电阻炉、电热浴炉以及流动粒子炉等。

直接加热式电阻炉是指电源直接接在被处理的材料上，使其自身加热的方法（如钨、钼条垂炼炉、碳化硅烧结用电炉等）。

电阻炉的类型及用途如表5-1所示。

表 5-1　电阻炉的分类、特点及用途

种　类	特　点	主要用途
空气电阻炉	结构较简单，温度精确可控，在高温下被加热工件易受氧化	硬质合金、陶瓷烧结；金属的热处理；玻璃零件退火，低熔点玻璃封接；医药、食品的低温烘烤；各类产品零件清洗后烘干；实验室各种温度试验箱，马弗炉、电子管的排气炉等
真空电阻炉	工作在真空中加热有除气效果，能保护工件不氧化，不脱碳，工人操作条件较好，生产率和热效率较低	钛、锗等活性金属、难熔金属和某些电工合金的光亮退火、真空除气；不锈钢和铝材的钎焊，粉末冶金真空烧结；高速钢、工具钢的光亮淬火及碳钢的真空渗碳；电子产品生产工艺中镀膜，溅射对工件的烘烤

种　类	特　点	主要用途
保护气体电阻炉	炉膛通有保护气体，能保护工件不氧化，不脱碳，可精确控制被加热工件的表面化学成分，热工序后的工件不需酸洗，某些保护气体易爆炸或对操作工人有一定危害	黑色金属和某些有色金属材料的无氧化、不脱碳热处理，或进行气体渗碳、氰化等化学处理；钨钼等易氧化金属的加热、钎焊、烧结等，电子产品的气相沉积、扩散、电子材料的除氧化层、光亮热处理
电热浴炉	加热速度快，均匀性好，容易局部加热，热工序后工件需要清洗	工具、刃具、量具等几何形状较复杂、要求较高的热处理及化学处理
流动粒子炉	具有电阻炉的特点，炉温较低	锡、铝、锌、镁、铅、轴瓦合金等低熔点金属的熔炼
直接加热式电阻炉	工件直接通电加热，不需要电热体，加热速度非常快，对工件形状有一定要求	制造石墨电极、碳化硅、粉末冶金压制成型的金属管、棒等的烧结

5.1.2　电阻炉的优点

电阻炉的优点如下：

（1）热效率高。电阻炉不需要燃烧气体（或固体、液体），没有排出因燃烧而产生的废气造成的热损失。炉膛空间内热强度高，能达到较高的温度，使高熔点金属得以熔化。

（2）能满足工件在各种工艺氛围（保护、运载、反应）中的要求，并使之成为可控，能用质量流量计对所控气氛进行监测。由保护气氛来保证炉内气氛的清洁，比如保护氛围为真空，可以将炉内的残余气体抽走；保护气氛为氢气，各种废气可随之排出。高纯度的氢气，其含氧量可小于 10^{-5}%，其露点小于 $-70℃$。

（3）能够满足工作空间温度场均匀度和恒温的精度要求，比如在 48 小时内温度不得漂移 $±0.5℃$。

（4）整个工艺过程（电、气、水的压力与流量）能用微控和智能化程序控制。有连锁保护、报警、防爆、数显、曲线记录等功能，使之操作简便，工艺稳定，重复性好。

（5）劳动条件好，不污染环境。

（6）占地面积小，投资小。

5.1.3　粉末冶金用电阻炉的使用范围及要求

在粉末冶金工厂中使用的电炉绝大部分是间接加热式电阻炉，主要用于：金属粉末的干燥；高熔点金属的氧化物和铁、镍金属的氧化物还原；金属陶瓷化合物的化合；粉末冶金成形件烧结；低熔点金属或合金的熔化；烧结件的热处理等。

粉末冶金用电阻炉，应满足如下要求：能准确地实现预定的生产工艺，从而保证产品质量；产品的耗电量少；结构紧凑，占地面积小；能安全地、自动地调节炉内气氛；炉子工作时炉内存在 N_2、CO_2、SO_2 等气氛的情况下，仍具有较长的寿命。

5.1.4 粉末冶金用电阻炉的设计方法及步骤

当进行电炉设计时，在准备生产的产品的可行性被确定之后，最重要的是掌握所需的基本设计资料。比如根据生产的需要，充分考虑不同种类、多种型号、不同规格产品的特点，力求扩大电炉的应用范围；根据产品年产量确定单台炉子的生产率；准确了解产品技术要求，产品的生产工艺制度，产品所需的炉内气氛，产品在炉内运行的机械化程度，升温速度、冷却速度及恒温所需的控制水平等。

在确定炉子设计的基本任务和取得必需的设计数据之后，其设计步骤一般是：电炉型式及结构的选择与设计；电炉所需功率的确定或计算；电热元件的选择、计算及布置；温度、气体的测量与控制的要求；电炉设计图纸的绘制。

5.2 电阻炉结构设计

5.2.1 炉型的选择

所谓炉型一般指炉子的结构特点、炉子的工作方式以及由结构特点和工作方式所决定的炉子形状。在我国粉末冶金工业中所用的电阻炉形式较多，就其结构型式来看大致有：

(1) 箱式炉。常用于烧结银-氧化物触头、氧化物陶瓷等材料，如图5-1所示。

(2) 井式炉。常用于真空条件下烧结硬质合金等材料，如图5-2所示。

(3) 钟罩式炉。常用于摩擦材料通入保护气的热压烧结，如图5-3所示。

(4) 连续卧式炉。常用于粉末的还原或烧结，如图5-4所示。

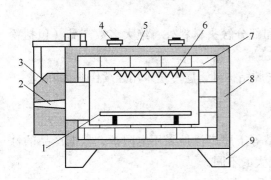

图5-1 箱式电阻炉结构

1—底座；2—观察孔；3—炉门；

4—热电偶；5—炉壳；6—电热元件；

7—耐火材料；8—保温材料；9—炉架

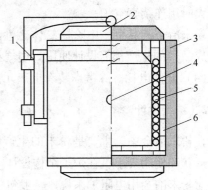

图5-2 井式电阻炉结构

1—炉盖机构；2—炉盖；3—保温材料；

4—热电偶孔；5—电热零件；6—耐火材料

在选择炉型时，应对各种炉型进行充分的比较，因地制宜地设计比较先进的炉型，在具体工作中须考虑以下几个方面：

(1) 产品产量。如果生产的产品产量较大，在炉子的工作方式上，最好是连续式的，如三氧化钨的还原炉、铁制品的烧结炉等均是连续生产的。为了实现连续生产，在结构特点上也有了很大的不同。如三氧化钨的还原，物料可以在静止状态下还原（如四管还原

图 5-3   钟罩式炉   图 5-4   连续卧式炉

炉等），也可用履带式的方法。对于产量小的产品，并需经常变动工艺时，可选用周期作业的箱式炉、罩或井式炉等。

（2）产品尺寸。如果生产的产品尺寸较大时，就需设计特殊的炉型。如产品的直径较大且厚度较薄时，在烧结过程中容易变形，则需设计能加外力的炉子。如粉末冶金摩擦片的烧结，因产品薄、直径大，并考虑金属粉末与钢基的结合，而采用了可加外力的钟罩炉。

当烧结直径大又长的产品时，可设计竖式烧结炉，如竖式钨棒炉等。

（3）产品性质。有些产品（如钽、铌）因吸氢需在真空下生产。有些产品（如钨钴钛硬质合金）在真空下生产的质量较好，则需选用真空烧结炉，产量小用不连续真空炉，产量大时用连续真空炉。

粉末冶金产品生产中除铁氧体磁性材料和部分触头材料外，绝大多数产品（包括粉末和成品）的生产都需设计使用炉用气氛的装置。

（4）降低电耗。除考虑装有电热元件的炉膛结构外，应尽量采用连续作业式炉。

5.2.2 结构设计

在粉末冶金中，主要是粉末的生产和烧结等工序广泛地采用电阻炉，根据产品的性能、形状和使用要求，在炉子结构设计上有很大的不同。

对粉末冶金用电阻炉来说，一般包括以下几个部分：

（1）炉膛部分，包括预热段、高温段以及其他的温度段；

（2）炉体砌筑部分；

（3）炉外壳部分；

（4）电热体部分；

（5）炉子的支架部分；

（6）冷却部分。

对于一些有特殊用途的电阻炉，应根据具体情况设计相应的结构。例如：如果是连续生产的，则需增设实现连续的机构；如果是真空炉，则需增设真空系统；如果生产的产品需外加压力，则还需增设加压装置；如果炉管是转动的，则需设有实现转动的结构部分。

5.2.2.1 炉膛部分

炉膛一般指炉子中用耐火材料所砌的承担作业的内腔部分。

炉膛的尺寸是根据产品的大小、产量及温度分布等主要条件决定的。所设计的炉膛应尽量避免无用的空间，以免使整个炉子的外形尺寸增大和热损失增大。

A 炉膛的形状和尺寸

炉膛的断面形状常用圆形、近半圆形、长方形等。在生产小型产品、产量较小时，一般用圆形或半圆形。在高温时使用圆形，无论在温度均匀分布或耐火材料受力情况等方面均比用方形要好。如果产量大，温度高则炉膛多用近半圆形。产量大，温度低多用方形或长方形。

对于炉膛的截面尺寸，一般来说，如果太宽太高，则发生温度在整个炉膛内分布不均匀的现象，所以生产的产品质量不稳定。从另一方面来说，只要较好地采用能使最终产品质量均匀一致的各种措施，则能扩大炉膛的尺寸（如在炉膛中均匀布置电热元件，使炉管转动，使物料沸腾等）。对于圆形炉膛来说，其内直径：

$$D = D_{舟} + \Delta D$$

式中 $D_{舟}$——还原或烧结时所用舟皿的外径（mm），其大小由产量等参数确定；

ΔD——圆形炉膛与舟皿间的间隙，其值一般取 $8 \sim 10mm$。

半圆形炉膛的断面尺寸，同样由舟皿的尺寸决定，与上面不同的是这种炉膛所用舟皿的形状通常为长方形，其炉膛直径通常比舟皿宽度尺寸大 $30 \sim 50mm$。

方形炉膛多用于金属氧化物还原、成形产品的低温预烧、铁氧体等的烧结，其宽度为：

$$B = nb + 2\Delta b - (n-1)\delta$$

式中 b——产品舟宽度或炉管宽度，mm；

Δb——舟皿或炉管与炉膛侧墙间的间距，mm；

δ——相邻两排舟皿间或炉管间的间距，mm；

n——舟或炉管的水平排列数。

B 炉膛的高度

炉膛高度取决于炉子的工作性质、生产率、气氛的流量及传送方式，粉末冶金电阻炉的炉膛高度一般为炉底宽度的 $45\% \sim 75\%$。对于还原炉取下限值，烧结炉取上限值。

目前，在一般钨粉生产过程中所用电阻炉，经过实践证明，当物料处于静态时，炉膛宽度大到930mm 和高度为670mm，炉膛内放入四根断面尺寸为300mm × 70mm 的不锈钢管，用于二次还原生产钨粉，产品质量完全符合要求。烧结炉的炉膛断面宽度尺寸一般用到 $300 \sim 400mm$。

C 炉膛的长度

在粉末冶金生产中，为了提高生产率，除实现连续生产外，还要求增长工艺制度所要求的温度区。因此，常把炉子分成两个温度段或多个温度段，实行单独控制供电。但无论是多段还是两段，都具有能得到某种产品最终性能（铁制品有时例外）的高温区，一般在高温段布置电热元件时，采用分段控制供电的方法。目前粉末冶金用炉高温段的长度一般为 $1 \sim 2m$，这样可使有效工作温度范围（高温区长）在 $400 \sim 800mm$ 长的范围内变动。

炉膛的总长度（或高温区长度）可参照以下公式作初步估算：

$$L_总 = \frac{G\tau l_舟}{g}$$

式中　G——炉子的生产率，kg/h；

　　$l_舟$——每个舟皿在炉子长度方向上所占的长度，mm；

　　τ——装料（产品）舟从进炉到出炉在炉内停留的时间或高温区停留的时间，h；

　　g——每舟料（产品）的重量，kg。

以上公式并未解决高温段与有效高温区长度间的关系，仍需由实验确定，另外不同的物料（产品）所需的升温、保温、冷却的时间也是不一样的，因此用上述公式估算设计炉长时应选用一种具有普遍意义的工艺制度。

在设计炉膛结构时，一般还要考虑电热元件安装问题。因电热元件安装方法不同，则炉膛结构也要改变。常见的情况有：将电热元件安装在炉墙内壁上（钟罩炉），或安装在炉膛外壁上（如钼丝炉），或竖穿炉膛（如铁制品碳硅棒烧结炉），或横穿炉膛（如生产钨粉用四管还原炉）等。

炉膛既可用耐火砖砌，也可预制成耐火炉管。当用预制炉管时，电热元件则可绕在管的外壁，也可装在管内壁上。在这种情况下，其优点是电热元件所发出的热量集中在炉膛内，散热损失较小，可减少炉子的总功率。但缺点是装拆炉子不太方便。

目前所使用的炉管材料：在 1300～1650℃ 温度内，可使用含 75% 左右 Al_2O_3 的耐火管；在 1300℃ 以下可使用普通耐火材料；在 1650℃ 以上时，可用氧化锆管或石墨管等。

5.2.2.2　炉体砌筑部分

炉体的砌筑部分包括耐热和保温两部分，其主要作用是耐热和保温。

在生产上没有特殊要求时，炉壳的表面温度一般不超过 40～60℃。表面温度如果太高，炉子的热损失就大；太低时则会使砌筑厚度增大，同时对筑炉材料提出更高的要求，这样就会增加整个炉子的体积，从而增加炉衬的蓄热，延长炉子的升温时间。

确定炉衬厚度的方法有理论计算法和经验法：

（1）理论计算法：

1）根据经验选定其厚度，然后对各层中间温度进行校核计算，如果炉壳表面温度适当且砌筑材料与中间温度相适应，则由经验确定的砌筑材料厚度正确，否则需进行调整，所用砌体厚度应符合耐火砖的标准尺寸要求。

2）由稳定态传热公式对炉衬厚度进行近似计算，对于单层炉衬的厚度

$$S = \frac{\lambda(t_内 - t_外)}{q}$$

式中　$t_内$——炉衬内表面温度，℃；

　　$t_外$——炉衬外表面温度，℃，其值接近炉壳表面温度，通常取在 40～60℃ 之间；

　　λ——炉衬的平均导热系数，计算式为

$$\lambda = \lambda_0 \pm b\left(\frac{t_内 + t_外}{2}\right)$$

　　q——通过炉衬热损失的平均热流，其值可用炉壳外表面的单位散热量，即

$$q = \alpha(t_外 - t_空)$$

　　$t_空$——外界空气温度，℃，根据车间气温而定。

对于双层炉衬，同理可得耐火层及保温层厚度的近似计算式

$$S_{耐} = \frac{\lambda_{耐}(t_{内} - t_{界})}{q}$$

$$S_{保} = \frac{\lambda_{保}(t_{界} - t_{内})}{q}$$

式中　$\lambda_{耐}$，$\lambda_{保}$——分别为耐火材料和保温材料的平均导热系数，$W/(m \cdot ℃)$；

　　　$t_{界}$——耐火层与保温层交界处的温度，此温度要小于保温材料的允许温度。

（2）经验法。确定炉衬厚度的经验法是根据被实践所证实了的使用寿命较长、热效率较高的同类型炉子的炉衬厚度作为设计参考的方法。表5-2 为不同炉温时电阻炉的炉墙组成，表5-3 是常用炉墙组成及尺寸的参考数据。

表5-2　不同炉温时炉墙组成参考表

炉膛温度/℃	炉墙材料	厚度/mm	炉膛温度/℃	炉墙材料	厚度/mm
300	矿渣棉 $\rho=0.2$	150	1000	膨胀珍珠岩 $\rho<0.16$	76
	膨胀珍珠岩 $\rho<0.16$	100		硅藻土砖 $\rho=0.55$	125
500	矿渣棉 $\rho=0.2$	250	1200	耐火黏土砖 $\rho=2.1$	115
	膨胀珍珠岩 $\rho<0.16$	200		轻质耐火黏土砖 $\rho=0.8$	180
700	轻质耐火黏土砖 $\rho=1.0$	115		膨胀珍珠岩 $\rho<0.16$	90
	膨胀珍珠岩 $\rho<0.16$	85		石棉板	10
	轻质耐火黏土砖 $\rho=0.8$	115		轻质耐火黏土砖 $\rho=1.3$	90
	膨胀珍珠岩 $\rho<0.16$	45		轻质耐火黏土砖 $\rho=1.0$	90
	轻质耐火黏土砖 $\rho=0.8$	115		硅藻土砖 $\rho=0.55$	113
	硅藻土砖 $\rho=0.55$	125		蛭石粉 $\rho=0.15$	65
900	轻质耐火黏土砖 $\rho=0.8$	115	1300	耐火黏土砖 $\rho=2.1$	115
	硅藻土砖 $\rho=0.55$	115		轻质耐火黏土砖 $\rho=0.9$	230
	膨胀珍珠岩 $\rho<0.16$	70		硅藻土砖 $\rho=0.55$	125
	轻质耐火黏土砖 $\rho=1.3$	115		硅藻土粉 $\rho=0.6$	70
	硅藻土砖 $\rho=0.55$	115		耐火黏土砖 $\rho=2.1$	115
	膨胀珍珠岩 $\rho<0.16$	70		轻质耐火黏土砖 $\rho=1.0$	115
	轻质耐火黏土砖 $\rho=1.0$	90		硅藻土砖 $\rho=0.55$	125
	蛭石粉 $\rho=0.15$	195		膨胀珍珠岩 $\rho<0.16$	90
1000	轻质耐火黏土砖 $\rho=1.3$	115		石棉板	5
	硅藻土砖 $\rho=0.6$	180	1400	高铝砖 $\rho=2.3$	115
	膨胀珍珠岩 $\rho<0.16$	65		轻质耐火黏土砖 $\rho=1.3$	115
	石棉板	5		轻质耐火黏土砖 $\rho=0.4$	115
	耐火黏土砖 $\rho=2.1$	115		膨胀珍珠岩 $\rho<0.16$	100
	轻质耐火黏土砖 $\rho=0.8$	115		石棉板	5

注：ρ—材料密度，g/cm^3。

表5-3　常用炉墙组成及尺寸　　　　　　　　　　　　　（mm）

炉温温度/℃	<300		300~600		600~1000		1000~1200		1200~1350		
炉衬	耐火层	保温层	耐火层	保温层	耐火层	保温层	耐火层	保温层	耐火层	保温层	保温层
炉衬材料	轻质黏土砖	硅藻土砖或蛭石粉	轻质黏土砖	硅藻土砖	轻质黏土砖	硅藻土砖或蛭石粉	黏土砖	硅藻土砖或蛭石粉	高铝砖	轻质黏土砖	硅藻土砖或蛭石粉
功率/kW　5~10	不需要	100~150	65~113	65~113	113	100~150	113	150~200	171	65	150~200
10~20	不需要	100~150	113	100~150	113	150~200	113	180~230	171	65	150~200
20~50	不需要	100~150	113	150~200	113	180~200	113	230~300	171	65	200~300
50~100	65	150~200	113~178	150~200	113	230~300	113~178	230~300	171	65	300~350
>100	65	150~200		150~200	113~178	300~350	113~178	300~350	171	65	300~350

炉温低于300℃时，砌筑材料可以不用耐火材料，采用适当的保温材料即可。

炉温在500~1000℃时，须要采用两层砌筑材料，即耐火材料层用轻质耐火砖，保温层用硅藻土砖等即可。

炉温在1200℃以上时，一般需用三层砌筑材料，即耐火材料层、砌筑耐火层及保温材料层。对于各层材料的选择根据第3章中所讲的选择原则进行确定。一般炉底不用太厚的（不超过10mm）矿渣棉（或石棉板），因这些材料的耐火度低，容易受热破坏而下塌，这样会导致破坏炉子的砌筑结构和电热体。

为了缩短开炉时的升温时间和减少蓄热，特别是间断操作的炉子，砌筑材料除要符合耐火和保温的要求外，应尽可能采用密度小、热含量小的轻质耐火材料和保温材料。

保温材料的使用温度不能超过允许温度，否则将使保温能力降低。

5.2.2.3　炉壳及炉架部分

炉壳主要是保护砌筑材料，便于砌筑以及密封，使空气不进入炉膛内，避免热量的对流损失，使还原气氛的消耗减少。对于真空炉的炉壳结构及焊接质量要求较高。对于通氢的电炉炉壳只要具有一般的焊接质量即可。炉壳一般用普通钢板，其钢板的厚度根据炉内压力、真空度、温度、荷重等情况而定。一般炉壳钢板厚度为3~5mm。

炉架是支撑炉体的部分，根据炉体的重量确定选用一定的型钢，如槽钢、角钢等。炉架的高度，主要参照工作者操作的方便性来设计，并确保变压器能放在里面，以减少占地面积。但应注意有些炉子炉底温度太高，变压器放入炉架内不利检修，并易使变压器烧坏，则可考虑将变压器安装在炉外。

5.2.2.4　冷却部分

为了提高粉末冶金用连续式电炉的生产率，或得到某种组织的产品，一般情况是产品经过高温段后，直接进入冷却段或可控冷速的冷却段。冷却段设在炉体的出料端，产品经过冷却后出炉。冷却段（或出料端）一般用5~6mm厚的普通钢板焊成，在此管上再焊上水套，水套也用5~6mm厚的钢板材料。通过水套的水量由产品从高温段所带走的热量及辐射热等决定。大批量生产的情况下，水套的长度一般为高温区长的3~6倍。总的来说，其长度除与热量大小有关外，还与舟及舟内物的热传导情况有很大关系。水套厚度一般在25~30mm范围内。进水管安装在水套的下面，出水管装在水套的上面，以利于热水排出。有的炉子其炉体就是水套，如实验室用的真空钨棒（或碳管）炉，钨、钼垂熔炉等。

在出料管上除装有水套外，还装有炉门及送进还原性（或惰性）气氛的管子，有的在出料管上靠近炉墙的一段处，焊有夹层气套，以使气体预热后进入炉内以减少炉子的热损失。

5.2.2.5　推舟机构

对于连续生产的电炉，一般都设有物料的连续运送机构，其机构包括液压机构、空气压缩机构、三角皮带传递机构、齿轮履带式及蜗轮蜗杆链条机构等。

对于质量要求较高的产品，则需连续不断地、均匀地将产品推过高温区，这时采用齿轮履带式或蜗轮蜗杆链条机构是比较适当的。

对于蜗轮蜗杆链条机构，其蜗杆可用单导程。当要改变推舟速度时，调换链轮或者调换其他零件就可以了。

常用运送机构的示意图及特点如表5-4所示。

表5-4　常用运送机构的示意图及特点

名　称	原理图	说　明	特　点
气动推料机		1—汽缸；2—导向杆； 3—导向套；4—推头	1. 结构简单，加工容易； 2. 行程调节方便； 3. 推力较小； 4. 推料不平稳； 5. 间断推进
液压推料机		1—油缸；2—导向杆； 3—导向套；4—推头	1. 结构简单，加工容易； 2. 行程调节方便； 3. 推力较小； 4. 推料平稳，有过载保护作用
履带式蜗杆推料机		1—被动轮；2—工件； 3—齿轮箱；4—链轮； 5—链条；6—齿轮； 7—推杆；8—配重式 张紧装置	1. 送料平稳； 2. 结构较复杂； 3. 机构的传动效率低； 4. 慢连续推进
蜗轮蜗杆推料机		1—电机；2—蜗轮蜗杆箱； 3—齿轮箱；4—链轮； 5—链条；6—齿轮； 7—推杆	1. 结构紧凑； 2. 送料平稳； 3. 推力较大； 4. 机械效率高； 5. 慢连续推进

名　称	原 理 图	说　明	特　点
螺旋推料机		1—丝杆；2—螺母齿轮；3—主动齿轮；4—减速箱；5—电动机；6—导向杆；7—导向套；8—推头（螺母只旋转，丝杆移动推头）	1. 结构紧凑可靠； 2. 推料稳定； 3. 行程调节方便； 4. 机械效率高
丝杆推料机		1—被动齿轮；2—主动齿轮；3—减速箱；4—电动机；5—丝杆；6—导轨；7—螺母推头（丝杆只旋转，螺母移动推头）	1. 结构紧凑可靠； 2. 推料稳定； 3. 行程调节方便； 4. 机械效率高

5.3　电炉功率的分配与确定

5.3.1　电炉功率的分配

为了使炉膛温度均匀，并符合工艺要求，应将炉子的全部功率作适当分配，即将电热体合理地布置在炉膛内。

对于长度不超过 1m 的箱式电阻炉，一般可不考虑功率分配问题。但对于较大型的箱式炉，应在炉口一端占炉子加热区全长的 1/4 ~ 1/3 处，将功率加大，加大值为平均功率的 15% ~ 25% 左右。

井式电阻炉的炉盖和炉底，一般都不布置电热元件，所安装功率均布置在炉膛四周。为使炉温均匀和便于控制温度，根据炉膛深度 h 和炉膛直径 d 之比，沿炉膛深度分成一个或数个功率相等的加热区段，每一加热区段占据的炉膛深度 l 与炉膛直径 d 的关系为

$$l = (0.6 \sim 1)d$$

一般炉子取大值，大直径炉子取小值，炉膛的加热段数为 $n = h/l$ 。

靠近炉口和炉底两区段的热损失较大，为保证炉温均匀，其炉墙内表面热负荷比中间各区段约大 20% ~ 40% ，加热区多的取下限，至于中间各区段的功率布置则是相同的。

例如直径为 1000mm 的多区段井式炉，其功率分配如表 5-5 所示。

表 5-5　多区段井式炉功率分配

炉温/℃	炉膛内壁的单位表面负荷/kW · m^{-2}		
	最上段	中间各段	最下段
950	约 15	约 10	约 15
1200	20 ~ 25	15 ~ 20	20 ~ 25

因此最上和最下两区段所占据的炉膛深度 l' 比中间各区段所占据的炉膛深度 l 要小一

些，$l' \approx (0.7 \sim 0.8)l$。

一般情况下，井式炉炉口端单位表面负荷功率略大于炉底端所布置的功率。

对于钟罩式电阻炉，炉底端热损耗较炉顶端的大，类比于井式炉，在多段控温时，最下段的功率应布置得更大一些，这是为了保证径向温度的均匀性。

台车式电阻炉的功率布置与前述箱式电阻炉相似。

连续作业式电阻炉因工件在进料端需要吸收大量的热，而在冷却端又会放出大量的热，所以应按炉子的加热规范将其分成功率不同的几个温区，然后分别计算各个温区的热损耗和工件吸收或放出的热量，从而确定各区所需的功率。

5.3.2　用估算法确定功率

电阻炉功率的确定，一般是在已经确定炉型并对炉膛与炉衬结构初步设计之后进行。

5.3.2.1　按炉温及炉膛容积估算功率

箱式或井式电阻炉在各种炉温下，炉膛容积与炉子功率之间存在如表 5-6 所示的关系。表 5-6 中 V 为炉膛名义尺寸的容积（m³），功率 P 的系数，对于大型炉取较小值，对于小型炉取较大值；对于箱式炉取较大值，对于井式炉取较小值。

表 5-6　各种炉温下炉膛容积与功率的关系

工作温度/℃	功率/kW	布置加热体部位的单位炉膛 面积功率/kW·m⁻²
1200	$P = (100 \sim 150)V^{2/3}$	15 ~ 20
1000	$P = (75 \sim 100)V^{2/3}$	10 ~ 15
700	$P = (50 \sim 75)V^{2/3}$	6 ~ 10
400	$P = (30 \sim 50)V^{2/3}$	4 ~ 7

用这种方法确定功率仅适用于箱式炉、井式炉等间歇作业式电阻炉，对于长度很长、宽度很窄或高度很小的炉子，用这种方法确定的功率就显得太小。对于电子工业用小型电炉，用这种方法计算功率，其值也偏小。

另外，估算法也没有考虑升温时间长短的影响。例如，要求快速升温就需要适当增加功率；相反，如要求缓慢加热就应适当减少功率。

5.3.2.2　按炉温、炉膛有效面积和空炉升温时间估算功率

这种方法已考虑了炉膛散热和空炉升温时间的影响，但尚未考虑装料量和其他的影响，经验公式为

$$P = C\tau^{-0.5}F^{0.9}(t/1000)^{1.55}$$

式中　τ——空炉升温到工作温度的时间，h；

　　　F——炉膛内壁有效面积，包括炉底、侧墙和炉顶所有的面积之和，m²；

　　　t——炉子的工作温度，℃；

　　　C——系数，对于散热量较大的炉子取 30 ~ 35，对于散热量较小的炉子取 20 ~ 25。

5.3.3　用热平衡法确定功率

热平衡计算法就是分别计算炉子达到所需设计温度时的各项热量的收支情况，并求其

热量支出总和，从而计算应供给炉子的总功率。

粉末冶金电阻炉的热支出项目大致包括十大项目，各项热支出的计算方法如下：

（1）被加热物料化学反应吸收（放出）的热量 Q_x，根据不同物料的化学反应进行计算。

（2）物料加热到一定温度所需的热量 Q_m

$$Q_m = G_m c_m (t_{m2} - t_{m1}) \times 0.2778$$

式中　G_m——生产能力，kg/h；

　　　c_m——被处理物料在温度 t_{m1} 与 t_{m2} 之间的平均定压比热容，kJ/（kg·℃），查表
　　　　　　5-7；

　　　t_{m1}——被处理物料加热前的温度，℃；

　　　t_{m2}——被处理物料所需加热的最高温度，℃。

表 5-7　几种材料的平均定压比热容

材　料	c_p/kJ·(kg·℃)$^{-1}$				
	20℃	900℃	1000℃	1100℃	1500℃
碳钢（C≈0.5%）					
钨	0.60				
钼	0.1344				
铜	0.251	0.443	0.669		
铝	0.383	1.339	0.1435	0.701	
钨钴合金	0.896		0.2805		
钨钴钛合金	0.209				
石墨	0.209~0.334	1.84			2.051
氧化铝		1.08			1.155

（3）填料加热到一定温度所需的热量 Q_j

$$Q_j = G_j c_j (t_{m2} - t_{m1}) \times 0.2778$$

式中　G_j——填料小时重量，kg/h；

　　　c_j——填料在温度 t_{m1} 与 t_{m2} 之间的平均定压比热容，kJ/（kg·℃），查表 5-7；

　　　t_{m1}——被处理物料加热前的温度，℃；

　　　t_{m2}——被处理物料所需加热的最高温度，℃。

（4）烧舟加热到一定温度所需的热量 Q_R

$$Q_R = G_R c_R (t_{m2} - t_{m1}) \times 0.2778$$

式中　G_R——烧舟的小时重量，kg/h；

　　　c_R——烧舟材料在温度 t_{m1} 与 t_{m2} 之间的平均定压比热容，kJ/（kg·℃），查表 5-7；

　　　t_{m1}——被处理物料加热前的温度，℃；

　　　t_{m2}——被处理物料所需加热的最高温度，℃。

（5）炉墙热传导损失的热量 Q_T。炉墙热传导损失的热量计算，根据第 2 章所讲述的综合传热公式计算，此项热损失是指炉膛内能量通过炉墙、炉顶、炉底散发到大气中的热损失，对此均需分别计算热损失，然后求得热损失的总和。对于多层平壁公式为

$$Q = \frac{t_1 - t_{n+1}}{\sum\limits_{i=1}^{n} \dfrac{s_i}{F_i \lambda_i}}$$

式中　s_i——各层砖的厚度，m；

　　　λ_i——导热系数，W/(m·℃)；

　　　t_1——炉墙内壁温度，℃；

　　　t_{n+1}——炉墙外平面空气温度，℃；

　　　F_i——由炉内到时炉外各砖层的几何平均面积，m²。

$$F_i = \sqrt{f_i f_{i+1}}$$

除上述理论计算法外，也可用经验公式估算，即如果炉墙材料和厚度选择合理，保证炉子表面温度不超过60℃，则高、中温电炉可近似用下式计算炉墙的热损失

$$Q_T = (3000 \sim 6000) F_{总}$$

式中　$F_{总}$——炉壳的总外表面积，m²。

炉壳温度小于50℃时取下限，大于50℃时取上限。

（6）炉门打开时的热辐射损失的热量 Q_H

$$Q_H = 5.67 \left[\left(\frac{T_1}{100} \right)^4 - \left(\frac{T_2}{100} \right)^4 \right] \Delta \tau F \Phi$$

式中　T_1——炉膛的绝对温度，℃；

　　　T_2——炉子周围空气的绝对温度，℃；

　　　F——开孔面积，m²；

　　　$\Delta \tau$——打开炉门的时间比率；

　　　Φ——遮蔽系数。

（7）气体带走（或吸收）的热量 Q_r

$$Q_r = V \rho c_p t \times 0.2778$$

式中　V——气体的流量，m³/h；

　　　ρ——气体的密度，kg/m³；

　　　c_p——气体的比热容，kJ/(kg·℃)，查表5-8；

　　　t——气体加热或流出时的温度，℃。

（8）冷却水带走的热量 $Q_水$

$$Q_水 = G_水 c_水 (t' - t'') \times 0.2778$$

式中　$G_水$——冷却水流量，kg/h；

　　　$c_水$——冷却水比热，kJ/(kg·℃)；

　　　t'——冷却水流出水套时的温度，℃；

　　　t''——冷却水流进水套时的温度，℃。

（9）其他热损失 $Q_他$。其他热损失包括所有考虑不到的和无法精确计算的热损失，如电热元件引出棒、热电偶管等所造成的热损失，一般近似地取为上述全部热损失的10%。

（10）炉墙耐火材料和保温材料积蓄的热量 Q_s

$$Q_s = \frac{V_s \rho_s c_s t_s}{\tau} \times 0.2778$$

式中 V_s——砌砖体的体积，m^3；

　　　ρ_s——砌砖体的体积密度，kg/m^3；

　　　c_s——砌砖体的比热，$kJ/(kg \cdot ℃)$；

　　　τ——炉子的升温时间，h，一般以 1h 计；

　　　t_s——砌砖体的平均温度，℃。

表 5-8   几种常用气体的定压比热容

$T/℃$	$\rho/kg \cdot m^{-3}$	c_p		
		$kcal/(m^3 \cdot ℃)$（旧）	$kcal/(kg \cdot ℃)$（旧）	$kJ/(kg \cdot ℃)$
H_2				
0	0.0899	0.305	3.39	14.190
100	0.0636			14.490
N_2				
0	1.211	0.311	0.249	1.043
100	0.887			1.043
O_2				
0	1.382	0.312	0.220	0.917
100	1.012			0.934
CO				
0	1.210	0.311	0.249	1.043
100	0.886			1.047

这种储蓄到砌筑材料中去的热损失，对于间断式作业的电炉比较重要，为减少热损失，最好采用密度小、热容小的筑炉材料。对于连续式加热炉，当热平衡以后，就不再有很多的热量为砌砖体所吸收，因而不必计算此项热损失，而只在需要计算连续式电阻炉升温时间时才有计算的必要。

根据以上各项的计算，对于连续操作的炉子，其总的热支出为

$$Q_总 = Q_x + Q_m + Q_j + Q_R + Q_T + Q_H + Q_r + Q_水 + Q_他$$

要使炉子在所需温度下正常工作，将电功率转变为热功率，而且两者相平衡，但考虑到炉子使用过程中发生电压降、电热元件的电阻变化等，所以必须有相当的功率储备，提高炉子的安全系数 K，即

$$P_总 = KQ_总$$

对于连续操作的电阻炉，$K = 1.2 \sim 1.3$；

对于间断操作的电阻炉，$K = 1.2 \sim 1.5$。

空载升温时间时电炉，尤其是间断操作电阻炉的一项重要的技术指标，空载升温时间 τ 的计算公式为

$$\tau = \frac{Q_蓄}{0.8P_总 - 0.5Q_损}$$

5.4   粉末冶金用电阻炉类型

粉末冶金用电阻炉的类型有很多种，根据炉子所选电热元件的不同，可分为低温电阻炉和

高温电阻炉；根据炉子操作情况的不同，可分为间接式电阻炉和连续式电阻炉；根据炉内使用气氛，可分为真空电阻炉和非真空电阻炉等。近二十年来，随着计算机的发展和自控水平的提高，粉末冶金用电阻炉更趋多样化和复杂化，但电阻炉的基本原理是相同的。下面就几种基本的、常用的不同类型和不同用途的电阻炉做简要介绍，而其控制系统在后续章节中再做介绍。

5.4.1　还原用电阻炉

还原法制取镍、钨、钼、钴等金属粉末的电阻炉的工作温度在900℃以下，炉管的材质为耐热不锈钢，炉管有圆形的，也有矩形的，所用的电热元件有镍铬丝或铁铬铝丝，也可用耐热不锈钢炉管本身作为电热元件。电热元件常呈水平布置在炉顶和炉底耐火砖沟槽内，也可安装在钢管四周的耐火管内壁槽内，其优点是温度分布比较均匀，其缺点是不便于安装和维修。

下面对不同特点的两种还原炉作简要介绍。

5.4.1.1　回转管状还原炉

回转管状炉在化工、冶金等工业中早已广泛作为加热物料之用。在粉末冶金还原粉末生产中，为了强化还原过程，设计和制造了机械化程度较高，连续生产的回转管状还原炉。该炉的结构如图5-5所示。

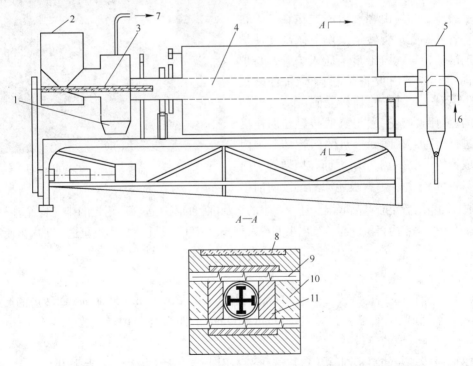

图5-5　回转管状还原炉结构示意图

1—第一次收尘器；2—装料仓；3—螺旋送料器；4—炉管；5—卸料仓；6—氢气进管；
7—带尘氢气出口；8—矿渣棉；9—镍铬电热棒；10—轻质黏土砖；11—黏土砖

A　主要技术参数

炉管尺寸：　　　　$\phi(300\sim400)\,\text{mm}\times(4500\sim5500)\,\text{mm}$

炉子功率：	100kW
炉管转速：	3～4r/min
炉子倾斜度：	0°～3°
传动电机功率：	4.5kW

B 基本结构

回转管状还原炉的基本结构包括：

（1）炉体部分。炉壳由厚3～5mm钢板制成，内有耐火材料、镍铬丝、镍铬丝横放与炉管上下两排，有4～5个加热带。

（2）炉管。由6～8mm厚的不锈钢板卷曲焊接而成，管内装有联合槽板，氢气经过炉体内预热后通入管内。

（3）传动减速机构。由马达、链条、减速箱组成，带动炉管转动。

（4）送料和卸料机构。送料机构由电葫芦提升机、装料斗、螺旋给料机组成。

（5）排气装置和收尘装置。

回转管状还原炉的实物图如图5-6所示。

C 运转原理

物料（WO_3或WO_2）由提升装置升高，落入装料斗，然后由螺旋给料机送料。炉料进入炉管外，随炉管转动及调节倾斜度使炉料向前滚动，氢气由出料端通入炉管，与炉料逆向运动。管内设置炉料翻动联合槽板（如图5-5A—A图）使炉料受到翻动，增加炉料的运行路程，扩大与氢的接触，加速反应的进行。WO_3在间断推舟的四管马弗炉内还原成钨粉需要2～3小时。而在回转管炉内仅需40～50分钟。炉料被还原后继续向前移

图5-6 回转管状还原炉的实物图

动，通过卸料装置定时产品取出。还原产生的水及过剩的氢从进料口附近的排气装置进入收尘室，在静电收尘室内将氢气与被带出的粉末分开，氢气干燥出水后由氢泵送入炉内再使用。

D 优点和缺点

优点有：

（1）大大提高了生产率，一台50kW，管径(300～350)mm×5000mm回转炉的产量相当于1.5台75kW炉管截面尺寸为200mm×60mm的四管马弗炉或相当于3台$\phi76mm×$6750mm的13管炉的产量。

（2）回转炉装卸料密封，生产连续化，不用舟器，大大减少了产品脏化。

（3）机械化程度高，大大减轻了劳动强度。

（4）氢气利用率高。

缺点有：

（1）炉料在炉管内翻动，流动的氢气把部分较细的WO_3或WO_2、W粉带出，堵塞氢气回收系统，并造成粉末的损失。

（2）粉末容易黏附管壁，使粉末粒度不均匀。

5.4.1.2 联合加热式两管马弗炉

联合加热是指采用炉管发热和炉子长度方向两低温区的电热元件补充加热的加热方式。

还原生产钨粉的联合加热式两管马弗炉的炉管是用四块 6mm 厚的耐热钢板（1Cr18Ni9Ti）焊成的矩形管，且两管串联。其结构示意图如图 5-7 所示。

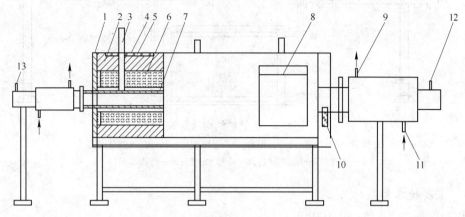

图 5-7　联合加热式两管马弗炉结构示意图

1—石棉板；2—轻质黏土砖；3—热电偶；4—炉壳；5—矿渣棉；6—铁铬铝电阻丝；
7—耐热钢管（平等两根）；8—防护罩；9—水出口；10—导电板；
11—水入口；12—氢气入口；13—氢气出口

A　主要技术参数

炉管尺寸：　　　　　　$174mm \times 60mm \times 6450mm$

炉子工作部分长度：　　3000mm

最高工作温度：　　　　950℃

总功率：　　　　　　　35kW

相截：　　　　　　　　单相

加热带数：　　　　　　共三带，第二带是靠炉管通电加热，第一、三带用电热元件加热

B　结构特点

这种联合加热式两管马弗炉的结构特点是：用一台 $25kV \cdot A$ 的电炉变压器（输出电压为 $5 \sim 20V$）向炉管送电并调节加热功率。这种加热方式具有结构简单、易维修、加热快等优点，但高温带较短，长时间使用后温度分布不均匀。所以，在炉体长度方向的两端分别加上一个用电阻丝加热的加热带。电阻丝为 $\phi 2mm$ 的 0Cr25Al5 丝，横放在炉管两端的上下边，这样便可以把炉子的高温段延长一倍多，从而提高了炉子的生产率，并对温度的不均匀分布略有改善。缺点是炉管之间的温度不均匀，且需要大电流低电压变压器。

5.4.2 碳管炉

碳管炉主要用于钨等金属的碳化，也可用来进行烧结。碳管炉从加热方式来看，也是一种将电流通入碳管，靠其本身的电阻将电能变成热能的炉子，碳管既是发热元件也是炉

腔。其结构示意图如图5-8所示。

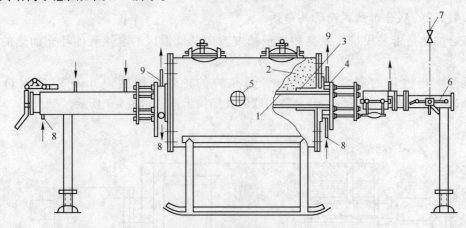

图5-8 碳管炉结构示意图

1—碳管；2—炭黑；3—石墨套；4—导电铜套；5—辐射高温计孔；
6—推舟；7—压缩空气；8—冷却水入口；9—冷却水出口

A 主要技术参数

加热功率：   80/100kW

工作电压：   380V

工作温度：   1800/2000℃

最高温度：   2200℃

加热区长度： $\phi150mm \times 1500mm$

推舟速度：   10 ~ 60 舟/min

保护气氛： H_2

外形尺寸： $4600mm \times 1900mm \times 900mm$

质量：   2500kg

B 结构特点

碳管炉主要适用于金属粉末的碳化，可在保护气氛中对碳化物（如碳化钨、碳化硼）和其他高温材质及硬质合金进行烧结加热等。碳化炉以碳管发热为主，TCW－系列温度控制仪和红外测温配套使用，由控温仪自动控制调节炉管内温度，炉腔最高温度为2200℃。设备由炉体、碳管、保温层、进出料端、水冷管路、控制系统组成、炉壳采用夹层隔热，并选用优质的保温材料，从而提高了设备的节能性，控制部分采用红外线测控温，推舟机构选用先进变频调速推进，具有连续运行、生产效率高等特点。碳管炉实物图如图5-9所示。

图5-9 碳管炉实物图

C　优点和缺点

碳管炉的优点是炉体结构简单、升温快、工作温度高；其缺点是炉管短，管壁厚度又不能很薄，所以需要大电流低电压的变压器。炉管易氧化，寿命短，一般为 20～30 天，炉管因氧化损坏一般在高温区顶部。为了延长炉管的寿命，工作时在管内和炉壳内均应通氢保护；或在管壁上涂上钨酸钠溶液等材料防止氧化。

发热管用石墨时比用碳管时的寿命长些，所以实践中多用石墨管，因石墨的抗氧化性好些。但石墨发热管的电阻比碳管小，必须用更低的电压和更大的电流来工作，有时很小的炉子也采用碳管作为发热管。

5.4.3　烧结用电阻炉

烧结是粉末冶金生产过程中极为重要的工序，该工序产品的质量直接受所用烧结炉的种类、质量的控制。烧结用电阻炉广泛用于铜基、铁基等零件的烧结。下面对几种常用的绕结电阻炉作简要介绍。

5.4.3.1　钟罩炉

罩式电炉，也叫钟罩炉，根据工艺要求可以是真空的或非真空的。本节以某公司生产的钟罩炉为例来说明钟罩炉的炉型特点，其实物图如图 5-10 所示。

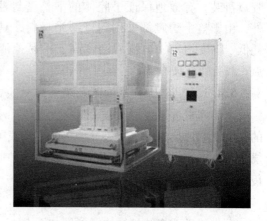

图 5-10　钟罩炉

A　主要技术参数

最高温度：　　　　　　1400℃

使用温度：　　　　　　RT-1350℃

炉膛有效容积：　　　　550mm×550mm×500mm（$L×W×H$）

控温点数：　　　　　　2 个，1 点控温、1 点测温（铠装 S 分度热电偶）

控温精度：　　　　　　±1.5℃

控温仪表：　　　　　　进口 19×19 段程序智能控制仪表，PID 参数自整定、超温、欠温、断电报警保护

显示仪表：　　　　　　1 只，日本进口单点仪表

温度均匀性：　　　　　±5℃（区域为有效容积周边缩 10%）

加热元件：　　　　　　U 型硅酸棒（SiC）

炉膛材料：　　　　　　进口 1500 型氧化铝纤维模块

最大加热功率：　　　　约 40kW

空炉保温功率：　　　　≤15kW

外形参考尺寸：　　　　约 1500mm×1500mm×2200mm（$L×W×H$）

动力电源：　　　　　　三相电源、50Hz、380V±10%；50kW

炉体表面温升：　　　　≤40℃

B　结构特点

钟罩式电阻炉的热工系统由炉膛上盖、炉膛、炉膛下盖三部分构成一相对密闭的方形

加热腔体（见图 5-10），隔热、保温材料全部采用进口 1500 型氧化铝纤维折叠拼装而成，炉膛四壁及上盖设计上采用纤维模块铆固结构，有效地克服了设备使用过程中材料下沉开裂、变形等现象（见图 5-11）；纤维模块由多种不同规格的氧化铝陶瓷纤维棉通过高温胶泥相互粘接在一起，内部预埋耐热不锈钢螺栓，通过固定在炉膛四壁和顶部的固定螺杆铆固；炉膛施工时采用独特的施压咬口拼装，有效地保证了腔体的平整密封性。另外，由于整个炉膛都采用陶瓷纤维材料，具有能耗低、温度均匀、炉膛清洁度高、不易掉渣等优点，且操作方便有效，长期工作稳定。

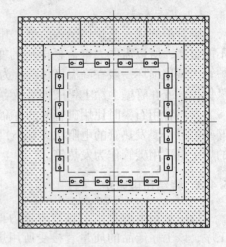

图 5-11　炉膛上盖结构示意图

5.4.3.2　金属网带传送式烧结炉

金属网带传送式炉在金属材料大批量、小零件的热处理中得到了广泛地应用，其热能的来源有电加热的，也有煤气加热的。在我国铜基、铁基粉末冶金过程中采用网带传送式烧结炉，电热元件用铁铬铝。国外也将这种形式的炉子用于铁基零件的烧结。现将金属网传送式碳化硅棒烧结炉简要介绍如下。

A　基本结构

网带传送式烧结炉结构示意图如图 5-12 所示。

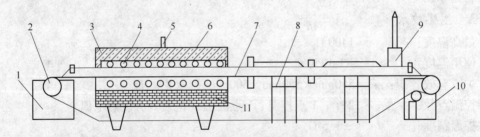

图 5-12　金属网带传送烧结炉结构示意图

1—进料端；2—传动轮；3—保温材料；4—镍铬电热体；5—热电偶；6—加热段；
7—连续金属传送带；8—支架；9—保护气氛出口；10—出料端；11—耐火材料

B　基本原理

炉子的操作过程是：将物料从进口放到不断运转的网带上，产品逐步经过预热、烧结、缓冷分解及最终冷却从出口卸下制品。在操作时，由于网带的连续运转，则炉子的进出口经常开着，为了防止保护气氛混入空气，可将产品出口设计得低一些，用氮气封口。

这种炉子的加热元件低温段用镍铬电热体，高温段用碳化硅棒，工作温度可达 1350℃，也有用铁铬铝合金丝的，温度可达 1200～1300℃。

C　金属网带及材料

金属网带的型号多种多样，如图 5-13 所示。金属网带所用的材料需根据炉子工作温度来确定，如果工作温度在 1100℃，网带材料可用 Ni80% + Cr20% 的耐热合金；如果工作温度再高一些，网带可用高温铁铬铝合金。

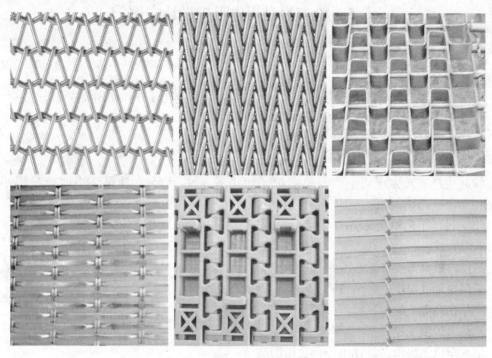

图 5-13　几种传送带的实物图

D　主要特点

这种炉子的优点是：用网带既代替了送料机构又代替了烧舟进行烧结；机械化程度较高，提高了炉子的生产率。另外，炉子的冷却带 3~4 倍于加热带，且设计了缓冷（或称隔热冷却）带，这样可保证获得好的合金组织结构。

缺点是：炉子最高工作温度受传送带材料的限制。另外，在高温下，炉子的长度可受网带高温强度的限制，带越长，承重就越小。因此，这类炉子只适用于大批量的小件的生产，在我国已广泛应用于铜制品的烧结。

网带传送式烧结炉的实物图如图 5-14 所示。

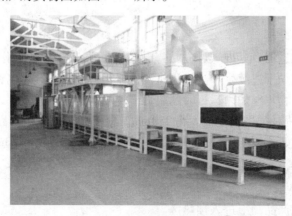

图 5-14　网带传送式烧结炉

5.5　粉末冶金用电阻炉设计实例

5.5.1　设计任务和要求

根据实际生产要求，某公司需设计一台烧结炉，其生产任务和使用要求如下：

（1）用于生产各种型号的 YG 硬质合金：

产品最大直径：　　　　　　　$\phi70\mathrm{mm}$

产品最大高度：　　　　　　　50mm

（2）生产方式为连续生产，要求炉子年产量不小于 65t，且保证小时产量不小于 8kg/h。

（3）设计工艺制度要求：

升温方式：　　　　　　　　　从室温到高温为均匀升温

高温段最高温度：　　　　　　1500℃

低温段最高温度：　　　　　　900℃

产品在高温下的保温时间：　　1h

产品出炉温度：　　　　　　　35℃

请根据以上要求，设计出一台合格的烧结炉。

5.5.2　电阻炉结构设计

5.5.2.1　炉型的确定

根据以上要求和实际调查，一般采用连续卧式烧结炉型是恰当的。

其实现连续生产的方法有多种。采用蜗轮蜗杆链轮推进器连续均匀推舟，保护气氛采用分解氨，不用真空。

5.5.2.2　炉子结构

炉子需连续生产，其炉子总体应包括如下各部分：连续推舟部分、炉头部分、炉膛部分、炉体的砌筑部分、电热元件部分、炉外壳及支架部分、冷却水套部分、温度控制部分等，以下分别介绍。

A　连续推舟部分

选择蜗轮蜗杆推进器，其推进过程是：电动机带动双导程蜗杆蜗轮变速，齿轮变速，链轮变速等机构，使炉子连续生产。推进机构停止运行信号装置用电铃。

电动机的功率由物料在炉内运行时的阻力、速度及传动机构效率来决定，电动机的转速选为 1410r/min，推杆推进长度最大为 380mm。根据科研或生产实践数据，可预先设计数种推速的链轮，如推速 $S=320\mathrm{mm}/20\mathrm{min}$；$320\mathrm{mm}/30\mathrm{min}$；$320\mathrm{mm}/40\mathrm{min}$；$320\mathrm{mm}/80\mathrm{min}$ 的多种链轮对。

B　炉头部分

用于进舟和避免产品马上进入预热区。

炉头部分设有炉门，氢气排出管以及推进器的推杆，一般不设水套。炉头内腔尺寸要与炉膛尺寸一致，长度一般取 0.8m，材料用 6mm 厚的 Q235 钢板焊成。

C 炉膛部分

炉子根据工业要求将炉膛分成预热段和高温段，采用直通的，断面接近半圆形的炉管作炉膛。

根据产品尺寸（最大直径为 φ70mm，最高为 50mm），考虑两排产品装入舟内烧结，烧舟内尺寸设计为 290mm×170mm×75mm。烧舟材质为石墨，舟的壁厚为 15mm，单件烧结时，也可烧 150mm×50mm×260mm 尺寸的产品、小件放入舟内烧结时，可以尽量装满，对于以上尺寸的烧舟，当装 YG 合金时每舟平均可装 8kg。

根据烧舟尺寸确定炉膛（炉管）内尺寸，如图 5-15 所示，即 1100mm×250mm×140mm，炉管厚度采用 15mm。

这样的炉管在预热段、高温段各布置一根。

用异形高铝砖将高温段的炉管与低温段炉管相连接。

用异形高铝砖将低温段的炉管与进料端（炉头部分）相连接。

用异形高铝砖将高温段的炉管与出料端（冷却水套部分）相连接。

炉管材料用 70% 的刚玉、15% 高铝熟料、15% 耐火黏土或用 85% 的刚玉、15% 耐火黏土等成分制成。

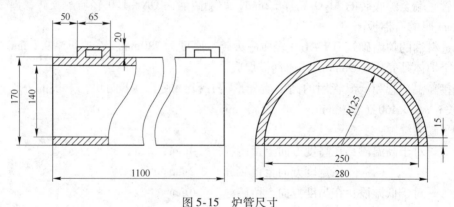

图 5-15 炉管尺寸

D 炉体砌筑部分

a 高温段的砌筑材料及厚度

首先可根据表 5-2 和表 5-3 炉子砌筑厚度的参考数据，选择和确定砌筑材料及厚度，然后进行校核计算。应用此表，在炉温不太高时，选用普通的耐火材料及保温材料作为炉衬其厚度是基本合适的。但对炉温在 1500℃ 以上的炉子，应用表 5-2、表 5-3 的材料和结构时，一般炉子体积稍大。对于所设计的炉子尽管炉温高，但炉膛不大，当选用较好的耐火及保温材料时，砌筑厚度可以减少，从而减少整个炉子的外形尺寸。根据我国各厂炉子实际情况，对于高温（大于1500℃）炉的高温段选用三氧化二铝粉或刚玉粉作耐火材料是较好的。各厂采用的厚度不一，一般情况是：

炉管侧至侧墙砖所用 Al_2O_3 粉层厚在 150~320mm 内；

炉管顶端至炉顶砖所用粉层厚在 200~300mm 内；

炉管底部至炉底砖所用粉层厚在 150~300mm 内。

在此，我们选用炉子高温段的耐火层如下：

炉管侧至侧墙砖的 Al_2O_3 粉层厚 315mm；

炉管顶至炉顶砖的 Al_2O_3 粉层厚 300mm；

炉管底至炉底砖的 Al_2O_3 厚 216mm。

高温段保温层可在耐火层外均砌一块 QN－0.4 的超轻砖，其铺设方法见图 5-3。从高度方向看均为 65mm，从宽度方向看均为 113mm，以及炉子上下各铺 11.2mm 厚的石棉板一层，两侧各铺 9.6mm 厚的石棉板一层。

靠冷却端炉墙用 QN－0.4 的超轻砖，其厚度为 230mm 及 9.6mm 厚的石棉板。

b　低温段的砌筑材料及厚度

预热段的温度低，可根据表 5-2 和表 5-3 选用，再根据各粉末冶金厂使用情况选用如下：

为了便于炉顶铺砖（不另设计成型顶砖），炉管四周放 20～100mm 厚的 Al_2O_3 粉。

炉管侧至炉侧壁砖的 Al_2O_3 粉厚 86mm，炉侧砖墙为 QN－1.0 轻质耐火砖，厚 339mm 及 9.6mm 厚的石棉板；

炉管顶端至炉顶砖的 Al_2O_3 粉厚 40mm，炉侧砖墙为 QN－1.0 轻质耐火砖，厚 325mm 及 9.6mm 厚的石棉板；

炉管底端至炉底砖的 Al_2O_3 粉厚 22mm，炉侧砖墙为 QN－1.0 轻质耐火砖，厚 260mm 及 9.6mm 厚的石棉板。

靠进料端的炉墙砌筑 QN－1.0 轻质耐火砖，厚度为 230mm，石棉板厚 9.6mm。

整个炉体外壳用厚 5mm 的普通钢板焊成。

连接高温炉管和低温管用的高铝质异形砖，设计成上、下两块，上块的外形尺寸为 230（长）mm×460（宽）mm×150（高）mm。

炉子砌砖缝隙：

　　　　对于高温段：在高度方向上留砖缝　　4mm

　　　　　　　　　　　在宽度方向上留砖缝　　2mm

　　　　对于低温段：在高度方向上留砖缝　　6mm

　　　　　　　　　　　在宽度方向上留砖缝　　8mm

炉子炉体外形尺寸：

　　　　长：2800mm

　　　　宽：1168mm

　　　　高：851mm

E　电热元件部分

材料用钼丝，具体设计过程下一节阐述。

F　冷却水套部分

冷却水套的长度和大小：水套内部形状及大小与炉管内尺寸一致，其长度取 1500mm，水套厚度采用 25mm。整个水套均用 6mm 厚的钢板焊成。冷却水套尺寸如图 5-16 所示。

G　炉架部分

用 8 号热轧等边角钢及 6－3 号热轧普通槽钢焊成。其架子外形尺寸为 5260mm×

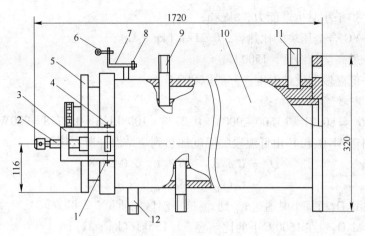

图 5-16 冷却水套尺寸

1—开口箱；2—螺钉；3—耳子；4—子轴；5—炉门；6—电阻丝；7—弯板；
8—螺钉；9—进氢管；10—冷却管；11—出水管；12—排水管

1168mm×980mm。

各个部分设计完后，将各部分绘制成总图，见图5-17。

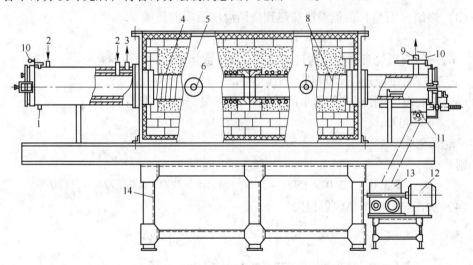

图 5-17 卧式连续钼丝烧结炉结构示意图

1—冷却水进口；2—氢气进口；3—冷却水出口；4—钼丝；5—炉壳；6—高温测温计；7—热电偶；
8—镍铬片；9—氢气出口；10—点火装置；11—推舟装置；12—电动机；13—减速器；14—炉架

5.5.3 电阻炉功率的确定

根据前面钼丝炉结构的设计实例，所设计的炉子共分成两段，即低温段和高温段。各段所承担的任务、工艺制度均不相同，所以在计算时分成两段计算。

5.5.3.1 钼丝电阻炉高温段功率的确定

（1）YG合金压块由低温段的温度加热到烧结温度所需热量

$$Q_m = G_m c_m (t_{m2} - t_{m1}) \times 0.2778$$

式中　G_m——炉子小时生产能力，8kg/h；

　　　c_m——YG合金压块的比热容，0.21kJ/(kg·℃)；

　　　t_{m2}——最高烧结温度，1500℃；

　　　t_{m1}——低温段的设计温度，一般取900℃。

　　则：

$$Q_m = 80.21 \times (1500 - 900) \times 0.2778 = 1008kJ/h \times 0.2778 = 280W$$

（2）填料（Al_2O_3粉）由低温段的温度加热到烧结温度所需热量

$$Q_j = G_j c_{j2} t_{m2} - G_j c_{j1} t_{m1} \times 0.2778$$
$$= G_j (c_{j2} t_{m2} - c_{j1} t_{m1}) \times 0.2778$$

式中　G_j——Al_2O_3粉每小时通过t_{m1}到t_{m2}这一温区的质量，2.0kg/h；

　　　c_{j2}——Al_2O_3粉在1500℃下的比热容，1.155kJ/(kg·℃)；

　　　c_{j1}——Al_2O_3粉在900℃下的比热容，1.08kJ/(kg·℃)；

　　　t_{m2}——最高烧结温度，1500℃；

　　　t_{m1}——低温段的设计温度，900℃。

　　则：

$$Q_j = 2.0 \times (1.155 \times 1500 - 1.08 \times 900) \times 0.2778 = 423W$$

（3）烧结（石墨）由低温段加热到烧结温度所需的热量

$$Q_{n舟} = G_n (c_{n2} t_{m2} - c_{n1} t_{m1}) \times 0.2778$$

式中　G_n——石墨烧舟每小时通过t_{m1}到t_{m2}这一温区的质量，3.0kg/h；

　　　c_{n2}——石墨烧舟在1500℃下的比热容，1.155kJ/(kg·℃)；

　　　c_{n1}——石墨烧舟在900℃下的比热容，1.84kJ/(kg·℃)；

　　　$t_{m2} = 1500℃$；

　　　$t_{m1} = 900℃$。

　　则

$$Q_{n舟} = 3.0 \times (2.0 \times 1500 - 1.86 \times 1.84 \times 900) \times 0.2778 = 1120W$$

（4）炉门打开时的热辐射损失

$$Q_H = C_0 \left[\left(\frac{T_1}{100} \right)^4 - \left(\frac{T_2}{100} \right)^4 \right] F \phi \Delta \tau$$

式中　C_0——黑体的辐射系数，5.67W/(m²·K⁴)；

　　　T_1——端墙内开口处的绝对温度，K。对于所设计的粉末冶金烧结炉，由于炉管较长，在靠近端墙内壁开口处的温度，已从炉膛内最高温度1500℃降至1200℃左右。所以，计算辐射热损失时，应以1200℃作为向外辐射的温度，K，

$$T_1 = 1200 + 273 = 1473$$

　　　T_2——炉门开口处的空气绝对温度，K，

$$T_2 = 20 + 273 = 293$$

　　　F——开孔面积，m²。

　　由于整个烧结炉都装满了烧舟，所以开孔的面积就大大减少了。已知炉管截面尺寸宽为250mm，高为140mm，烧舟高为90mm。

开口孔的尺寸：宽则取炉管截面尺寸的宽为 250mm，而开口孔的高为炉管的高减去烧舟的高，即 $140 - 90 = 50$（mm）。

近似地将开孔口当作窄长的矩形，所以

$$F = 0.25 \times 0.05 = 0.0125 \text{m}^2$$

Φ 为遮蔽系数，在确定 Φ 值前，须确定辐射距离。

在查 Φ 值时，须确定辐射距离：

辐射距离 = 端墙的厚度(230mm) + 冷却水套的长度(1500mm) = 1.73m，辐射孔的短边尺寸为 0.05m。

$$比值 = \frac{短边尺寸}{辐射距离} = \frac{0.05}{1.73} = 0.03$$

根据窄长孔的曲线，横坐标0.03，查得

$$\Phi = 0.88$$

$\Delta\tau$ 为炉门每小时打开的时间约 3min，即 0.05h。

将以上各值代入公式中

$$Q_{\text{H}} = 5.67 \times \left[\left(\frac{1473}{100}\right)^4 - \left(\frac{293}{100}\right)^4\right] \times 0.0125 \times 0.08 \times 0.05 = 13.33 \text{W}$$

（5）高温段向低温段的辐射热损。高温段靠近低温段的温度约为 1100℃，则高温段靠近低温段辐射面的绝对温度 T_1 为

$$T_1 = 1100 + 273 = 1373 \text{K}$$

低温段的设计绝对温度 T_2，设计温度为 900℃，则

$$T_2 = 900 + 273 = 1173 \text{K}$$

$$F = 0.125 \text{m}^2$$

遮蔽系数 Φ，查表得

$$\Phi = 0.38$$

将以上各值代入经常打开炉门的辐射公式，则得

$$Q'_{\text{H}} = 5.67 \times \left[\left(\frac{1373}{100}\right)^4 - \left(\frac{1173}{100}\right)^4\right] \times 0.0125 \times 0.38 = 447 \text{W}$$

（6）高温辐射计安装孔辐射热损失

孔的半径为 0.015m，则

$$F = \pi R^2 = 3.14 \times (0.015)^2 = 0.00071 \text{m}^2$$

遮蔽系数 Φ，查表得

$$\Phi = 0.012$$

则

$$T_1 = 1500 + 273 = 1773 \text{K}$$

$$T_2 = 20 + 273 = 293 \text{K}$$

因孔是不关闭的，所以

$$Q''_{\text{H}} = 5.67 \times \left[\left(\frac{T_1}{100}\right)^4 - \left(\frac{T_2}{100}\right)^4\right] F\Phi$$

$$= 5.67 \times \left[\left(\frac{1773}{100}\right)^4 - \left(\frac{293}{100}\right)^4\right] \times 0.00071 \times 0.012 = 4.47 \text{W}$$

所以高温段总的辐射损失

$$Q_{辐总} = Q_H + Q'_H + Q''_H = 13.33 + 447 + 4.77 = 465W$$

（7）气体吸收的热量

$$Q_R = V_R \rho_R c_R t_R \times 0.2778$$

我们采用的保护气氛为氢氮混合气体。在打开进料端的炉门进行烧结时，每小时约需 $3 \sim 4m^3$ 的气体，取 $V_R = 4m^3/h$。气体被加热到的温度 $t_R = 1500℃$。

假如氨完全分解，则混合气体中 N_2 所占体积为 25%，H_2 所占体积为 75%。1500℃ 下，H_2 的比热容为 $15.24kJ/(kg \cdot ℃)$，N_2 的比热容为 $1.2kJ/(kg \cdot ℃)$。N_2 的密度为 $1.25kg/m^3$，H_2 的密度为 $0.089kg/m^3$。

则

$$Q_R = 4 \times (0.25 \times 1.25 \times 1.2 + 0.75 \times 0.089 \times 15.24) \times 1500 \times 0.2773 = 2313W$$

（8）冷却水带走的热量损失

$$Q_{H_2O} = G_{H_2O} c_{H_2O} (t_2 - t_1) \times 0.2778$$

式中　G_{H_2O}——每小时通过的冷却水量，实践经验为 $400 \sim 600kg/h$；

　　　　c_{H_2O}——水的比热，约为 $4.183kJ/(kg \cdot ℃)$；

　　　　t_2——流出水的温度，一般约为 35℃；

　　　　t_1——流出水的温度，一般约为 20℃。

则

$$Q_{H_2O} = 600 \times 4.183 \times (35 - 20) \times 0.2778 = 10457W$$

在这部分热量中应减去烧舟、产品、填料从高温段所带走热量 Q_d。因烧舟、产品及填料带走的热量损失已在计算中考虑。即水带走的对高温段必须支出的损失：

$$Q'_{H_2O} = Q_{H_2O} - Q_d$$

Q_d 的计算如下：

填料、烧舟、产品离开高温段温度约 1100℃，冷至室温 25℃，则

$$Q_d = (G_m c_m + G_j c_j + G_n c_n)(t_1 - t_2) \times 0.2778$$

式中　G_m——产品的小时产量，约为 8kg/h；

　　　　G_j——Al_2O_3 的小时产量，约为 2.0kg/h；

　　　　G_n——烧舟的小时产量，约为 3.0kg/h；

　　　　c_m——YG 合金的比热容，$0.21kJ/(kg \cdot ℃)$；

　　　　c_j——填料的比热容，$1.107kJ/(kg \cdot ℃)$；

　　　　c_n——石墨烧舟的比热容，$1.88kJ/(kg \cdot ℃)$；

　　　　$t_1 = 1100℃$；

　　　　$t_2 = 25℃$。

则

$$Q_d = (8 \times 0.21 + 2 \times 1.107 + 3 \times 1.88) \times (1100 - 25) \times 0.2778 = 2847W$$

$$Q'_{H_2O} = 10457 - 2847 = 7610W$$

（9）炉墙传导热损失

通过传热损失的计算，一方面是要确定炉子的热损失量，另一方面是要确定所选砌筑

材料类型和砌筑厚度是否适当。

根据炉子结构，在高温段需分别对炉侧墙、炉顶墙、靠出料端的炉墙进行热传导损失的计算。

在各炉墙的传热损失计算过程中均用下面公式进行计算：

$$Q_T = \frac{t_{w1} - t_{f2}}{\dfrac{s_1}{F_1\lambda_1} + \dfrac{s_2}{F_2\lambda_2} + \cdots + \dfrac{1}{f_{n+1}\alpha_{\varepsilon2}}}$$

在计算时需确定各层砌筑材料的厚度 $s_{1,\cdots,n}$，几何平均面积 $F_{1,\cdots,n}$，导热系数 $\lambda_{1,\cdots,n}$，总给热系数 $\alpha_{\varepsilon2}$，炉墙内壁温度 t_{w1}，外界空气温度 t_{f2} 等值。

1）炉侧墙热损失计算。

在我们所设计的炉子中炉墙内壁温度 t'，也就是电阻丝的温度，通常考虑电阻丝的温度比炉膛内的工作温度（1500℃）高 100℃，所以取 1600℃。

外界空气温度一般取 20℃。

根据炉子结构侧墙砌筑厚度：

Al_2O_3 粉的厚度　　　　$s_1 = 0.315\text{m}$

超轻砖（QN – 0.4）厚　　$s_2 = 0.113\text{m}$

侧墙各层砌筑材料面积和几何平均面积计算：

炉膛尺寸　　　　宽　0.28m

　　　　　　　　高　0.17m

　　　　　　　　长　1.04m

Al_2O_3 层的内面积

$$f_1 = 0.17 \times 1.04 = 0.18\text{m}^2$$

Al_2O_3 层的散热面积

$$f_2 = (0.17 + 0.30 + 0.216) \times 1.04 = 0.71\text{m}^2$$

炉壳侧面积

$$f_{n+1} = 0.851 \times 1.285 = 1.09\text{m}^2$$

几何平均面积

$$F_1 = \sqrt{f_1 f_2} = \sqrt{0.18 \times 0.71} = 0.357\text{m}^2$$

$$F_2 = \sqrt{f_2 f_{n+1}} = \sqrt{0.71 \times 1.09} = 0.88\text{m}^2$$

但公式中的导热系数 λ 不知，而耐火材料和保温材料的导热系数 λ 是随温度而变化的，当炉内壁温度为 t' 时，各层砌筑材料间的温度是多少并不知道。为了求导热系数就须首先假定炉墙各层间的温度为 t_{12}，t_{23}，t_{34}，…再算出各层材料的平均温度 $\dfrac{t' + t_{12}}{2}$，$\dfrac{t_{12} + t_{23}}{2}$，…这样就可以在此平均温度下，根据各种砌体材料的导热系数公式（见耐火材料部分）算出炉墙各层材料的导热系数 λ_1，λ_2，…。

现假定 Al_2O_3 层与超轻砖层间的温度 $t_{12} = 330$℃，炉壳层上的温度 $t_0 = 50$℃，则

$$t_{\text{平}1} = \frac{300 + 1600}{2} = 965\text{℃}$$

Al_2O_3 粉的导热系数在 900~1100℃ 范围内，$\lambda_1 = 0.27\,W/(m \cdot ℃)$，则

$$t_{\Psi2} = \frac{330 + 50}{2} = 190℃$$

超轻砖的导热系数 λ 计算公式

$$\lambda = 0.08 + 0.22 \times 10^{-3} t_{\Psi2}$$

则

$$\lambda = 0.08 + 0.22 \times 10^{-3} \times 190 = 0.12\,W/(m \cdot ℃)$$

此时所算出的 λ 是整块砖的，但砌炉时均有砖缝，经验上一般再加 20%。所以，实际导热系数 λ 为

$$\lambda = 0.12 \times 1.2 = 0.144\,W/(m \cdot ℃)$$

因 $t_0 = 50℃$，可查得 $\alpha_2 = 11.2\,W/(m^2 \cdot ℃)$。

将以上各值代入传热损失公式

$$Q_{\text{侧}} = \frac{1600 - 70}{\dfrac{0.315}{0.357 \times 0.27} + \dfrac{0.113}{0.88 \times 0.144} + \dfrac{1}{1.09 \times 11.2}} = 370\,W$$

上面所假设的中间温度是否正确，须将以上计算的热量代入各层砌筑材料的传热公式，对中间温度校核，其校核公式为

$$t_{12} = t_{w1} - Q\left(\frac{S_1}{F_1 \lambda_1}\right) t_{23}$$

$$t_{23} = t_{w1} - Q\left(\frac{S_1}{F_1 \lambda_1} + \frac{S_2}{F_2 \lambda_2}\right)$$

$$\vdots$$

$$t_0 = t_{f2} + Q\left(\frac{1}{\alpha_{\varepsilon2} f_{n+1}}\right)$$

上式公式右边各值均为已知，代入计算，将计算所得 t_{12}, t_{23}, …各值与原假定的中间温度相比较，如果两者的温度差绝对值在 10℃ 以内，则计算正确，否则须重新修正和计算。

我们所砌材料为两层，校核如下

$$t_{12} = 1600 - 370 \times 3.28 = 386℃$$
$$t_0 = 20 + 370 \times 0.082 = 50℃$$

与原假定中间温度比较：

	原假设	计算得	相差
t_{12}	330℃	386℃	56℃
t_0	50℃	50℃	0℃

假设的 t_{12} 与计算的 t_{12} 相差较大，需重新假定计算。

假定 $t_{12} = 370℃$，$t_0 = 50℃$，则

$$t_{\Psi1} = (1600 + 370)/2 = 985℃$$

λ_1 取 $0.27\,W/(m \cdot ℃)$，则

$$t_{\Psi2} = (370 + 50)/2 = 210℃$$

$$\lambda_2 = 0.08 + 0.22 \times 10^{-3} \times 210 = 0.126\,W/(m \cdot ℃)$$

实际导热系数 λ_2 为 $0.126 \times 1.2 = 0.15W/(m \cdot ℃)$。查表，$t_0 = 50℃$，$\alpha_2 = 11.2W/(m^2 \cdot ℃)$。

将重新假定中间温度后的各值代入传热损失公式

$$Q_{侧} = \frac{1600 - 20}{\dfrac{0.315}{0.357 \times 0.27} + \dfrac{0.113}{0.88 \times 0.15} + \dfrac{1}{1.09 \times 11.2}} = 377W$$

再校核中间温度

$$t_{12} = 1600 - 377 \times 3.28 = 363℃$$

$$t_0 = 20 + 377 \times 0.082 = 51℃$$

与原假定中间温度比较

	原假设	计算得	相差
t_{12}	370℃	363℃	7℃
t_0	50℃	51℃	1℃

假设的 t_{12} 与计算的 t_{12} 相差较小，不必重算。

根据以上计算炉侧墙的热损失 $Q = 377W$，超轻砖内壁温度为360℃，符合超轻砖的使用温度；炉铁壳外壁温度为51℃，我们在结构设计中超轻砖外还砌一层9.6mm厚的石棉板，所以炉子铁壳的温度可降至40℃。

整个炉子的两面侧墙，砌筑情况相同，所以炉子侧墙总热损

$$Q_{侧} = 377 \times 2 = 754W$$

2) 炉顶热损失的计算。

炉顶墙内壁温度　　　　　$t_{w1} = 1600℃$

外界空气温度　　　　　　$t = 20℃$

根据炉子结构顶墙砌筑厚度：

Al_2O_3 粉的厚度　　　　$s_1 = 0.3m$

超轻砖（QN-0.4）厚　　$s_2 = 0.065m$

顶墙各层砌筑材料面积和几何平均面积计算：

Al_2O_3 层的内面积

$$f_1 = 0.28 \times 1.04 = 0.29m^2$$

Al_2O_3 层的散热面积

$$f_2 = (2 \times 0.315 + 0.28) \times 1.04 = 0.95m^2$$

炉壳顶面积

$$f_{n+1} = 1.168 \times 1.285 = 1.50m^2$$

几何平均面积计算

$$F_1 = \sqrt{f_1 f_2} = \sqrt{0.29 \times 0.95} = 0.525m^2$$

$$F_2 = \sqrt{f_2 f_{n+1}} = \sqrt{0.9 \times 1.50} = 1.19m^2$$

根据以上数值用计算侧墙热损失的方法，进行计算。

现假定 Al_2O_3 层与超轻砖层间的温度 $t_{12} = 310℃$，炉壳层上的温度 $t_0 = 60℃$，则

$$t_{平1} = \frac{310 + 1600}{2} = 955℃$$

$$\lambda_{\text{平}1} = 0.27\,\text{W}/(\text{m} \cdot \text{℃})$$

$$t_{\text{平}2} = \frac{310 + 60}{2} = 185\text{℃}$$

$$\lambda_{\text{平}2} = 0.08 + 0.22 \times 10^{-3} \times t_{\text{平}2} = 0.08 + 0.22 \times 10^{-3} \times 185 = 0.12\,\text{W}/(\text{m} \cdot \text{℃})$$

实际导热系数 λ_2 为 $0.12 \times 1.2 = 0.144\,\text{W}/(\text{m} \cdot \text{℃})$。$t_0 = 60\text{℃}$，查表得 $\alpha_2 = 12.1\,\text{W}/(\text{m}^2 \cdot \text{℃})$。

将以上各值代入传导热损公式

$$Q_{\text{顶}} = \frac{1600 - 20}{\dfrac{0.3}{0.525 \times 0.27} + \dfrac{0.065}{1.19 \times 0.144} + \dfrac{1}{1.5 \times 12.1}} = 619\,\text{W}$$

校核温度

$$t_0 = 20 + 619 \times 0.055 = 54\text{℃}$$

$$t_{12} = 1600 - 619 \times 2.11 = 294\text{℃}$$

与原假定中间温度比较：

	原假设	计算得	相差
t_{12}	310℃	294℃	16℃
t_0	60℃	54℃	6℃

比较结果，相差较大，须再假设重算。

现假定 Al_2O_3 层与超轻砖层间的温度 $t_{12} = 289\text{℃}$，炉壳层上的温度 $t_0 = 55\text{℃}$，则

$$t_{\text{平}1} = \frac{289 + 1600}{2} = 945\text{℃}$$

$$\lambda_{\text{平}1} = 0.27\,\text{W}/(\text{m} \cdot \text{℃})$$

$$t_{\text{平}2} = \frac{289 + 55}{2} = 172\text{℃}$$

$$\lambda_{\text{平}2} = 0.08 + 0.22 \times 10^{-3} \times t_{\text{平}2} = 0.08 + 0.22 \times 10^{-3} \times 172 = 0.118\,\text{W}/(\text{m} \cdot \text{℃})$$

实际导热系数 λ_2 为 $0.118 \times 1.2 = 0.142\,\text{W}/(\text{m} \cdot \text{℃})$。$t_0 = 55\text{℃}$，查表得 $\alpha_2 = 12.1\,\text{W}/(\text{m}^2 \cdot \text{℃})$。

将以上各值代入传导热损公式

$$Q_{\text{顶}} = \frac{1600 - 20}{\dfrac{0.3}{0.525 \times 0.27} + \dfrac{0.065}{1.19 \times 0.142} + \dfrac{1}{1.5 \times 12}} = 619\,\text{W}$$

校核温度

$$t_0 = 20 + 619 \times 0.056 = 55\text{℃}$$

$$t_{12} = 1600 - 619 \times 2.11 = 294\text{℃}$$

与原假定中间温度比较

	原假设	计算得	相差
t_{12}	289℃	294℃	5℃
t_0	55℃	55℃	0℃

比较结果来看相差不大，不必重复计算。

从以上计算知炉顶墙的热损失 $Q_{\text{顶}} = 619\,\text{W}$，超轻砖内壁温度 294℃。符合超轻砖的使用温度；炉铁壳外壁温度为 55℃，我们在结构设计中在超轻砖与铁壳时还砌一层 11.2mm

厚的石棉板，所以铁壳上的温度可降低到 $40 \sim 50 \, ℃$ 之间。

3）炉底热损失计算。

炉底墙内壁温度　　　　$t_{w1} = 1600 \, ℃$

外界空气温度　　　　　$t_{f2} = 20 \, ℃$

根据炉子结构炉底墙砌筑厚度：

Al_2O_3 粉的厚度　　　　$s_1 = 0.215 \, m$

超轻砖(QN-0.4)厚　　　$s_2 = 0.065 \, m$

顶墙各层砌筑材料面积和几何平均面积计算：

Al_2O_3 层的内面积

$$f_1 = 0.28 \times 1.04 = 0.29 \, m^2$$

Al_2O_3 层的散热面积

$$f_2 = (2 \times 0.315 + 0.28) \times 1.04 = 0.95 \, m^2$$

炉壳顶面积

$$f_{n+1} = 1.168 \times 1.285 = 1.50 \, m^2$$

几何平均面积计算

$$F_1 = \sqrt{f_1 f_2} = \sqrt{0.29 \times 0.95} = 0.525 \, m^2$$

$$F_2 = \sqrt{f_2 f_{n+1}} = \sqrt{0.9 \times 1.50} = 1.19 \, m^2$$

根据以上数值用计算侧墙热损失的同样方法，进行计算。

现假定 Al_2O_3 层与超轻砖层间的温度 $t_{12} = 360 \, ℃$，炉壳层上的温度 $t_0 = 70 \, ℃$，则

$$\lambda_1 = 0.27 \, W/(m \cdot ℃)$$

$$t_{平1} = \frac{360 + 1600}{2} = 980 \, ℃$$

$$t_{平2} = \frac{360 + 70}{2} = 215 \, ℃$$

$$\lambda_2 = 0.08 + 0.22 \times 10^{-3} \times t_{平2} = 0.08 + 0.22 \times 10^{-3} \times 215 = 0.127 \, W/(m \cdot ℃)$$

实际导热系数 λ_2 为 $0.127 \times 1.2 = 0.15 \, W/(m \cdot ℃)$。$t_0 = 70 \, ℃$，根据表 $1-2$ 查得 $\alpha_{\varepsilon2} = 12.6 \, W/(m^2 \cdot ℃)$。

将以上各值代入传导热损公式

$$Q_{底} = \frac{1600 - 20}{\dfrac{0.215}{0.525 \times 0.27} + \dfrac{0.065}{1.19 \times 0.15} + \dfrac{1}{1.5 \times 12.6}} = 810 \, W$$

校核温度

$$t_0 = 20 + 810 \times 0.053 = 63 \, ℃$$

$$t_{12} = 1600 - 810 \times 1.54 = 353 \, ℃$$

与原假定中间温度比较：

	原假设	计算得	相差
t_{12}	360℃	353℃	7℃
t_0	70℃	63℃	7℃

比较结果，相差较小，不必重算。

从以上计算知炉顶墙的热损失 $Q_{顶} = 810W$，超轻砖内壁温度 353℃。符合超轻砖的使用温度；炉铁壳外壁温度为 63℃，我们在结构设计中在超轻砖与铁壳时还砌一层 11.2mm 厚的石棉板，所以铁壳上的温度可降低到 60℃以下。

4）靠冷却端炉墙热损失计算。高温段末层的电阻丝高端墙内壁为 30～40mm，在这一小段距离内没有电阻丝，并被 Al_2O_3 粉填塞。但电阻丝上的温度为 1600℃。经过被 Al_2O_3 粉填塞的 30～40mm 的距离后，温度降至 1300℃左右。因此，我们取 $t_{w1} = 1300$℃，外界空气温度为 20℃。

墙端（超轻砖 QN－0.4）厚

$$S = 0.23m$$

端墙内面积

$$f_1 = 0.28 \times 1.7 = 0.048m^2$$

外壳面积

$$f_{n+1} = 1.168 \times 0.851 = 0.99m^2$$

则

$$F_1 = \sqrt{f_1 f_{n+1}} = \sqrt{0.048 \times 0.99} = 0.218m^2$$

假定铁壳外壁温度为 50℃，则

$$t_{平} = \frac{50 + 1300}{2} = 675℃$$

$$\lambda = 0.08 + 0.22 \times 10^{-3} \times t_{平} = 0.08 + 0.22 \times 10^{-3} \times 675 = 0.23W/(m \cdot ℃)$$

实际导热系数 $\lambda = 0.23 \times 1.2 = 0.27W/(m \cdot ℃)$。$t_0 = 50℃$，查表得 $\alpha_2 = 11.2W/(m^2 \cdot ℃)$，则

$$Q_{端} = \frac{1300 - 20}{\dfrac{1}{0.218 \times 0.27} + \dfrac{1}{0.99 \times 11.2}} = 322W$$

校核温度

$$t = 1300 - 322 \times 389 = 48℃$$

将计算温度与假设温度相比，差值较小，符合要求。

根据计算知端墙热损失 $Q_{端} = 322W$，铁壳外壁温度为 48℃，在结构设计中，超轻砖与铁壳壁间砌有一层 9.6mm 的石棉板，所以铁壳上的温度还可低于 48℃。

所砌高温段炉墙传导总热量损失

$$Q_T = Q_{侧} + Q_{顶} + Q_{底} + Q_{端}$$
$$= 377 \times 2 + 619 + 810 + 322 = 2505W$$

经过以上计算，炉子高温段的前 7 项热支出（$Q_m + Q_j + Q_n + Q_{辐总} + Q_{H_2O} + Q_R + Q_T$）为 14716W。

（10）其他热损失。其他热损失一般取前 7 项的 10%，则

$$Q_{他} = 10\% \times Q_{1～7} = 1472W$$

整个高温段热量支出的详细情况如表 5-9 所示。

表 5-9 整个高温段热支出情况

高温段热支出项目	热量/W	所占百分数/%
物料加热所需热量 Q_m	280	1.73
填料加热所需热量 Q_j	423	2.61
烧舟加热所需热量 Q_n	1120	6.92
总的辐射热损失量 Q_n	465	2.87
保护气氛吸收的热量 $Q_{辐总}$	2313	14.30
冷却水带走的热量 Q_R	7610	47.0
炉墙热传导热损 Q_{H_2O}	2505	15.47
其他热损 $Q_{他}$	1472	9.10
合计 $Q_{总}$	16188	100

取安全系数 $K = 1.25$，则取安全系数后的总的热损失

$$P = 1.25 \times 16188 = 20235 \approx 20 \text{kW}$$

除了上述理论计算法外，人们在工程应用过程当中还总结了经验计算法。根据用于 YG 合金的钼丝炉的结构设计，炉膛（炉管）有效容积为

$$V = \frac{\pi r^2}{2} \times L + 0.03 \times 0.28 \times L$$

式中　r——炉管断面半圆的外半径，0.14m；

L——炉管被钼丝缠绕的长度，0.935m。

炉管底外壁至半圆圆心的距离取 0.03m；炉管底宽取 0.28m。

则

$$V = \left(\frac{3.14 \times 0.14^2}{2} + 0.03 \times 0.28 \right) \times 0.935 = 0.0333 \text{m}^2$$

取 $K = 190$，则

$$P = 190 \times \sqrt[3]{0.0333^2} = 19 \text{kW}$$

此数据与高温段通过理论计算所得功率相差较小。实践证明，上述所设计的炉子在正常使用温度（1500℃）下，采用连续推舟，高温段设计功率为 19kW 是可行的。

5.5.3.2 钼丝电阻炉低温段功率的确定

炉子低温段热支出的理论计算方法，所用公式和计算高温段热损失的方法是一样的，只是热量消耗具体项目以及计算条件等方面有所不同。

烧结 YG 合金的低温段是用来预烧 YG 合金的，其工作温度一般在 500 ~ 600℃。炉管尺寸与高温段用炉管尺寸一样，则

$$V = 0.0333 \text{m}^3$$

取 $K = 50$，则

$$P = 50 \times \sqrt[3]{0.0333^2} = 5 \text{kW}$$

此功率值与同类型钼丝炉实用功率基本一致，所以整台炉子实际所需功率为 25kW。

本章小结

在粉末冶金工厂中使用的电炉绝大部分是间接加热式电阻炉，主要用于：金属粉末的干燥；高熔点金属的氧化物和铁、镍金属的氧化物还原；金属陶瓷化合物的化合；粉末冶金成型件烧结；低熔点金属或合金的熔化；烧结件的热处理等。

在选择炉型时，应对各种炉型进行充分的比较，因地制宜地设计比较先进的炉型，在具体工作中须考虑产品产量、产品尺寸、产品的性质和降低电耗。粉末冶金用电阻炉的设计一般包括：炉膛部分、炉体砌筑部分、炉外壳部分、电热体部分、炉子的支架部分和冷却部分。

确定电炉功率的方法有估算法和热平衡法。粉末冶金用电阻炉的类型有很多种，根据炉子所选电热元件的不同，可分为低温电阻炉和高温电阻炉；根据炉子操作情况的不同，可分为间接式电阻炉和连续式电阻炉；根据炉内使用气氛，可分为真空电炉和非真空电炉等。

复习思考题

5-1 简述常用电阻炉的类型、特点及用途。

5-2 我国粉末冶金工业中常用的电阻炉有哪些型式？

5-3 到实验室观察箱式电阻炉，你能说出其主要的组成部分吗？

5-4 粉末冶金电阻炉的结构设计主要包括哪些方面？

5-5 你能用最简单的话描述出还原电阻炉、碳管炉、烧结用电阻炉的共同点和不同点吗？

5-6 根据本章学习的内容，结合实验室的观察，请自行拟定参数，设计一台铁粉还原电阻炉。

6　粉末冶金感应炉

本章学习要点

　　本章主要介绍粉末冶金感应炉的基本类型、感应加热的基本原理以及感应器的结构和设计。要求了解感应加热原理和感应加热的电流频率，熟悉感应加热设备的类型和粉末冶金用感应炉的类型，掌握感应器的结构及其设计。

6.1　概　　述

　　感应加热是用电流直接加热金属的最有效的方法，主要体现在加热速度快和加热效率高。感应电炉通常分为有铁芯感应电炉和无铁芯感应电炉。有铁芯感应电炉概括来讲就是一个带铁芯的变压器，变压器的一次线圈直接装在铁芯上，而装满在环形槽中的被熔化金属充当二次线圈。因此有铁芯感应炉只用于熔化金属，如熔化钢、铜、镍、锌和铝等；无铁芯感应电炉除用于金属熔炼外，还可用于材料的加热和热处理，尤其是表面淬火。本章只介绍无铁芯感应电炉。

6.1.1　感应加热原理

　　感应加热原理的理论依据是法拉第电磁感应定律和电流热效应的焦耳－楞次定律。

　　当任一导体通过交流电时，电流在它的周围空间和导体内部激发出交变磁场。在空间所有各点，只要有变化的磁场，都有电场存在。在充满交变磁场的空间，同时也充满交变电场，这两种场总是相互联系共同生存，形成电磁场。法拉第在1831年就发现了电磁感应现象：当通过导电回路所包围的面积的磁场发生变化时，此回路中就会产生电势，这种电势称为感应电势；当回路闭合时，则产生电流。在闭合回路中所产生的感应电动势的大小和穿过该回路的磁通量的变化率成正比。

　　法拉第电磁感应定律的数学表达式为：

$$E = -\frac{\mathrm{d}\phi}{\mathrm{d}t} \tag{6-1}$$

式中　　E——闭合回路中的感应电动势瞬时值，V；

　　　　ϕ——单匝磁通量，Wb；

　　　　t——时间，s。

　　如果感应回路是串联 N 匝，并且通过每匝的磁通量是相同的，则有

$$\Phi = N\phi$$

式中　　Φ——总磁通量，Wb。

当感应电流在闭合回路内流动时，自由电子要克服各种阻力，必须消耗一部分能量做功，即克服导体的电阻，使一部分电能转换成热能。焦耳－楞次定律表述为：电流通过导体所散发的热量与电流的平方、导体的电阻和通电时间成正比，其数学计算公式为：

$$Q = I^2 R t \tag{6-2}$$

式中　Q——导体的发热量，W；

　　　I——感应电流，A；

　　　t——电流通过导体的时间，s。

电磁感应现象和电流的热效应为感应加热方法提供了物理基础。

6.1.2　感应电流分布

感应电流在炉料中的分布特征，对加热时电源频率的选择、炉料尺寸的选择、加热速度等都有非常重要的意义。电流在炉料中的分布主要有集肤效应、邻近效应和圆环效应。

6.1.2.1　集肤效应

交变频率的电流通过导体时，电流沿导体的横断面分布是不均匀的，电流密度由表面向中心依次减弱，即电流有趋于导体表层的现象，这种现象称为电流的集肤效应。

被加热物体中除了电源所建立的电场外，它本身流过的感应电流所建立的交变磁场又产生一个方向相反的电场，即被加热物体中产生与外加电势方向相反的反电势。在被加热物体的内部几层，穿透的磁通最多，感应出的反电势也最大；在外面几层，穿透的磁通较少，感应出的反电势也较小。因此，在被加热物体表面的合成电势要比其最里面几层的合成电势大得多，这就是引起表面效应的根本原因。

感应电流绝大部分集中于物料表面，电流密度从表面向里近似指数曲线迅速衰减，如图6-1所示。与表面距离为 x 处的电流密度可用式（6-3）表示

$$I_x = I_0 \mathrm{e}^{-x/\delta} \tag{6-3}$$

式中　I_x——距物体表面 x 处的电流密度，A/cm^2；

　　　I_0——导体表面的电流密度，A/cm^2；

　　　x——表面到测量处的距离，cm；

　　　δ——电流透入深度，cm；

　　　e——自然对数的底。

当 $x = \delta$ 时

$$I_x = I_0 \mathrm{e}^{-1} = 0.368 I_0$$

由此可知，电流透入深度就是当电流降低到表面电流的 36.8% 时对应的那一点到导体表面的距离。从图6-1中可以看出，距表面距离为 5 倍透入深度处的电流接近于零。

电流透入深度用式（6-4）计算

$$\delta = 5030 \sqrt{\frac{\rho}{\mu f}} \tag{6-4}$$

式中　ρ——被加热物体电阻率，$\Omega \cdot cm$；

　　　μ——被加热物体的相对磁导率；

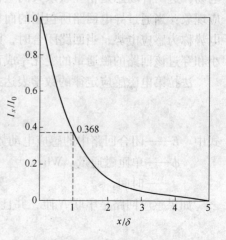

图6-1　感应电流的分布曲线

f——电流频率，Hz。

根据理论计算，在感应加热时，86.5%的功率是在电流透入深度内转化为热能的。表6-1列出了几种常用材料的电流透入深度。

表 6-1　几种常用材料的电流透入深度

频率 f/Hz		电流透入深度 δ/cm				
		50	500	1000	3000	10000
碳钢（磁性区）	21℃	0.64	0.14	0.084	0.042	0.019
	300℃	0.86	0.19	0.122	0.058	0.026
	600℃	1.30	0.29	0.180	0.090	0.040
碳钢（非磁性区）	800℃	7.46	2.37	1.67	0.96	0.53
	1250℃	7.98	2.53	1.97	1.03	0.56
	1550℃（熔化）	9.00	2.85	2.01	1.16	0.64
铜	50℃	1.01	0.32	0.23	0.13	0.071
	850	1.95	0.62	0.44	0.25	0.14
	1250	3.30	1.04	0.74	0.43	0.23
黄铜（铜含量为65%）	650℃	2.52	0.79	0.56	0.33	0.18
	1000℃（熔化）	4.57	1.44	1.02	0.59	0.32
铝	常温	1.07	0.37	0.26	0.14	0.08
	450℃	2.01	0.64	0.45	0.26	0.14
	750℃（熔化）	3.70	1.17	0.83	0.48	0.26

炉料的最佳尺寸范围和电流透入深度有一定关系。因为炉料中的感应电流主要集中在透入深度层内，加热炉料的热量主要由表面层供给。为使炉料整个横断面得到相同的温度，需要靠热传导来实现，这就需一定的时间，随着加热时间的延长，炉料向周围介质散失的热量增多，从而热效率下降。如果透入深度和炉料几何尺寸配合得当，则加热需要的时间短，热效率就高。对圆柱形金属材料，当直径 d 和透入深度 δ 的比值为3.5时，感应加热总效率最高（见图6-2）。以45号钢为例，表6-2给出了不同频率下透入深度与最佳炉料直径的关系。一般来讲，当炉料直径为电流透入深度的3~6倍时可得到较高的总效率。

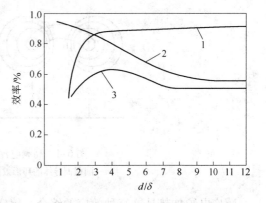

图 6-2　感应加热效率和 d/δ 的关系
1—电效率；2—热效率；3—总效率

表6-2　　45号钢不同频率下透入深度与最佳炉料直径的关系

项　　目	电流频率 f/Hz					
	50	150	1000	2500	4000	8000
透入深度 δ/mm	73	42	16	10	8	6
最佳炉料直径 d/mm	219～438	126～252	48～96	30～60	24～48	18～36

6.1.2.2　邻近效应

当两根有交流电的导体相互靠近时，两导体中的电流要进行重新分布，这种现象称为邻近效应。邻近效应的结果是：使两个方向相反的电流通过两平行的导体时，导体外侧的电流密度较内侧的小（见图6-3a）；当两个方向相同的电流通过两平行导体时，导体内侧的电流密度较外侧的小（见图6-3b）。

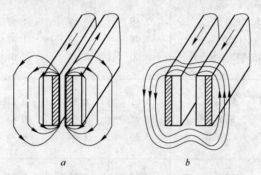

图6-3　高频电流在平行放置的导体中的分布
a—导体中的电流方向相反；b—导体中的电流方向相同

6.1.2.3　圆环效应

当交流电通过螺线管线圈时，则最大电流密度会出现在线圈导体的内侧，如图6-4所示。这种现象称为圆环效应。

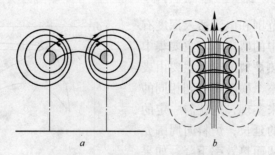

图6-4　高频电流在线圈中的分布
a—圆截面导体的环形效应；b—绕成线圈的情况

感应电炉加热是这三种效应的综合，感应器两端施以交流电后，产生交变磁场，感应器本身表现为圆环效应，感应器与金属间为邻近效应，被加热金属表现为集肤效应。

6.1.3　感应加热的电流频率

用于感应加热的电流频率可在50～10MHz范围。选择频率的重要依据是加热效率和温度分布。加热物料要求加热温度均匀，同时考虑到功率密度、频率高的电源设备价格较贵，因此选择电源频率最终需考虑综合经济技术指标。

感应线圈加热坩埚中的金属，金属单位表面接收的功率用式（6-5）表示

$$P = 2 \times 10^{-4} k (Iw)^2 \sqrt{\rho\mu f} \tag{6-5}$$

式中　P——被加热金属物体单位表面接收的功率，W/cm^2；

　　　I——感应器中的电流，A；

　　　w——感应器 1cm 长度上的匝数；

　　　k——小于 1 的修正系数。

从式（6-5）看出，感应器内电流保持不变时，电流频率越大，单位面积的金属接收功率越高，即热效率高。k 与 $D/2\delta$ 成正比关系，$D/2\delta$ 增大，k 值也增大，其中 D 为被加热物体直径。当 $D/2\delta = 8$ 时，$k = 0.65$；当 $D/2\delta \geq 20$ 时，$k = 1$；当 $D/2\delta < 8$ 时，k 值迅速减小。

在考虑热效率同时，也要考虑加热时的温度分布。当感应加热圆柱形导体时，由于集肤效应，只有表面会迅速升温，而中心部分则需靠热传导，从表面高温区向内部低温区传导热量。表面与中心的温差 ΔT 可用下式表示：

$$\Delta T = 25 \times \frac{D}{K_c} K_t (P_0 - P_t) \tag{6-6}$$

式中　K_c——被加热物体的热导率，$W/(m \cdot K)$；

　　　K_t——小于 1 的修正系数；

　　　P_0——被加热物体的表面功率，W/cm^2；

　　　P_t——被加热物体的散热损失，W/cm^2。

从式（6-6）中可知，ΔT 与 K_t 有关，K_t 与 $D/2\delta$ 有关，当 $D/2\delta$ 增大时，K_t 值迅速增大。当 $D/2\delta = 8$ 时，ΔT 仅与（$P_0 - P_t$）有关。ΔT 越小，工作温度趋于均匀，有利于提高电效率。

因为 $D/2\delta$ 与热效率成正比，与电效率成反比，δ 与 f 有关。所以，为提高感应加热的总效率，频率与炉容有个合适的关系。感应炉频率与炉子容量的关系见表6-3。

表6-3　感应炉频率与炉子容量的关系

感应炉频率/Hz	50～60	150～180	500	1000	3000	10000
炉子容量/t	0.7～450	0.18～120	0.04～22	0.015～8	0.003～1.6	0.001～0.3

6.1.4　感应加热设备的类型

根据工作频率的不同，感应加热设备可分为：

（1）工频感应加热设备。工频感应加热利用工业频率（50Hz）的电源。也就是说，感应器直接与供电网路连接，零件放在此交变磁场中而被加热。工频感应加热设备基本上由供电系统和工艺装备系统组成。淬硬层深度可大于 10mm。生产实践证明，当电源频率为 50Hz 时，在居里点以下温度时，热透层可达 15mm，而在居里点以上温度时，热透层可达 75mm。这给一些大件感应加热提供了方便。工频感应加热设备由工厂电网供电，不需经其他特殊设备，因而设备简单、投资较低，但感应器的功率因数低，要采用大容量电容器进行补偿，感应器要经过设计计算。

（2）中频感应加热设备。中频感应加热设备的感应器不能直接利用电网电源，必须采用一套将2频（50Hz）电能变为中频（500~10000Hz）电能的装置。此波段属于声频波段，因此又称为声频感应加热设备。淬硬层深度在5mm左右。目前获得中频电流的方法基本上有三种，即中频发电机组（500~10000Hz）、可控硅静止变频器（180~10000Hz）及离子管变流装置。中频发电机组（又称为机械式）是应用最早的方法，在生产中应用较广。这种方法存在不少缺点，如功率因数低等，但仍必须了解它。可控硅静止变频器是一种较新的方法，它具有不少优点，如没有转动部分、体积小、操作简单等，故在国内外被研究和使用得非常广泛。离子管变流装置的突出优点是效率较高，但结构复杂，国外仅少量采用。

发电机式中频感应加热设备基本上由中频发电机组、激磁机组、电容器组、降压变压器、感应器及变阻器等组成。本书不做详细介绍，请参考有关电工书籍。如上所述，可控硅静止变频器具有不少优点，但是其电气线路比较复杂，是由整流、滤波、逆变、触发、频率自动跟随系统、调节、测量、安全等部分组成，因此涉及的工业电子学方面的知识很多，本书中也不做详细介绍。

（3）高频感应加热设备。高频感应加热设备是将50Hz电能变为高频（70000~200000Hz）电能的装置，利用所得到的高频电流作加热产品的电源，淬硬层深度在3mm以下。在生产中多用于熔炼和热处理，而在热处理中多用来处理小件，高频感应加热设备一般由升压、整流、振荡、降压、感应器及控制、调节等部分组成。

6.2 感应加热设备频率的选择

为了实现高质量的感应加热，必须正确选择设备的频率。设备频率除对提高热处理质量有重要的作用外，还对于充分发挥设备的功能、提高生产率、节省电能也很重要。本节以感应加热淬火为例来说明相应设备频率的选择。感应加热淬火零件实物如图6-5所示。

图6-5 感应加热淬火零件实物

对于形状简单的零件，主要根据淬硬层的深度要求进行设备频率的选择。当淬硬层深度 δ_x 等于或小于该频率的热态电流透入深度 $\delta_{热} = \dfrac{50}{\sqrt{f_{max}}}$ cm 时，就可保证在透入式条件下加热。要满足 $\delta_{热} \geq \delta_x$，即 $\dfrac{50}{\sqrt{f_{max}}} \geq \delta_x$，即所选择频率要满足以下条件

$$f_{\max} \leqslant \frac{2500}{\delta_x^2}$$

上式即所用合理频率的上限。降低频率，电流透入深度加大。但频率也不宜过低，否则，需要采用过大的比功率（单位 kW/cm²）才能得到规定的加热层深度要求。根据经验，最低频率应符合的条件为

$$\delta_热 = 4\delta_x$$

即

$$\frac{50}{\sqrt{f_{\min}}} \leqslant 4\delta_x$$

即所用频率的下限应满足以下条件

$$\frac{150}{\delta_x^2} < f_{\min}$$

所选择的频率应在上、下限频率之间，即

$$\frac{150}{\delta_x^2} < f < \frac{2500}{\delta_x^2} \tag{6-7}$$

实践证明，当加热层深度为热态电流透入深度的 40%～50% 时，加热的总效率（包括热效率和电效率）最高，即最理想的情况相当于

$$\delta_热 = 2\delta_x$$

因此，最佳频率为

$$f_{最佳} = \frac{600}{\delta_x^2} \tag{6-8}$$

根据式（6-7）和式（6-8）计算出的各种淬硬层深度适用的合理频率和设备频率，见表 6-4。

表 6-4　各种淬硬层深度适用的合理频率和设备频率

淬硬层深度/mm	1.0	1.5	2.0	3.0	4.0	6.0	10.0
最高频率/Hz	250000	100000	60000	30000	15000	8000	2500
最低频率/Hz	15000	7000	4000	1500	1000	500	150
最佳频率/Hz	60000	25000	15000	7000	4000	1500	500
推荐使用设备	真空管式	真空管式或机式（8000Hz）	真空管式或机式（8000Hz）	机式（8000Hz）	机式（2500Hz）	机式（2500Hz）	机式（500Hz、1000Hz）

应当指出，热量不会随频率增大而无止境地增加。图 6-6 所示为某个圆柱零件单位体积内所产生的热功率与设备频率的关系。由图 6-6 可以看出，在频率较低段，热功率随设备频率的增加而升高，但频率高于一定值 f_0 后，随频率的增加，热功率反而降低。f_0 称为最佳频率，此时热功率最高。当由于生产条件限制，宁可选择 $f > f_0$，而不采用 $f < f_0$，因为 $f > f_0$ 时热功率下降较为缓慢。在一定频率下，因感应器的电效率还与零件的直径大小有关。因而，在选择频率时，还要考虑零件的直径大小。在同样加热频率下，零件直径越大，感应器的效率越高。为了保证一定的感应器效率，较大直径的零件可采用较低的效率。当零件直径很小时，则应采用较高的效率。在生产条件下，针对不同特点的零件，总

结出一些经验公式，可供参考

$$f = \frac{360000}{D^2}$$

式中 D——被加热零件的直径，cm。

    齿轮表面淬火时

$$f = \frac{2 \times 10^6}{M^2}$$

    对于大型齿轮

$$f = \frac{k \times 10^5}{M^2}$$

式中 M——齿轮的模数；

       k——与齿轮模数有关的系数，当 $M > 20$ 时，

         $k = 15$，当 $M < 20$ 时，$k = 8$。

    零件直径对应的许用最低频率见表 6-5。

    不同模数的齿轮表面淬火时最适合的电流频率

见表 6-6。

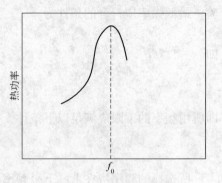

图 6-6   某个圆柱零件单位体积内
所产生的热功率与设备频率的关系

表 6-5   零件直径对应的许用最低频率

零件直径/mm	10	15	20	30	40	60	100
感应器效率为 0.8 时，许用的最低频率/Hz	250000	150000	60000	30000	15000	7000	2500
感应器效率为 0.7 时，许用的最低效率/Hz	30000	20000	7000	3000	2000	800	300

表 6-6   不同模数的齿轮表面淬火时最适合的电流频率

齿轮特性			最佳频率范围/Hz
模 数	齿高/mm	齿厚/mm	
1.5 ~ 4	3.4 ~ 9.0	2.3 ~ 6.2	10000 ~ 500000
58	11.2 ~ 18.0	7.8 ~ 12.4	15000 ~ 80000
912	20.2 ~ 27.0	14.0 ~ 18.7	5000 ~ 10000

    美国通用的感应加热设备选择的有关资料见表 6-7。表中"好"表示加热效率最高，接近于最佳频率。"中"中有两种情况，一种情况是：比"好"的效率低，可将零件表层加热到淬火温度，但效率较低；另一种情况是：比"好"的效率高，比功率较大时，易造成表面过热，加热效率也较低。"差"表示所用频率过高，只有用很低的比功率加热时才能保证表面不过热的情况下获得规定的加热深度。表 6-7 中的数据是依据淬硬层深度和零件直径两方面因素来确定频率的。

表 6-7   按淬硬层深度和零件直径选择设备

淬硬层深度/mm	零件直径/mm	机械式发电机			火法式发电机 (20 ~ 600Hz)	真空管式发电机 (>200Hz)
		1000Hz	3000Hz	10000Hz		
0.4 ~ 1.3	6 ~ 25				好	好

淬硬层深度/mm	零件直径/mm	机械式发电机			火法式发电机 （20～600Hz）	真空管式发 电机（>200Hz）
		1000Hz	3000Hz	10000Hz		
1.3～2.5	11～16			中	好	好
	16～25			好	好	好
	25～51		中	好	中	中
	>51	中	好	好	差	差
2.6～5.1	19～51		好	好		
	50.8～102	好	好	中	差	差
	>102	好	中	差		

6.3 感应器的设计

感应器的结构是否合理不仅影响加热温度的分布，而且也影响加热层的深度和形状，同时对感应加热设备的功率能否充分发挥也有影响。因此，正确设计感应器对保证产品质量和提高技术经济指标是很重要的。

一般来讲，感应器的设计包括两个部分：一是感应器的结构设计；二是电气参数的计算（阻抗匹配）。对于表面淬火感应器，因为计算复杂且不准确，而在高、中频设备上都设有调谐装置，通过调谐可以使感应器及零件的阻抗同感应加热设备的电参数相适应，所以一般不需做复杂的计算。但是对于透入加热的感应器，必须对感应器的尺寸和匝数进行必要的计算。

6.3.1 感应器的分类及结构

6.3.1.1 感应器的分类

按电源分，感应器可分为电子管式高频感应器和发电机式中频感应器；按形状分，感应器可分为圆柱外表面加热感应器、内孔表面加热感应器、平面加热感应器以及其他形状表面加热感应器。按形状分类反映了感应加热的基本特性，一般按这种分类方法讨论感应器的设计问题。

6.3.1.2 感应器的结构

感应器的结构由下列部分组成：

（1）施感导体，又称感应圈，一般都用紫铜制造，由它产生高额磁场来加热制品；

（2）汇流排，将高频电流输向施感导体；

（3）夹持机构，将感应器的汇流排与淬火变压器夹紧；

（4）冷却装置，冷却汇流排和施感导体。

感应炉作粉末冶金烧结时，为减少集肤效应对粉末冶金制品的影响，一般装感受器（发热体）以切断磁力线，借它的辐射作用使制品均匀加热。感受器的材料要根据所要求的最高温度和烧结制品所要求的气氛来选择。在氢气和惰性气氛中用石墨感受器，温度最高可达2700℃；在不允许气氛被碳污染的情况下，则用钼制感受器，温度可达1700℃；如用钨制感受器，温度可达2500℃。

在某些情况下，感应器还装有导磁体和磁屏蔽等。

6.3.1.3　导磁体的驱流作用

导磁体对于减少磁力线的逸散和提高感应器的效率是十分有效的，它是内孔与平面感应加热中不可缺少的。

由于圆环效应，当加热圆筒形零件的内表面时，磁力线集中在感应器内侧，这就降低了感应器的效率。设置导磁体来改变加热区的温度分布，当高频电流的载流导体上卡上∏字形导磁体后，高频电流总是集中在开口部位流动，这就是∏字形导磁体的驱流作用。

导磁体还可用来强化局部加热，如形状复杂的凸轮，在卡上导磁体后可避免尖角处过热。

导磁体是用具有较大磁导率的材料制作的。为了避免额外的功率消耗，所用导磁体材料的厚度必须小于其高频电流透入深度。

在中频加热时，用硅钢片作导磁体，并经浸漆或冷磷化处理以使片间绝缘。当频率为8000Hz时，硅钢片的厚度为0.1～0.3mm；当频率为2500Hz时，硅钢片的厚度为0.2～0.5mm。

在高频加热时，用铁氧体或金属陶瓷作导磁体，但使用温度不应超过上述材料的居里点，使用时要注意冷却。

6.3.1.4　感应加热的屏蔽

在设计制造感应器时，如相邻部位不允许或不需要加热时，应考虑采取屏蔽措施。

屏蔽有两种方法：一种是利用非磁性金属紫钢管或铜板做成短路磁环，当磁力线穿过铜环时便产生感应涡流，此涡流所产生的磁场方向与感应器的磁场方向刚好相反，这样就抵消或削弱逸散的磁力线以达到屏蔽作用；另一种是利用铁磁材料（如工业纯铁、软铜或硅钢片）做成磁短路环，由于其磁阻比零件的小，使逸散磁力线优先通过磁短路环而达到屏蔽的目的。

利用铜环屏蔽时，对于高频加热，制作时用1mm厚的铜板；而对于中频加热，需用3～8mm厚的铜板来制作。

6.3.2　感应器的设计

感应器的基本参数包括：施感导体的截面形状和尺寸；施感导体用的铜料厚度；施感导体与零件之间的间隙；施感导体的匝数；汇流排的尺寸与连接方式；冷却水路等。

6.3.2.1　施感导体的截面形状和尺寸

外圆表面加热用的施感导体采用矩形或方形截面的钢管绕成，其内径可按下式计算

$$D = D_0 + 2\alpha$$

式中　D——施感导体的内径；

　　　D_0——零件的直径；

　　　α——零件外表面与感应器的施感导体内表面间的间隙。

内孔表面加热用施感导体的外径可按下式计算

$$D = D_0 - 2\alpha$$

式中　D——施感导体的外径；

　　　D_0——零件内孔的直径；

　　　α——零件内表面与感应器的施感导体外表面间的间隙。

施感导体的理论极限高度同零件直径 D_0、零件单位表面功率 P_0、高频设备输出功率 P 以及施感导体的效率等参数有关，实际应用的高度 h 应不大，按下式计算的数值

$$h \leqslant h_0 = \eta_{总}\frac{P}{\pi D_0 P_0}$$

设备总效率 $\eta_{总}$ 包括淬火变压器和施感导体的效率。一般情况下，中频发电机的 $\eta_{总}$ 约为 0.64，高频设备（包括振荡器效率）的 $\eta_{总}$ 为 0.4～0.5。

零件单位表面功率

$$P = \eta_{总} P_0$$

当设备功率允许的情况下，单圈施感导体的高度不应过高；否则，零件表面加热温度不均匀（高频明显，中频较差）。因此，可做成双圈或多圈施感导体，通过改变圈距即可调整温度。

6.3.2.2　施感导体用的铜料厚度

为防止感应器的温度过高，应通水冷却。所以，制造施感导体用的紫铜料厚度应稍大于高频电流的透入深度。20℃时，高频电流在铜料中的透入深度可由下式计算

$$\delta = \frac{67}{\sqrt{f}}$$

制造施感导体所用铜料的厚度见表 6-8。

表 6-8　制造施感导体所用铜料的厚度

施感导体工作条件	不同频率时施感导体所用铜料厚度/mm		
	2500Hz	8000Hz	200～300kHz
短时加热不通水冷却	12～16	8～12	1.5～2.5
加热时通水冷却	2～3	1.5～2	0.5～1.5

电子管高频用施感导体多数用铜管制造；中频用的施感导体除用厚壁铜管外，也可用铜板制造。

6.3.2.3　施感导体与零件之间的间隙

感应器的施感导体内表面与被加热零件的外表面（或施感导体的外表面与被加热零件的内表面）间要留有一定的间隙。间隙越小，感应加热效率越高，零件温度上升越快；反之，间隙越大，漏磁和逸散也越大，感应器的效率便降低。间隙大小与感应器的功率因数间的关系为：

$$\cos\varphi = \frac{1}{\sqrt{1 + \left(1 + \dfrac{\alpha}{P_M \mu}\right)^2}} \tag{6-9}$$

式中　$\cos\varphi$——感应器的功率因数；

α——间隙；

μ——磁导率；

P_M——磁流产生的深度，其计算公式为

$$P_M = \frac{\delta}{\sqrt{2}}$$

δ——电流透入深度。

由式（6-9）可以看出，间隙越大，则感应器的功率因数越低。从邻近效应看，间隙越小，零件加热时表面被感应而产生的涡流密度越大，所以加热速度越快。但从操作看，间隙越小，操作越不方便，零件与施感导体接触短路的可能性越大，因而由于短路而烧坏零件或施感导体的可能性也越大。因此，一般的间隙在 1.5~5mm 之间，超过 5mm 时，感应器的效率就会明显降低。

还应指出的是，间隙的大小还受所采用感应加热设备的功率大小的影响。例如，用 60kW 的高频感应加热设备加热简单外圆表面时，间隙多采用 2~3mm；同样的零件若采用 100kW 的设备时，由于功率大，间隙可采用 3~5mm。

中频感应加热时，间隙可比用高频的大一些。连续加热时，间隙可适当地加大。

为了防止电流击穿，可将施感导体的表面主要是工作面涂以搪瓷。

平面加热用的感应器，其工作情况优于内孔加热用的感应器而劣于外圆表面加热用的感应器，为提高效率，间隙也应尽可能减小，通常为 1~3mm。

6.3.2.4　施感导体的匝数

施感导体的匝数是指施感导体的圈数。施感导体大多数情况下是采用单匝的。对于直径不大的感应器，施感导体可制成双匝或多匝的，因为这样做有较高的加热效率，可以改善汇流排与施感导体之间的电压分配，增加施感导体上的电压输出；但匝数又不宜过多，匝数过多使阻抗增加，功率因数下降，从而效率降低。

6.3.2.5　汇流排的尺寸与连接方式

汇流排即感应器的尾部，是施感导体与高、中频变压器相连接的部分。采用合理的结构和提高制造精度有助于减少损耗和提高感应器的效率。通常高频感应器用 ϕ10~16mm 的铜管拉方或砸方后焊成，比较正确的结构应当采用拼焊结构。

一般汇流排的间距为 1.5~3mm，最大不超过 3mm。间距增加会使感抗增加。当间距很小时，为了防止接触短路，中间顺塞入云母片或用黄蜡布包扎好。

汇流排的长度取决于零件的形状、尺寸等。汇流排的长度越小越好；汇流排长度增加，同样会增加感抗，降低施感导体上的电压，从而减少输入到被加热零件表面上的功率。

6.3.2.6　冷却水路

感应器的施感导体是由铜管加工制成的，为了避免在工作过程中发热，需通水冷却。

在通常的水压（1~2atm）下，高频感应器所用铜管的最小尺寸为 ϕ5mm×0.5mm，8000Hz 中频为 ϕ8mm×1mm，2500Hz 中频为 ϕ10mm×1mm。如果用更小规格的铜管，则需要加大水压，以保证充分冷却。

对带喷水孔的感应器来讲，必须考虑好喷水孔的开设，以及进水管的数量与部位问题；否则喷水量大小不均会造成局部急冷或冷却不足。进水管的截面积要略大于或等于喷

水孔的总面积。

6.4 粉末冶金用感应炉的类型

粉末冶金制品的烧结、热处理等都可使用感应炉，这里仅就几种常用的感应炉加以介绍。

6.4.1 中频感应透热炉

中频感应透热炉可以加热黑色金属、有色金属、圆形材料、方形材料、圆管、板形材料，给热挤压成型或锻压成型提供高温配料。

6.4.1.1 基本结构

中频感应透热炉的基本结构包括：小型中频感应加热电源、补偿电容箱、气动送料机构、端料或整料加热炉和机架等。

6.4.1.2 技术参数

功率：200kW

频率：6kHz

直径：25~50mm

加热温度：1200℃

生产率（以1200℃为准）：650kg/h

6.4.1.3 主要特点

中频感应透热炉的主要特点如下：

（1）加热效率高、炉长短、损耗小，节约大量能耗和费用。

（2）感应加热很容易做到局部加热，如长棒料端头镦粗，只需加热局部即可。局部加热炉的形式多样，有多空式、扁平椭圆式、缝式等。根据不同的加热规范和工件运动的特征采用不同的设备。

（3）对于加热较大直径的工件，为了提高炉衬寿命，在炉衬内设置有水冷导轨，该水冷导轨表面喷涂有碳化钨涂层，可显著提高水冷导轨的使用寿命。

（4）根据不同的热压工艺采取不同的感应加热方式。

中频感应透热炉如图6-7所示。

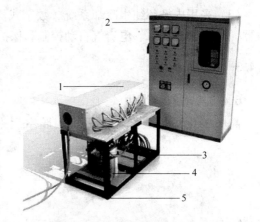

图6-7 中频感应透热炉

1—透热炉；2—配电柜；3—循环水；4—电容；5—支撑架

6.4.2 中频感应烧结炉

中频感应烧结炉主要应用于硬质合金、铜钨合金、钨、钼、铝镍钴永磁体、钕铁硼、钛合金等合金材料的真空或气氛烧结。

6.4.2.1　基本结构

中频感应烧结炉如图6-8所示，主要由装料盖、水冷感应圈、炉壳、粒状耐火材料、耐火管、支座和冷却线圈等组成。

6.4.2.2　技术参数

最高使用温度：2400℃

高温区容积：0.2m³

炉内工作气氛：真空、氢气、氮气、惰性气体等

温度均匀度：≤±10℃

温度测量：远红外线光学测温，测温范围为800～2400℃或0～2400℃

测温精度：0.2%～0.75%

温度控制：程序控制和手动控制

控温精度：±1℃

图6-8　中频感应烧结炉

极限升温速度：200℃/min（空炉，视高温区容积和炉膛结构而定）

6.4.2.3　主要特点

中频感应烧结炉的主要特点如下：

（1）2400℃以内超高温炉体，可完全满足各种材料的烧结；

（2）采用数显化智能控温系统，全自动、高精度完成测温控温过程，系统可按给定升温曲线升温，并可储存20条共400段不同的工艺加热曲线；

（3）采用内循环纯水冷却系统、数字式流量监控系统，炉体转换采用高性能中频接触器，全面的PLC水、电、气自动控制和保护系统。

6.4.3　高频碳化炉

6.4.3.1　基本结构

高频碳化炉是碳素性能分析实验室用来制备碳素材料石墨化试样的专用设备。它是由双层水冷全不锈钢（1Cr18Ni9Ti）热防护高效中频感应炉、程序温度控制器、红外测量系统、真空及惰性气体保护系统所组成。该装置具有升温速度快、炉膛温度高（可达3000℃）、控温精度高、自动显示、操作方便和工作可靠等优点。高频碳化炉如图6-9所示。

图6-9　高频碳化炉

6.4.3.2　技术参数

最高温度：3000℃

电源电压：380V

功率：100kW

频率：2500Hz

最高升温速度：500℃/min

石墨坩埚尺寸：$\phi 100mm \times 300mm$

炉体尺寸：$\phi 1100mm \times 1350mm$

6.4.3.3　主要特点

高频碳化炉主要用于3000℃以内超高温炉，用于各种炭材料的碳化和石墨化实验、生产，如应用于碳素材料的碳化、石墨化；碳纤维灯丝的定型石墨化及其他可在碳环境下烧结和熔炼的材料。

电源柜采用全密封防尘结构、全面的PLC水、电、气自动控制和保护系统；实现电源、炉体、冷却水、保护气体等装置的顺序控制和连锁保护，以及预警、报警等功能；机柜自带水冷散热器，不与室内空气发生热交换。由封闭的纯水循环系统进行冷却，每一路水都由流量计实施监控保护，一次水循环系统全部使用不锈钢管道和去离子水；配备气体净化装置可将氧含量降到0.0001%，露点温度小于-70℃。

本章小结

感应加热原理主要是根据法拉第电磁感应定律和电流热效应的焦耳-楞次定律。感应电流在炉料中的分布特征，对加热时电源频率的选择、炉料块度的选择、加热速度等都有非常重要的意义。电流在炉料中的分布主要有集肤效应、邻近效应和圆环效应。用于感应加热的电流频率可在50~10MHz范围，选择频率的重要依据是加热效率和温度分布。

在频率较低段，热功率随设备频率的增加而升高；但频率高于一定值f_0后，随频率的增加，热功率反而降低。为了保证一定的感应器效率，较大直径的零件可采用较低的效率。当零件直径很小时，则应采用较高的效率。感应器的设计包括两个部分：一是感应器的结构设计；二是电气参数的计算。

粉末冶金制品的烧结、热处理等都可使用感应炉，常见的粉末冶金用感应炉有中频感应透热炉、中频感应烧结炉和高频碳化炉等。

复习思考题

6-1　什么叫集肤效应、邻近效应和圆环效应？试阐述其各自的特点。

6-2　感应加热设备的类型有哪些？

6-3　简述设备频率与热功率的关系。

6-4　感应器主要由哪几个部分组成？

6-5　感应器的设计主要包括哪些部分？跟同学一起讨论讨论感应器的工作原理。

6-6　你能说出粉末冶金行业中，常使用哪些感应炉？这些感应炉有何特点？你会使用吗？

7　粉末冶金电弧炉

本章学习要点

　　本章主要介绍粉末冶金电弧炉的基本类型以及电炉熔炼工艺参数的选择途径。要求了解电弧的基本构造和特性；掌握电弧加热的基础理论、电弧熔炼工艺参数的选择途径；熟悉常见的粉末冶金电弧炉的基本结构和工作原理。

　　电弧炉的应用范围较广，如熔炼矿石、将金属熔化成为铸锭、粉末冶金中雾化法生产铁或钢粉时制取铁水或钢水以及用熔化法生产致密钨等工艺中都可应用到电弧炉，新发展的离心雾化中的旋转电极雾化也是利用电弧加热的原理。因而，电弧炉在粉末冶金中是非常重要的，本章主要介绍自耗电极式电弧炉；同时，对新发展起来的电子束炉和等离子电弧炉进行适当的介绍。

7.1　电弧炉概述

7.1.1　电弧炉分类

　　电弧炉有多种分类方式。

　　(1) 按电极的熔炼形式可分为：

　　1) 非自耗电极式电弧炉，它是用钨或石墨等作电极，熔炼过程中电极本身不消耗或消耗很少。

　　2) 自耗电极式电弧炉，它是用被熔炼的金属作电极，金属电极边熔化、边自身消耗。

　　(2) 按电弧长度的控制方式可分为：

　　1) 恒弧压自动控制式电弧炉，它是依靠两极间电压与给定电压作比较，其差值经过信号放大驱动自耗电极升降，以保持电弧长度的恒定。

　　2) 恒弧长自动控制式电弧炉，它是依靠电弧电压的恒定来近似地控制电弧长度的恒定。

　　3) 熔滴脉冲自动控制式电弧炉，它是根据金属熔滴形成及滴落过程中所产生的脉冲频率以及脉冲持续时间与弧长之间的关系来自动控制电弧长度的恒定。

　　(3) 按作业形式可分为：

　　1) 周期性作业式电弧炉，即每熔炼一炉作为一个周期。

　　2) 连续性作业式电弧炉，这类电弧炉有两种形式。一种是炉体旋转式；另一种是两台炉子共用一台直流电源，即当一台炉子熔炼结束之后，切换电源到另一台炉上立即开始下一炉的熔炼。

（4）按炉体结构形式可分为：

1）固定式电弧炉。

2）旋转式电弧炉。

几种常见的工业用电弧炉如图 7-1 所示。

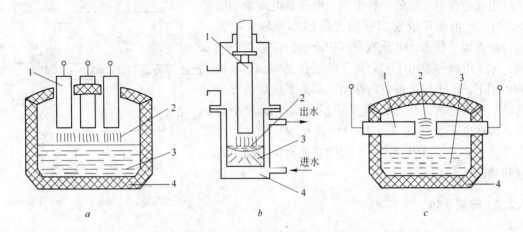

图 7-1　几种常见的工业用电弧炉

a—直接加热式三相电弧炉；b—直接加热式真空自耗电弧炉；c—间接加热式电弧炉

1—电极；2—电弧；3—熔池；4—炉壳

7.1.2　电弧的构造及特性

电弧熔炼的热能来源于电弧，因此了解电弧的构造及电弧各部分的特性是正确选择熔炼工艺参数的理论基础。

简单地讲，电弧由阴极区、弧柱区和阳极区组成，如图 7-2 所示。

（1）阴极区。阴极区实际上由两部分组成，一部分是在电极端面附近和弧柱交界间的正离子层，它与电极端面之间有很大的电位降，从而促成端面电子的自发射以维持电弧的正常燃烧；另一部分是在电极端面有一光亮点，称为阴极斑点，在正离子层形成的正电场作用下，电子集中在这里向外发射面发射产生弧光放电。

（2）弧柱区。弧柱是明亮的发光体，它是由各种带电粒子——电子、正离子、负离子等混合组成的高温等离子体，在阴极区和阳极区之间呈钟形分布。弧柱区的温度最高，一般可达5000K，即4700℃左右，同时亮度也最大。

（3）阳极区。阳极区位于阳极表面附近，它也有一个斑点。阳极斑点是集中吸收来自阴极的电子和弧柱区负离子的地方，一般整个阳极区的温度超过阴极表面温度200℃左右。

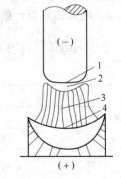

图 7-2　电弧构造示意图

1—阴极斑点；2—正离子层；

3—弧柱；4—阳极斑点

7.2　电弧加热基础

7.2.1　直流电弧

电弧是放电现象的一种形态，电弧放电现象如图7-3所示。电弧中放射出强烈光焰的部分称为电弧柱，呈等离子状态，电流就在其中流动。在等离子体内，原子电离形成电子和阳离子的混合气体。在电场的作用下，电子向正极方向移动、阳离子向负极方向移动，形成电流。但是，电子质量比离子质量小得多，因此电子流占等离子体总电流的99.9%以上。在等离子体的加热中起主要作用的是在自由空间中高速移动的电子。

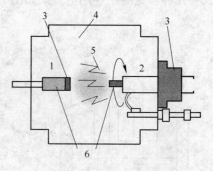

图7-3　电弧放电现象
1—阴极；2—阳极；3—碳纳米管；
4—氦气体；5—电弧放电；6—石墨

7.2.2　等离子体

众所周知，物质随着内能增加就会出现固体—液体—气体形态变化。如果给气体再增加能量就会变成等离子体，又称为物质的第四形态。

气体由多原子分子组成时，在能量增大过程中，分子先分解成原子，这种现象称为"分解"。再增加能量，原子就要分解成电子和阳离子，气体变成导电状态，这种现象称为"电离"，所形成的状态就是等离子体。

电弧炉电弧是由大约1%的电弧粒子处于电离状态，而绝大多数处于中性粒子所构成的不完全等离子状态。尽管这样，电弧等离子体中心部位的最高温度可达2×10^4K左右。

7.2.3　电弧加热与一般电阻加热的比较

一般电阻加热与电弧加热都属于电加热，两者的比较见表7-1。

表7-1　一般电阻加热与电弧加热的比较

项　目	一般电阻加热	电弧加热
共同点	直接通电电阻加热	
	原理：由于外部电场的作用，自由电子在导体内移动时冲撞导体内各粒子而发热	
不同点	电阻体的形态：形状一定的导体（固体本身就是形状一定的导体）	柔性导体（电离的导电性气体形成的电阻体，导电的形状取决于周围气体的种类、压力、电弧电流、电弧电压等多种因素）
	电位分布均匀	电位分布不均匀（但是，除电极附近的空间电荷区外，电弧柱是均匀的）
	伏安特性：上升特性	低电流—下降特性；中等电流—恒定电压特性；大电流—上升特性
	电流－温度特性：增大电流时，温度上升	增大电流，电弧将随之增大，而电流密度不会增大。因此，温度增高幅度不会太大

续表7-1

项 目	一般电阻加热	电弧加热
不同点	温度界限：熔点以下，钼、钽、钨不会超过3000K	没有温度界限，如6000～20000K
	传热形态：辐射与对流，比率取决于温度与周围条件	主要为随气体流动的对流传热

7.2.4 电弧中熔滴数目和大小的影响因素

金属电极端面受到电弧高温作用而熔化，当熔化金属在端面累积到一定大小以后，就以熔滴形式脱离电极穿过弧柱区而落到熔池中，这个过程称为金属熔滴在弧柱区中的过渡过程，如图7-4所示。由于金属熔滴在弧柱区中的过渡过程对合金质量有很大的影响，因此必须了解其规律性，以便为工艺参数的选择提供理论依据。

电弧中每秒过渡的熔滴数目和大小与下列因素有关：

（1）电流强度。电弧电流小，熔滴数量则少而粗，在起弧期和后期更为明显。正常熔炼期时，电流强度增加，熔滴数目显著增加且细化。

（2）熔炼极性。7.3.7节已指出，一般采用正极性法熔炼。反极性法熔炼时电极端面的温度比正极性法的高，因而促使熔滴数目增加且细化。

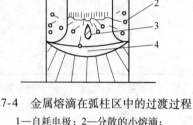

图7-4 金属熔滴在弧柱区中的过渡过程
1—自耗电极；2—分散的小熔滴；
3—大的金属熔滴；4—金属熔池

（3）电弧长度。电弧长度越短，弧光放电的集中程度越高，这样熔滴数目便增加，并且细化。

（4）稳弧线圈的安匝数。一般来讲，稳弧磁场强度正比于安匝数，稳弧磁场强度增加促使熔滴数目增加且细化。

（5）气体含量。当碳－氧反应进行激烈，一氧化碳体积在真空中比在常压下大几百倍，这样便促使熔滴细化，且产生严重的喷溅。

7.3 电弧熔炼工艺参数的选择

为了保证电弧熔炼产品的质量，必须制定合理的工艺制度。

电弧熔炼所要选择的工艺参数主要包括熔炼电流、熔炼电压、自耗电极的直径、自耗电极的长度、自耗电极的质量、熔化速率、熔炼极性、冷却强度以及熔炼真空度等。

7.3.1 熔炼电流

熔炼电流是电弧熔炼中的主要参数之一。熔炼电流决定金属熔化速率，最后影响到合金的精炼效果。熔炼电流越大，则电弧温度越高，金属熔化速率增大，但是会造成钢锭宏观组织恶化，如柱状晶的粗化；熔炼电流小，则熔化速率低，但柱状晶细小，有利于获得疏松程度小、成分偏析小的钢锭。

选择熔炼电流大小时必须综合考虑，单纯地追求锭子质量或者高的生产率都是不合适的。通常，熔点较高、流动性较差的钢种或者小断面的电极采用较大的电流密度；而熔点较低、流动性较好的钢种或者大断面的电极则采用较小的电流密度；对于易产生成分偏析和组织不均匀的钢种，如某些合金钢和镍基合金，则要选择较小的电流密度。

熔炼合金钢和高温合金时选择熔炼电流的一些经验公式见表7-2。这些经验公式没能完全反映出各种钢的物理特性，存在一定的局限性。因此，在应用这些公式时，应根据实际情况加以补充。

表7-2　熔炼合金钢和高温合金时选择熔炼电流的一些经验公式

公　式	公式适用范围
$i = \dfrac{3800}{d} - 5$	钢、合金钢、铁基和镍基合金：$d = 4 \sim 300\text{mm}$
$I = 160D$	钢、合金钢：$D = 45 \sim 150\text{mm}$；$\dfrac{d}{D} = 0.7 \sim 0.8$
$I = (16 \sim 20)d$	钢、铁基和镍基合金：$d = 10 \sim 300\text{mm}$；$\dfrac{d}{D} = 0.65 \sim 0.85$

注：i—熔炼电流密度，A/cm^2；I—熔炼电流，A；d—自耗电极直径，mm；D—结晶器直径，mm。

7.3.2　熔炼电压

熔炼电压是弧熔炼中另一主要参数。系统的直流电压降由阳极电压降（U_1）、弧柱电压降（U_2）和阴极电压降（U_3）组成。熔炼过程中，随着电极的不断消耗、钢锭的不断长高等，U_1和U_3的单项值变化较大，而$U_1 + U_3$之和的变化较小。电弧电压可随电弧长度而发生变化，真空下电弧长度与电压之间的关系如图7-5所示。

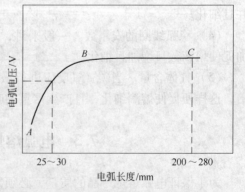

图7-5　真空下电弧长度与电压之间的关系

从图7-5中可看出：在AB段内，电弧电压随电弧长度增加而迅速升高；在BC段内，这种关系就不明显了。大部分真空电弧炉仍利用这种关系来控制电弧长度，电弧电压在$22 \sim 65\text{V}$之间，电弧长度在30mm以内。

维持电弧温度燃烧和不发生熔滴短路的最小电弧长度约为15mm，称为短弧操作。电弧长度控制小于15mm时，易产生周期性短路；电弧长度控制过长，电弧热能不集中。

短弧操作有困难，大多数把电弧长度控制在$22 \sim 26\text{mm}$之间，电弧电压值为$24 \sim 26\text{V}$。

7.3.3　自耗电极的直径

选择自耗电极的直径一般采用以下经验公式。锭型较大，偏上限选择；锭型较小，偏下限选择。

$$\frac{d}{D} = 0.65 \sim 0.85 \tag{7-1}$$

或

$$\frac{d}{D} = 0.7 \sim 0.8 \tag{7-2}$$

式中　d——自耗电极直径，mm；

　　　D——结晶器直径，mm。

$$d = D - 2\delta \tag{7-3}$$

式中　δ——电极的棱和结晶器之间的间隙，一般情况下 δ 值在 $25 \sim 50$mm 之间。

7.3.4　自耗电极的长度

熔炼过程就是电极长度不断减小和锭子高度不断增加的过程，电极下降和锭子增加呈相对运动。如果熔炼过程中电弧长度保持不变，则标尺下降的距离、电极长度与锭子高度三者之间有如下关系：

$$S = L - H \tag{7-4}$$

式中　S——标尺下降距离，mm；

　　　L——电极长度，mm；

　　　H——锭子高度，mm。

若已知 S 和 H，根据式（7-4）便可以求出熔炼过程中任意时刻的 L

$$L = S + H \tag{7-5}$$

在熔炼过程中，通常可根据指针与电极一起移动的标尺来判断电极熔化的长度和锭子生长的高度。

根据熔炼前电极的原始长度 $L_{始}$ 和质量计算出的电极熔化完后的锭子高度 $H_{末}$，就可由式（7-4）计算电极熔炼完时标尺指针应当指示的位置 $S_{末}$ 值。另外，假设引弧开始前标尺指针处在位置零处，根据熔化速率 v 便可以计算出熔炼过程中任意时刻的锭子高度 $H_{任}$，可由式（7-5）计算出任意时刻的电极剩余长度 $L_{任}$。

7.3.5　自耗电极的质量

自耗电极质量要求应当十分严格，过高地估计电弧熔炼的精炼作用而选用质量低劣的自耗电极是十分不好的。

用于熔炼钢和合金主要使用铸造或锻造电极，如钢制电极要求化学成分均匀、纯度较高、脱氧良好等；用于熔炼钛及其合金、钨、钼及其合金等主要使用压制成型电极。

7.3.6　熔化速率

在推导熔化速率公式时，做了如下假设：（1）电极和锭子均为圆柱体；（2）锭子的密度和致密度与电极一样；（3）在整个熔炼过程中电弧长度保持不变。

设电极体积为 V_1，锭子体积为 V_2，根据假设则

$$V_1 = V_2$$

则质量

$$V_1 r = V_2 r$$

$$\frac{\pi d^2}{4} rL = \frac{\pi D^2}{4} rH \qquad (7\text{-}6)$$

式中　r——合金密度，g/cm^3；

　　　L——电极长度，mm；

　　　H——锭子高度，mm；

　　　d——自耗电极直径，mm；

　　　D——结晶器直径，mm。

将式（7-6）简化得

$$d^2 L = D^2 H$$

$$H = \frac{d^2 L}{D^2}$$

将 H 值代入式（7-4）得

$$S = L - \frac{d^2 L}{D^2} = L\left(1 - \frac{d^2}{D^2}\right)$$

故

$$L = \frac{S}{1 - \dfrac{d^2}{D^2}} \qquad (7\text{-}7)$$

熔化速率可表示为

$$\overset{\cdot}{v} = \frac{Vr}{\tau} = \frac{\dfrac{\pi d^2}{4} rL}{\tau} \qquad (7\text{-}8)$$

将式（7-7）代入式（7-8）得

$$v = \frac{\dfrac{\pi d^2}{4} r}{\tau\left(1 - \dfrac{d^2}{D^2}\right)} S$$

若每 5min 记录一次标尺下降距离，则熔化速率为

$$v = \frac{\pi d^2 r \times 10^{-6}}{4 \times 5\left(1 - \dfrac{d^2}{D^2}\right)} S = kS$$

式中　S——标尺下降距离，mm/5min；

　　　k——熔速系数，$kg/(mm \cdot min)$，

$$k = \frac{\pi d^2 r \times 10^{-4}}{20\left(1 - \dfrac{d^2}{D^2}\right)}$$

7.3.7　熔炼极性

根据直流电弧的特点，约 70% 的热量分布在阳极，30% 的热量分布在阴极。一般在

熔炼钢和合金时，可以采用正极性接法，可使金属熔池获得较多的热量；在熔炼高熔点金属及其合金时，可以采用反极性接法，这样可以保证自耗电极较顺利熔化，不过，因熔池温度较低，会使锭子表面质量差一些。

7.3.8 冷却强度

冷却条件受锭子大小、结晶器壁厚、熔炼参数的变化、冷却水的压力和温度等多方面的影响。一般来讲，结晶器冷却的特点是薄水层、大流量。

要求底结晶器进、出水温度差小于3℃；上结晶器进、出水温度差不小于20℃，出口水温为45~50℃。

7.3.9 熔炼真空度

真空度对脱氧、去气、夹杂物的分解以及对电弧行为具有直接的影响。因此，采用真空电弧熔炼时，真空度便是一个十分重要的熔炼参数。

为了保证充分的脱氧、去气、挥发有害杂质，真空度越高越好。同时，为了电弧温度燃烧，要求电弧区有较高的残余压力。当残余压力达到$(1~7)×10^1$Pa时就达到了辉光放电的临界压力范围，在此范围内电弧燃烧会相当不稳定，甚至导致主电弧熄灭。因此，一般要求在1~100Pa压力下进行电弧熔炼。

7.4 粉末冶金用电弧炉的类型

7.4.1 真空熔炼电弧炉

7.4.1.1 基本结构

真空电弧炉的结构如图7-6所示，它由炉体、电源、真空系统、电控系统、光学系统和水冷系统组成。炉体部分由炉壳、电极、结晶器及电极升降装置等构成。

7.4.1.2 工作原理

工作时，在电极（负极）和水冷铜结晶器（正极）构成的两极之间，建立低电压（20~40V）、大电流（若干千安培），产生电弧放电，依靠电弧释放出的热量来熔化金属。电弧炉一般是直流供电，只有一根电极。按照熔炼过程中电极是否消耗（熔化），电弧炉熔炼分为非自耗电极式电弧炉熔炼和自耗电极式电弧炉熔炼两种。真空熔炼电弧炉为自耗电极式电弧炉，它的电极采用被熔炼材料制成，如熔炼钛时电极通常用海绵钛压制而成，在熔炼过程中电极本身被熔化。电极升降装置随着电极的不断消耗使电极稳定下降，以保持两极的距离

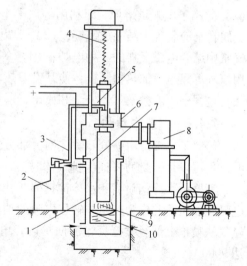

图7-6 真空电弧炉的结构

1—水冷铜结晶器；2—操作台；3—光学观察系统；
4—电极升降装置；5—电极杆；6—炉壳；
7—电极；8—真空系统；9—电弧；10—铸锭

和电弧的稳定。真空自耗电弧炉熔炼一般是在 1.3×10^{-1}Pa 的炉内压力下进行，电弧温度可高达 5000K。电极熔化的液滴通过弧区时，便会产生强烈的挥发、分解、化合等脱气、去除杂质的净化作用，然后滴入水冷铜结晶器中凝固成铸锭。真空电弧熔炼不需使用耐火材料，熔炼高熔点难熔金属钨、钼、钽、铌和活性很高的钛和锆时可不受耐火材料的污染。炉料边熔化边凝固可消除缩孔、中心疏松和偏析等常见铸锭缺陷，使加工性能优良。

7.4.1.3 工艺参数

电流和电压是真空电弧熔炼的主要工艺参数。电流大时，电弧温度高、金属熔化快、铸锭表面质量好，但增大了熔池深度，易使柱状晶径向发展和粗化，促进疏松和偏析，夹杂物易集中在铸锭中心。电流小时，熔化率低，熔池浅平，有利于轴向柱状晶生长，夹杂物分布均匀，铸锭致密度高。电流密度要根据合金的性质和电极直径来确定。一般熔点高、流动性差的金属，电极直径小时要用大的电流密度；反之，用小的电流密度。电压对电弧的稳定有很大影响：电压太低，不足以形成弧光放电；而电压太高，产生辉光放电，使电弧失去稳定。因此，要使电弧稳定必须将电压控制在一定范围内。熔炼钛、锆等合金时，工作电压为 25～45V；熔炼钽、钨等合金时，工作电压可达 60V。为了使电弧聚敛和能量集中，避免产生侧弧，在结晶器周围设置稳弧线圈。线圈产生与电弧平行的纵向磁场，使电弧中向外逸散的带电质点向内压缩，电弧旋转而聚敛，提高了电弧稳定性。电弧旋转也带动熔池旋转，使成分均匀并改善了铸锭表面质量。

7.4.2 等离子电弧炉

最早的等离子弧设备是美国联合碳化物公司 1962 年公布的 140kg – 120kW 的等离子电弧炉。根据炉子的不同结构和冶金特点，等离子熔炼炉分为四类：（1）等离子电弧炉；（2）等离子电弧重熔炉，即利用等离子电弧的超高温和惰性气氛熔化金属，使被熔化的金属在水冷装置中结晶成铸锭；（3）等离子感应炉，是指利用等离子弧的超高温在惰性气氛中结合电磁搅拌的一种电炉；（4）等离子电子束重熔炉，其工作原理是：在真空下，用氩气等离子弧加热钽阴极，使其发射热电子，热电子在电场作用下高速飞向阳极，并在飞行过程中不断激发气体分子和原子，形成热电子流，轰击金属使其熔化。

7.4.2.1 基本结构

等离子电弧炉由喷枪和炉体两大部分组成，其结构如图 7-7 所示。炉子可以是敞开式的，也可以是密封的（通保护气体时）。

喷枪由水冷钢喷嘴和水冷铈钨棒或钍钨棒电极组成。铈钨棒或钍钨棒作阴极，喷嘴对电弧施加压缩并作为产生非转移电弧的辅助阳极。喷嘴和阴极之间绝缘但允许氩气通过，氩气从喷枪上部经喷枪套管流向炉内，电离成等离子体。等离子弧喷枪最大许用电流可达 9000A。

炉体包括水冷炉盖和用耐火材料砌成的炉壁和炉底。炉底埋有石墨电极或水冷铜电极作阳极。为使金属熔池温度和成分均匀，埋有电磁搅拌线圈。

7.4.2.2 工作原理

熔炼时，先在铈钨极与喷嘴间加上直流电压，再通入氩气，然后用并联的高频引弧器引弧。高频电击穿间隙，将氩气电离，产生非转移弧，又称为小弧。接着在阴极与炉底阳极之间加上直流电压，并降低喷枪，使非转移弧逐渐接近炉料，这样阴极与金属料之间就会起弧，此弧称为转移弧，又称为大弧。转移弧一形成，喷嘴阴极间电路即切断，非转移弧就熄灭。因此，直流等离子电弧炉是以转移为工作电弧的，转移弧又称为主弧。等离子电弧炉重要的工艺参数是主弧电压、主弧电流和氩气流量。

7.4.2.3　冶金特点

等离子电弧熔炼的冶金特点如下：

（1）等离子弧的超高温及氩气保护使得等离子电弧炉能够熔炼难熔及活泼金属，如钨、铌、钼、锆、钛及其合金等；

（2）能有效脱碳，对熔炼超低碳钢有意义；

（3）精炼效果提高，如脱硫效果显著，用于高级合金钢、精密合金和高温合金的熔炼；

（4）能利用放电气体对合金成分进行控制。

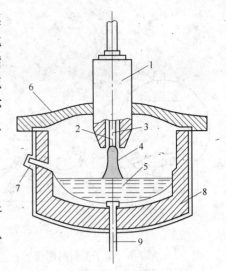

图 7-7　等离子电弧炉结构
1—等离子体喷枪；2—阴极；3—喷口；
4—等离子体弧；5—熔池；6—炉盖；
7—熔液出口；8—耐火材料炉衬；9—阳极

7.4.3　电子束炉

电子束炉熔炼就是在真空下利用电子枪产生高速电子束并射向阳极——料棒，由于电子束与料棒的碰撞，将电子的动能转变为热能而使料棒熔化。现代工业的发展对金属材料提出了更高的要求，一般的真空感应炉和真空电弧炉已难以满足相关要求，而电子束炉集中了真空感应炉和真空电弧炉的优点：一是熔炼真空度高；二是熔炼温度高，脱气效果好；三是高纯洁度，能有效去除合金中的氮、氧、氢及其他杂质，从而大幅度提高合金的性能。

电子束炉通常由电子枪、熔炼室、真空系统、供电系统等部分组成。电子枪是电子束炉的关键部件。

7.4.3.1　电子枪发射原理

电子枪的电子发射部分相当于一个旁热式二极管，它是根据旁热式二极管原理设计的。不同的是，电子枪发射的电子被定向集中成束，具有很大的功率和密度，并被严格控制在预定的轨迹中。电子枪发射原理如图 7-8 所示。

加热电流流过加热阴极时，加热阴极产生高温。由于发射阴极与加热阴极间有一定的高压，电场很强，从而加热阴极对发射阴极产生电子发射，将发射阴极轰击到高温。当温度达到 2800K，阳极的电位高于发射阴极电位时，发射阴极产生热电子发射。发射出的电子流受环形聚集阴极的约束，形成具有一定方向的电子束，并在阳极的加速下以调整穿过阳极上的圆孔射出。当电子被加速到 1/3 光速时，经二组磁透镜聚集，在偏转系统的作用下按预定轨迹扫描，这种调整的电子流射向料棒和熔池而进行熔炼。电子束的形成原理如图 7-9 所示。

阴极一般使用间接加热式阴极，即用钨丝作加热元件，将钨、钽或其他材料制成的圆片状阴极加热。较常见的电子枪发射阴极是钨质和钽质的，近年来也有采用硼化镧作

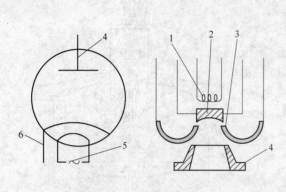
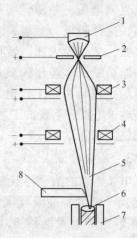

图 7-8　电子枪发射原理

1—加热阴极；2—发射阴极；3—聚集阳极；
4—阳极；5—灯丝；6—阴极

图 7-9　电子束的形成原理

1—阴极；2—阳极；3—聚集线圈；4—偏转线圈；
5—电子束；6—熔池；7—坩埚；8—料棒

阴极。

聚集阴极与发射阴极是等电位的，由钼环制成，镶在有锈钢的外套中。阳极用紫铜制成，呈空心圆锥形，镶在水冷铜套上。

7.4.3.2　电子束重熔炉

电子束重熔炉是在高真空下以 2～3 万伏的高压直流电加于电子枪，产生电子束轰击一次熔炼产品制成的金属料棒，使料棒熔化精炼，滴入水冷结晶器中顺序凝固成锭。电子束还可对熔池加热，保持较深的液穴，具有充分去除气体的效果，可极大地提高金属的塑性。图 7-10 所示为电子束重熔炉实物图。

图 7-10　电子束重熔炉

电子束重熔炉结构很多，除用于电子发射的电子枪有多种形式外，按料棒进料方式可分为垂直进料式和水平进料式。水平进料式有两个料棒进料装置，当一根料棒熔炼时，另一根料棒进料装置可进行辅助工作，这可以提高炉子有效作业率；若在结晶器下再设拉锭装置，则可铸造较长的锭，适用于较大的电子束重熔炉。

本章小结

按电极的熔炼形式，电弧炉可分为非自耗电极式电弧炉和自耗电极式电弧炉。电弧由阴极区、弧柱区和阳极区组成。电弧中每秒过渡的熔滴数目和大小与电流强度、熔炼极性、电弧长度、稳弧线圈的安匝数和气体含量等因素有关。

电弧熔炼所要选择的工艺参数主要包括熔炼电流、熔炼电压、自耗电极的直径、自耗电极的长度、自耗电极的质量、熔化速率、熔炼极性、冷却强度以及熔炼真空度等。

常用的粉末冶金电弧炉有真空熔炼电弧炉、等离子电弧炉和电子束炉等。

复习思考题

7-1 按电极的熔炼形式，电弧炉可分为哪几种类型？

7-2 电弧由哪几部分组成？各有何特性？

7-3 电弧加热与一般电阻加热的共同点和不同点是什么？

7-4 电弧中熔滴的数目和大小受哪些因素的影响？

7-5 为了保证电弧熔炼产品的质量，应如何制定合理的工艺制度？

7-6 真空熔炼电弧炉由哪几部分组成？它工作的原理是什么？

7-7 哪些粉末冶金产品会使用到电子束炉？你能说出电子束炉的工作原理吗？

8 粉末冶金真空炉

本章学习要点

本章主要介绍真空的含义及获得真空的方法、粉末冶金用真空炉的结构和设计、粉末冶金用真空炉功率的确定以及真空炉的类型。要求对真空炉的分类、真空的获得及测量方法有所了解，掌握真空炉的结构及其设计方法，掌握真空炉真空系统类型、设计及相关的计算，以及真空炉功率的确定方法，熟悉常用的粉末冶金用真空炉的结构及工作原理。

8.1 真空炉概述

8.1.1 真空炉分类

随着科学技术的发展，粉末冶金过程和金属材料热处理中广泛使用真空炉。真空炉的种类很多：

（1）按用途可分为真空碳化炉、真空烧结炉、真空退火炉、真空淬火炉、真空回火炉以及真空渗碳炉等。

（2）按热源可分为电阻加热真空炉、感应加热真空炉、电弧加热真空炉、等离子弧加热真空炉和电子束加热真空炉。

（3）按真空度可分为低真空炉、高真空炉和超真空炉。

（4）按工作温度可分为低温真空炉（低于700℃）、中温真空炉（700~1000℃）和高温真空炉（1000℃以上）。

（5）按作业性质可分为周期式真空炉和连续式真空炉。

（6）按炉子的形式可分为竖式真空炉和卧式真空炉。

从真空炉的结构和加热方式的角度上可以归纳为两大类：一类是外热式真空炉，另一类是内热式真空炉，两者均以真空电阻炉为主。外热式真空炉通常称为热壁炉，也称为马弗炉。这种炉子的加热部分与隔热部分，即电热元件和隔热层设置在真空室外面，工件放在真空室的内部，工件依靠间接加热。真空退火炉往往是外热式真空热处理炉。内热式真空炉通常称为冷壁炉。这种炉子的电热元件和隔热层构成的加热室，全部放在水冷夹层结构的真空炉壳内。内热式真空炉与外热式真空炉相比，构造复杂，但使用温度高、热效率高、生产率也高，可以实现快速加热和快速冷却。因此，内热式真空炉得到了迅速发展，已成为真空烧结和真空退火、真空淬火、真空回火的主要用炉。

8.1.2 真空的定义及真空度的量度

8.1.2.1 真空的定义

真空是指压力较常压小的任何气态空间。完全没有任何物质的空间被认为是"绝对真空"，但实际上是不存在的。因此气压越低，真空度就越高，低气压和高真空是同义的。必须指出，实际工作中对真空的要求并不是越高越好，而是要根据实际需要选择。

8.1.2.2 真空度的量度

真空度是用来衡量所获得的真空状态，即气体压强的高低。真空冶金是指在 1.013×10^5 Pa（1atm）以下的压强下进行的冶金过程。实际上所用的压强范围很宽，高的为 10^4 Pa，低的达到 10^{-3} Pa，甚至还有更低的，在这样的压强下，气体十分稀薄。

不同科学家、不同国家习惯使用不同的方法来衡量气体的稀薄程度，即真空度或压强的单位不同，这些单位及它们之间的相互关系见表8-1。

表 8-1 不同压强单位及它们之间的相互关系

单 位	微巴（μbar）或达因/厘米^2（dyn·cm^{-2}）	巴（bar）	托（Torr）或毫米汞柱（mmHg）	工程大气压（kgf·cm^{-2}）	标准大气压（atm）	帕（Pa）或牛顿/米^2（N·m^{-2}）
微巴（μbar）或达因/厘米^2（dyn·cm^{-2}）	1	10^{-6}	7.5×10^{-4}	1.01×10^{-6}	9.8×10^{-7}	1×10^{-1}
巴（bar）	10^6	1	750	1.01	9.8×10^{-1}	1×10^5
托（Torr）或毫米汞柱（mmHg）	1.33×10^3	1.33×10^{-3}	1	1.35×10^{-3}	1.31×10^{-3}	133.3
工程大气压（kgf·cm^{-2}）	9.8×10^5	9.8×10^{-1}	735	1	9.6×10^{-1}	9.8×10^4
标准大气压（atm）	1.01×10^6	1.01	760	1.03	1	1.013×10^5
帕（Pa）或牛顿/米^2（N·m^{-2}）	10	10^{-5}	7.5×10^{-3}	1.10×10^{-5}	9.8×10^{-5}	1

注：帕（1Pa=1N/m^2）为国际单位，也被定为国家法定单位。

8.1.2.3 真空区域的划分

真空区域主要依据真空状态下气体分子的物理特性、真空获得设备和真空测量仪表的工作范围等划分。

国家标准（GB3163—1982）的真空区域划分为：

低真空：$10^5 \sim 10^2$ Pa；

中真空：$10^2 \sim 10^{-1}$ Pa；

高真空：$10^{-1} \sim 10^{-5}$ Pa；

超高真空：$< 10^{-5}$ Pa。

真空理论工作者推荐的真空区域划分为：

粗真空：$10^3 \sim 10^5$ Pa；

低真空：$10^{-1} \sim 10^3$ Pa；

高真空：$10^{-6} \sim 10^{-1} Pa$；

超高真空：$10^{-12} \sim 10^{-6} Pa$。

8.1.3　真空的获得和测量

产生真空的过程就是抽气或排气的过程，通常把用物理方法产生真空的设备称为抽气机、真空泵，或者简称为泵。在规定的气压下单位时间内能抽走的气体体积数称为抽气速率，或者简称为抽速。泵的抽气速率也可以称为泵速。抽速表明真空泵的抽气能力，抽速最常用的单位是升/秒（L/s）。

泵或真空系统在工作足够时间后能够达到的最低压力称为极限真空。各类真空泵由于本身结构上的内在原因，所能获得的真空度都有一定的限制。

8.1.3.1　真空泵

A　旋片机械真空泵

旋片机械真空泵主要由泵体、转子、旋片、弹簧、端盖等组成。转子偏心地安装于泵体内且外圆与泵体内表面相切（两者间有很小的间隙），转子开槽，槽内装有旋片。当转子旋转时，旋片靠离心力和弹簧张力使其顶端与泵体内壁始终接触，沿泵体内壁滑动。旋片机械真空泵的结构如图8-1所示。

旋片机械真空泵的工作原理如图8-2所示。如图8-2所示，旋片把转子、泵体、端盖形成的月牙形空间分隔成A、B、C三部分。若转子按图8-2中箭头方向旋转时，A空间的容积增加，压力降低，气体经泵入口被吸入，此时处于吸气过程（见图8-2a）；B空间的容积减小，压力增加，处于压缩过程（见图8-2b）；C空间的容积进一步缩小，压力进一步增加，当压力超过排气压力时，压缩气体推开泵油密封的排气阀，处于向大气中的排气过程（见图8-2c）。在泵的连续运转过程中，不断进行着吸气、压缩和排气过程，从而达到连续抽气的目的。

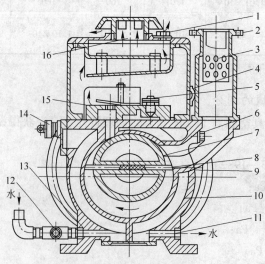

图8-1　旋片式机械真空泵的结构

1—加油螺塞；2—进气口；3—滤网；4—油标；5—油调节针阀；6—放油螺塞；7—转子；8—旋片；
9—弹簧；10—定子；11—出水口；12—放水螺塞；13—进水口；14—气镇阀；15—排气阀；16—排气口

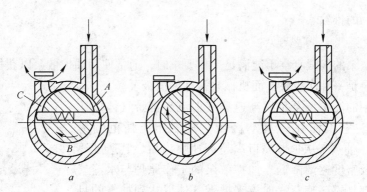

图 8-2 旋片机械真空泵的工作原理

a—吸气过程；b—压缩过程；c—排气过程

B 罗茨真空泵

罗茨泵是一种双转子的容积式真空泵，其工作原理如图 8-3 所示。在罗茨泵泵腔内有两个形状对称的转子，转子形状有两叶、三叶和四叶的。两个转子彼此朝相反方向旋转，由轴端齿轮驱动同步转动。转子彼此无接触，转子与泵腔壁也无接触，其间通常有 0.15~1.0mm 的间隙，泵腔靠间隙来密封。

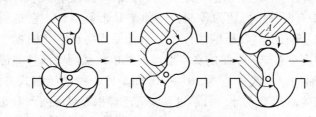

图 8-3 罗茨泵工作原理

由于罗茨泵泵腔内无摩擦，转子可高速运转，一般为 1500~3000r/min，而且不必用油润滑，可实现无油清洁的抽气过程，泵的润滑部位仅限于轴承和齿轮以及动密封处。泵没有做往复运动，平稳、转速高、尺寸小，可获得大的抽速。

由图 8-3 可知，由于转子的不断旋转，被抽气体从吸气口进入泵腔，被封闭在吸气腔 A 内，再经排气口排出泵外。由于吸入 A 空间内的气体没有被压缩，当转子的顶部转过排气口边缘时，A 空间与排气侧相通，由于排气侧气体压力较高，有部分高压气体返流到 A 空间内，使泵腔内的压力突然升高达到排气压力，这就是所谓的外压缩过程。转子继续旋转时，被抽气体被排出泵外。两个转子的不断运转，实现了罗茨泵的抽气过程。

概括地讲，罗茨泵具有以下特点：

（1）在较宽的压力范围内有较大的抽速；

（2）设有旁通溢流阀可在大气压力下启动，缩短了抽气时间；

（3）转子之间、转子与泵腔壁之间有间隙，泵内运动件无摩擦，不必润滑，泵腔内无油；

（4）转子形状对称，动平衡性能良好、运转平稳，选择高精度的齿轮传动，运转时噪声低；

（5）结构紧凑、占地面积小，通常选卧式结构，泵腔内气体垂直流动，有利于被抽的灰尘或冷凝物的排除。

C 油扩散泵

在机械真空泵的极限真空不能满足工作要求时，通常使用油扩散泵以获得高真空。也就是说，扩散泵是一种次级泵，而机械泵常称为前级泵。

真空系统中的油扩散泵是靠高速蒸气射流来携带气体以达到抽气的目的，它工作在高真空区域，其工作压强范围为 $10^{-2} \sim 10^{-6}$ Pa。油蒸气从伞形喷口以超声速喷出后，其速度逐渐增大，压力及密度逐渐降低。油扩散泵的工作原理与水蒸气喷射泵相似，都是靠高速蒸气射流来携带气体以达到抽气的目的，因此具有和水蒸气喷射泵相似的特点。不同点是，油扩散泵工作在高真空区域，其工作压强更低。油扩散泵如图 8-4 所示。

图8-4 油扩散泵

8.1.3.2 真空计

测量真空度的真空计基本上分为三大类型：力学型、热导型以及电离型。力学型真空计的灵敏度与气体成分无关，属于绝对真空计；而后两种的灵敏度与气体成分直接有关，均属于相对真空计。

力学型真空计中有两种用得较为普遍：一种是 U 形真空计，它是利用液柱差来换算压强的。在 U 形管里充有低蒸气压的液体，一个臂保持高真空（抽真空封死或连续抽真空），另一个臂接到真空系统，系统的真空度可以简单地从两臂液柱差测得。水银是常用的工作液，也有用油的，一般量程为 $10^2 \sim 10^5$ Pa。另一种是压缩式真空计（麦氏真空计），它是一种变相的 U 形真空计，只不过是将低压容积等温压缩到 U 形真空计能够测量其压力的程度。压缩式真空计一般只能用于测量系统的永久气体分压强。工作液是水银，它的量程为 $10^{-3} \sim 10^2$ Pa。力学型真空计如图 8-5 所示。

图8-5 力学型真空计
a—封闭式 U 形真空计；*b*—活塞压力真空计

热导型真空计中使用比较广泛的是电阻真空计和热偶式真空计。

电离型真空计有两种主要类型：冷阴极电离真空计（简称为冷规）、热阴极电离真空计（简称为热规）。

关于真空计类型的选择、真空计安装的位置以及真空计的连接方法等请参阅有关文献。几种常用真空计的测量范围见表8-2。

表8-2　几种常用真空计的测量范围

名　称	测量范围/Pa	优　点	缺　点
U形真空计	$10^5 \sim 10^2$	直接读数，价廉	精度较差，易损坏
压缩式真空计	$10^2 \sim 10^{-3}$	直接读数，测绝对压强精确度高	操作麻烦，不能连续测量，易损坏
电阻真空计	$10^4 \sim 10^{-1}$	量程覆盖整个低真空范围，结构简单	刻度与气体有关，中压强指示偏高
热偶式真空计	$10 \sim 10^{-2}$	连续指示，结构简单	刻度与气体有关，中压强指示偏高
冷阴极电离真空计（冷规）	$4 \times 10^{-1} \sim 1 \times 10^3$	电极结实，易清洗，启动迅速，便于快速测量	激发比较困难
热阴极电离真空计（热规）	$10^{-1} \sim 10^{-6}$	在 $10^{-1} \sim 10^{-6}$Pa 具有标准的线性曲线	灵敏度低于冷规

8.2　真空炉的结构及设计

真空炉的种类很多，但就热源来看，以真空电阻炉应用最多。因此，本节主要讨论真空电阻炉的结构及其设计。

8.2.1　真空炉的结构特点

真空炉的结构特点主要包括：

（1）严格的真空密封。金属制品进行烧结或者热处理均在密闭的真空炉内进行，因此获得和维持炉子原定的漏气率、保证真空炉的工作真空度，对确保制品的质量有非常重要的意义。为了保证真空炉的真空性能，在真空炉设计中必须遵循的基本原则是：炉体要采用气密焊接；在炉体上尽量少开孔或者不开孔；少采用或避免采用动密封结构，以尽量减少真空泄漏；安装在炉体上的附件，如水冷电极、热电偶导出装置都必须设计密封结构。

（2）加热与隔热材料只能在真空状态下使用。真空电阻炉的加热与隔热材料在高温与真空下工作，对这些材料提出了耐高温、蒸气压低、辐射效果好、导热系数小等要求，对抗氧化性要求不高。真空电阻炉广泛采用了钨、钼、钽和石墨等加热与隔热材料，而这些材料在大气状态下极易氧化，常规电阻炉一般不采用它们作加热材料。

（3）冷却装置。真空炉的炉壳、炉盖、电热元件导出装置（水冷电极）、中间真空隔热门等部件均在真空、受热状态下工作，为了保证各部件的结构不变形，真空密封圈不过热、不烧损，各部件应该根据不同的情况设置水冷装置，以保证炉子正常运行并有足够的使用寿命。

（4）采用低电压、大电流。当真空度在 0.1 ~ 100Pa 范围内时，通电导体在较高的电压下会产生辉光放电现象，严重的会产生弧光放电以致烧毁电热元件、隔热层等。因此，真空炉电热元件的工作电压一般都不超过 80 ~ 100V。同时，在电热元件结构设计时要采取一些有效措施，如尽量避免有尖端的部件、电极间的间距不能太小等。

（5）要求自动程度高。

8.2.2　真空炉的基本结构

8.1.1 节中已指出，根据真空炉的结构和加热方式，真空炉基本上可以归纳为两大类：一类是外热式真空炉；另一类是内热式真空炉。内热式真空炉应用得最多。内热式真空炉的加热器和隔热层构成的加热室，全部放置在水冷夹层结构的真空炉壳内。

真空电阻炉通常由电加热器、隔热屏、炉壳、炉床、真空隔热闸门、气冷装置、水冷电极、工件传送装置等主要部件组成，如图 8-6 所示。

图 8-6　真空电阻炉

8.2.3　真空炉的结构设计

8.2.3.1　电加热器

A　真空炉与非真空炉电加热器对比

电加热器是真空电阻炉的重要部件，它决定炉子的工作能力和工作期限。电加热器是由电热元件组成的，真空炉内的电热元件的工作条件，与非真空炉相比有以下不同点：

（1）电热元件向工件传热的形式不同。真空炉的电热元件是通过辐射向工件传热，所以在其他条件相同时，真空炉的温度比非真空炉的要高。不过，只在低温炉中温度差别才比较显著。

（2）电热元件与炉内气氛互相作用的条件不同。电热元件在真空炉内的工作条件比其他状态下要好，特别是比炉内为氧化气氛的非真空炉要好得多。因而，电热元件在真空状态下对抗氧化性要求不高。非真空炉电加热器中电热元件工作时除了炉内气氛与电热元件发生化学反应外，某些电热材料，特别是稀有金属，在加热时因吸收大量气体而变脆、易损坏，但在真空状态下这些金属就能较长期而可靠地工作。

（3）电热元件材料的挥发速度不同。电热材料在真空炉内容易挥发，由于随着电热元件温度的升高，其蒸气压也随之增加，故使用寿命降低。从这一点看，真空也给电热元件带来了不利影响。

对于低、中温真空炉（使用温度不高于1000℃），一般采用镍铬合金、铁铬铝合金作电热元件；对于高温真空炉，特别是使用温度大于1200℃的真空炉，所使用的电热元件为钼、钨、钽等纯金属以及石墨。非金属电热材料，如碳化硅在真空下其黏结剂会分解，硅化钼在真空下超过1300℃时会软化，因此真空炉很少采用这两种电热材料。

关于电热元件的材料的性能、表面负荷、尺寸计算以及接线方法等在第四章已作详细介绍，在此不再叙述。

B　高温真空炉常用电热元件

高温真空炉常用的电热元件主要是难熔金属电热元件和石墨质电热元件。

a　难熔金属电热元件

难熔金属电热元件的形状有三种：

（1）线材制成的线圈或"之"字形电热元件。这种电热元件与非真空炉所用的电热元件没有什么不同之处，主要是由钼丝制成，线圈一般由直径为2～2.5mm的线材制成，钼丝电热体的工作温度不超过1700℃。"之"字形电热元件是由截面比线圈电热体更大的线材制成的，它们要求更高的强度，在设计时要求炉内真空度不低于0.1～100Pa。

（2）纤状或棒状电热元件。这种电热元件用于2300℃以下温度，电热体材料主要是钨，有时也用钼（工作温度低于1700℃）。棒的两端铸入铜中，做成凸起部分，借此可使棒固定。每根棒的上端用水冷却的管子通过炉盖引出，头部引出部分用金属弹簧管保持真空密封；棒的下端固定在水冷扇形底盘上，一般钨棒制造的电加热器，沿圆周排列9根棒而组成。

纤状电热元件的导线是水冷铜管，纤是由直径为5mm的线材制造的，纤状电加热器用12根钨纤组成，沿圆周排列形成圆筒形加热空间。

纤状和棒状电热元件的主要缺点是：炉内大量水冷导线造成了较大的热损失；不能分成几个加热区按高度调节炉温；一般只有一个加热区的炉子才能用这种电热元件。

（3）金属薄片状电热元件。电热体材料用钼板或钽板。由于机械加工和焊接方面有困难，一般不用钨板。电加热器呈圆筒形，用3张厚度为0.2mm卷边的薄板组成，下部固定在厚度为2mm的环圆上，每一块金属板上部都焊有（或铆有）薄带，电流由薄带导入电加热器，这些薄带同时把电加热器固定在铜制的水冷导线上。这种电热元件的导热条件最好，因为整个表面都参与了被加热物件的热交换。这种电热元件的缺点与纤状或棒状电热元件基本相同。

b　石墨电热元件

除了难熔金属外，石墨是可以和难熔金属相媲美的真空炉电加热器的电热体材料。石墨与难熔金属相比，一个好的性能就是它的电阻随温度变化不大。石墨具有较高的电阻，可以在电热体断面较大的情况下，采用几十伏的电源。一般石墨制的电热元件用于真空度为 0.1～100Pa 的条件下，其使用极限温度为 2200℃。在上述真空条件下，石墨的工作寿命在 2300℃ 时只有几十小时，而在 2400～2500℃ 时只有几个小时。值得指出的是，石墨在低温时导热性良好，而在高温时就下降为低温时的几分之一，所以会造成电热元件中心与外表面间的温度差，从而产生机械应力，导致电热元件损坏。在设计石墨电热元件时应计算其所产生的应力。

可用下面的公式来计算石墨电热元件中心的温度：

对棒状石墨电热元件

$$t_{中心} = t_{表面} + 0.216 \times \frac{Wd}{\lambda} \times 10^4 \tag{8-1}$$

对宽度比厚度大得多的板状石墨电热元件

$$t_{中心} = t_{表面} + 0.108 \times \frac{W\delta}{\lambda} \times 10^4 \tag{8-2}$$

式中 $t_{中心}$——石墨电热元件中心温度，℃；

      $t_{表面}$——石墨电热元件表面温度，℃；

      W——石墨电热元件表面负荷，W/cm^2；

      d——棒状石墨电热元件直径，m；

      δ——板状石墨电热元件厚度，m；

      λ——石墨的导热系数，W/(m·℃)。

已知石墨电热元件中心及表面温度，就可以求出其表面层与中心长度增加之差

$$\Delta l = \Delta l_{中心} - \Delta l_{表面}$$

$$\Delta l_{中心} = \alpha t_{中心} l \tag{8-3}$$

$$\Delta l = \alpha l (t_{中心} - t_{表面})$$

式中 l——电热元件全长，m；

      α——石墨线性膨胀系数，1/℃。

棒中由于截面上伸长不一致所引起的应力 σ，可以根据下式计算

$$\sigma = E \frac{\Delta l}{l} \tag{8-4}$$

式中 E——石墨弹性模量，Pa。

根据计算结果，如果 σ 值大于该牌号石墨的允许拉伸应力，则此石墨电热元件会损坏。

按结构，石墨电热元件分为棒状、管状、板状和石墨布四种主要形状，如图 8-7 所示。

8.2.3.2 隔热屏

隔热屏是真空炉加热室的主要组成部分，其作用是隔热、保温以减少热损失。因此，隔热材料的选择、结构形式，对炉子功率有很大的影响。在有些情况下，隔热屏也是固定加热器的结构基础。

隔热屏除了要考虑它的耐高温性、绝热性、抗热冲击性和抗腐蚀性等外，还要考虑它

图 8-7　石墨电热元件的几种形状
a—棒状和管状；*b*—板状；*c*—石墨布

的热透性，以便能够尽快地脱气。

隔热屏内部结构尺寸即炉膛尺寸，它主要根据工件的形状、大小和炉子生产量来确定。一般隔热屏的内表面与电加热器之间的距离为 50~100mm；电加热器与工件（或料筐）之间的距离为 50~150mm；隔热屏两端通常不布置加热器，温度偏低，因此有效加热区距每一端为 150~300mm。

隔热屏基本上分金属反辐射屏和非金属隔热层两类，其结构一般有下列五种形式：耐火炉衬、金属反辐射屏、夹层式隔热屏、石墨毡、隔热屏。

A　耐火炉衬

耐火炉衬通常采用轻质耐火砖用干砌法砌筑而成，如泡沫高铝砖，一般用于低真空炉。高温真空炉的炉衬用耐高温的氧化物（氧化镁、二氧化锆等）制成。但耐火炉衬现已很少使用。

B　金属反辐射屏

金属反辐射屏是由数层金属片（板）、隔离环和支撑杆组成，一般根据炉温不同，选用钨、钽、钼和不锈钢等材料。

这种金属反辐射屏的结构设计要点是：

（1）材料的选择。通常靠近电热元件的 1~2 层选用耐高温的材料，外面几层可选用略次的材料。例如，1300℃的真空炉的隔热屏，靠近电热元件的两层用钼片，外面几层用不锈钢。2200℃的高温真空炉的隔热屏，靠近电热元件的两层可用钨片，中间两层用钼片，而外面的两层可用镍片。

一般使用的材料黑度要小，所以辐射屏在装配前均需进行表面加工或处理。例如，钼片、钽片、钨片可用酸洗，不锈钢可以抛光或者镀镍。

材料厚度在工作条件允许情况下应尽量薄些。一般中、小型炉上为 0.3 ~ 0.5mm；大型炉上为 0.5 ~ 1.0mm。

(2) 辐射屏层数。从理论上讲，层数越多，热阻越大，热损失越小。但是，层数多时，消耗材料多，结构表面增多，吸附面增大，气体不易放出。通常第一层辐射片的隔热效果为 50%，第二层的为 17%，第三层的只为 8%。故采用太多的层数隔热效果不明显，一般采用 4 ~ 6 层即可。

(3) 层与层间的距离。层与层间的距离尽量要小，距离太大，增加炉子的结构尺寸。但应保证在长期使用中，层与层不致因热应力变形面互相接触。一般按炉膛大小选用 5 ~ 20mm。

(4) 辐射屏应设计成可拆卸的。

C   夹层式隔热屏

夹层式隔热屏由金属制的内外屏和在其间填充的陶瓷纤维（陶瓷纤维毡）组成，如不锈钢外屏、钼内屏、中间填充陶瓷纤维组成的夹层式隔热屏。由于陶瓷纤维吸湿性较大，因此采用这种结构的真空炉的真空度不宜很高，一般为 $7 \times 10^{-1} Pa$。陶瓷纤维即耐火纤维。低档制品如天然料硅酸铝纤维，用于炉温为 1000℃ 以下的炉子；中档制品如高纯硅酸铝纤维、高铝纤维、含铬硅酸铝纤维，用于炉温为 1000 ~ 1300℃ 的炉子；高档制品如氧化铝纤维、莫来石纤维，用于炉温为 1300℃ 以上的炉子。陶瓷纤维的化学成分和性能可参阅第二章的有关章节。

陶瓷纤维毡一般是由纤维加入有机黏合剂压制而成的。在加热过程中，陶瓷纤维毡中的黏合剂会大量挥发造成炉内和真空系统的严重污染。因此，在应用陶瓷纤维毡时，一定要选用黏合剂少或不加黏合剂的纤维毡。

D   石墨毡隔热屏

石墨毡隔热屏是由多层石墨毡用石墨绳或钼丝将其捆扎在钢板网上面构成的。多层石墨室可以用石墨布或石墨棒作电热元件。采用石墨毡作隔热屏，对处理的工件是否有增碳呢？由于石墨的蒸气压很低，在工业用的真空范围内是比较稳定的；增碳可能是由于漏进的气体和炉内残存气体中的水蒸气与石墨接触后生成 CO 而使工件渗碳。但只要炉子能维持原定的漏气率，那么增碳量是很微弱的。

E   混合毡隔热屏

混合毡隔热屏通常其内层为石墨毡，外层为陶瓷纤维毡。

部分隔热屏实物如图 8-8 所示。

8.2.3.3   炉壳

真空炉的炉壳是将工作空间与外界隔绝起来的密闭容器，同时又作为炉子各部件安装的基础。炉壳应具有足够的机械强度和稳定性，以防受力、受热后产生变形和破坏。

A   炉壳结构设计要点

炉壳结构设计要点如下：

（1）尽量采用圆筒形结构。圆筒形结构强度高且稳定性最好，焊缝最少，节省材料。

（2）炉壳应设有水冷却装置。水冷却装置一般有两种形式：一种是在炉壳外焊上水冷却管；一种是在炉壳外焊上水冷却套。

（3）炉壳上尽量少开孔或不开孔，以减少真空泄漏。

（4）炉盖的结构。一般直径比较小时，可以采用平底平盖；直径较大时，炉盖或炉底应尽量做成椭圆形封头或碟形封头。

（5）炉壳结构设计时应考虑炉内零部件安装与维修方便，并便于检查每一条焊缝的密封性。

（6）炉壳内壁设计温度一般不高于150℃。

（7）炉壳材料。炉壳材料应具有良好的焊接性、因此应采用轧制钢板，如优质碳素钢板。

a　　　　　　　　　　　　　　　　　　　　*b*

图 8-8　部分隔热屏实物

a—夹层式隔热屏；*b*—石墨毡隔热屏

B　圆筒形真空炉炉壳的计算

真空炉的炉壳的薄弱环节不在于强度而在于稳定性。当圆筒件只承受外压时，按稳定条件计算圆筒的壁厚。圆筒壁厚 δ_0 按式（8-5）求出：

$$\delta_0 = 1.25 D_{内} \left(\frac{P}{E_t} \cdot \frac{L}{D_{内}} \right)^{0.4} \tag{8-5}$$

$$\delta = \delta_0 + \delta_{附} \tag{8-6}$$

$$\delta_{附} = \delta_1 + \delta_2 + \delta_3 \tag{8-7}$$

式中　δ_0——圆筒的计算壁厚，mm；

　　　$D_{内}$——圆筒的内径，mm；

　　　E_t——材料的温度为 t℃时的弹性模量，Pa，从表8-3的数据中选用；

　　　L——圆筒的计算长度，mm；

　　　δ——圆筒的实际壁厚，mm；

　　　$\delta_{附}$——圆筒壁厚的附加量，mm；

　　　δ_1——钢板最大负公差的附加量，mm，见表8－4；

　　　P——外压设计压力，MPa，如果炉壳没有水冷却套，P 按0.1MPa考虑；如果炉壳有水冷却套，则 P 为水的压力（一般为0.2~0.3MPa）加上0.1MPa；如果水冷却套中液体静压超过工作压力5%，则必须计入液体的静压力；

δ_2——腐蚀附加量，mm，当介质对筒体材料的腐蚀速度大于 0.05mm/a 时，其腐蚀附加量根据腐蚀速度和设计使用寿命来决定；当腐蚀速度不大于 0.05mm/a（包括大气腐蚀）时，单面腐蚀取 $\delta_2 = 1mm$，双面腐蚀取 $\delta_2 = 2mm$；

δ_3——封头冲压时拉伸减薄量，mm，对不经冲压的圆筒，$\delta_3 = 0$。

在一般情况下，圆筒壁厚附加量取设计厚度的 10%，即此值不大于 4mm。

上述计算公式适应于泊桑系数为 0.3 的材料（实际上全部金属材料均可），并且必须满足下面两个条件方可应用：

(1) $1 \leqslant \dfrac{L}{D_{内}} \leqslant 8$；

(2) $\dfrac{P}{E_t} \cdot \dfrac{L}{D_{内}} \leqslant 0.53$。

表 8-3 碳钢及低合金钢在各种温度下的 E_t 值

温度/℃	0	20	150	300	450	600
$E_t \times 10^4$/MPa	2110	2080	1970	1830	1690	1550

表 8-4 碳钢及低合金钢板最大负公差附加量   （mm）

钢板厚度	2.5	3	4	4.5	5	6	8 ~ 15	26 ~ 30	32 ~ 34	36 ~ 40
最大负公差附加量	0.2	0.22	0.4	0.5	0.5	0.6	0.8	0.9	1.0	1.1

圆筒炉壳进行水压试验时，其圆筒壁厚的应力按式（8-8）计算

$$\delta = \frac{p_水 \left[D_{内} + (\delta + \delta_{附}) \right]}{2(\delta - \delta_{附})} \tag{8-8}$$

当圆筒炉壳承受内压时，应进行内压水压试验，且须满足

$$|\delta| \leqslant 0.9\delta_s$$

当圆筒炉壳承受外压时，应进行外压水压试验，且须满足

$$|\delta| \leqslant 0.9\delta_s$$

$$|\delta| \leqslant 0.06E_t \left(\frac{\delta}{R} \right)$$

式中 $p_水$——水压试验压力，MPa，一般取 0.2 ~ 0.3MPa；

     $|\delta|$——水压试验时产生的应力的绝对值，MPa，不小于 0.2MPa；

     δ_s——材料在 20℃时的屈服极限，MPa；

     R——圆筒内半径，mm。

当所设计的圆筒壁厚不能满足水压试验的条件时，必须增大壁厚。

选择圆筒壁厚度时的相关参数可参考表 8-5 和表 8-6。

8.2.3.4 真空隔热闸门

真空密封与加热室隔热合成一体的结构门，称为真空隔热闸门。它是双室式和连续式真空炉的关键性部件之一。它的主要作用是隔气、隔热，把加热室与冷却室或装料室隔开。真空隔热闸门有两种类型：一种是插板式，另一种是翻板式。真空隔热闸门的驱动力基本上采用气动式和液压式两种。

表 8-5　压力 P 为 0.1MPa 时的圆筒壁厚　　　　（mm）

圆筒长度与外径之比	圆筒公称直径												
	400	500	600	700	800	900	1000	1200	1400	1600	1800	2000	2200
	圆筒壁厚												
1	3	3	4	4	4	4.5	5	6	6	8	8	8	10
2	3	4	4	4.5	5	6	6	8	8	10	10	12	12
3	4	4	4.5	5	6	8	8	8	8	10	12	14	14
4	4	4.5	5	6	8	8	8	10	10	12	14	14	16
5	4	5	6	6	8	8	10	10	12	12	14	14	16

注：本表适用工作温度不大于 150℃，δ_s 为 210～270MPa 的 A3、A3F、0Cr13、1Cr13 等材料。

表 8-6　受内外压带夹套的钢制圆筒壁厚

公称直径 /mm	圆筒压力 /MPa	圆筒长度与直径之比				
		1	2	3	4	5
600	0.25	6	6	8	8	8
	0.4	6	8	8	10	10
	0.6	6	10	10	10	10
700	0.25	6	8	8	8	10
	0.4	6	10	10	10	12
	0.6	8	10	10	12	12
800	0.25	6	8	8	10	10
	0.4	8	10	10	12	12
	0.6	8	12	12	14	14
900	0.25	6	10	10	12	12
	0.4	8	10	12	12	14
	0.6	8	12	14	14	16
1000	0.25	8	10	10	12	12
	0.4	8	12	14	14	14
	0.6	10	12	14	16	18
1200	0.25	8	10	12	14	14
	0.4	10	12	12	14	16
	0.6	10	12	16	16	20
1400	0.25	10	12	14	16	16
	0.4	10	12	16	16	18
	0.6	12	14	18	20	20
1600	0.25	10	12	14	16	18
	0.4	12	14	16	18	20
	0.6	12	16	20	20	24
1800	0.25	12	14	16	18	18
	0.4	12	16	18	20	22
	0.6	14	18	22	24	26

8.2.3.5　水冷电极

水冷电极也称导电接头，其作用是将电能导至炉内保证电热元件正常工作。

水冷电极结构设计的要点有：

（1）炉体是密封结构，水冷电极通过炉壳应保证密封性。

（2）水冷电极应与炉壳绝缘，以防炉壳带电。

（3）必须采用水冷却装置，以降低导电接头的温度。

（4）导电接头与电热元件连接处的接触面积要足够大，并要求良好的结构。

（5）导电杆采用导电性好的材料制成，一般用紫铜。导电杆截面的选取应使电流密度不宜过大，一般采用 $10 \sim 15 A/mm^2$。

水冷电极结构形式很多，一般采用的是固定水冷电极或可调水冷电极，其具体结构可参阅有关书籍。

其他部件就不一一在此介绍了。

8.3　真空炉功率的确定

用耐火炉衬的真空电阻炉的热工计算与一般电阻炉的热工计算基本相同。但是辐射屏式真空炉的热工计算还有它自己的特点，因此在第 5 章介绍的基础上，对辐射屏式真空炉的热工计算重点加以介绍。真空炉功率确定方法有热平衡计算法和经验确定法。

8.3.1　热平衡计算法

热平衡计算法主要是计算炉子热量总收入，即电加热器发出的总热量与热量总支出进行平衡。热平衡方程为：

$$Q_{总} = Q_{有效} + Q_{损} + Q_{蓄} \tag{8-9}$$

8.3.1.1　有效热消耗计算

有效热消耗计算一般包括计算加热工件与加热夹具（或舟皿）所消耗的热量总和。

（1）加热金属工件所消耗的热量

$$Q_{工件} = G_m c_m (t_2 - t_1) \times 0.2778 \tag{8-10}$$

式中　G_m——炉子的生产能力，kg/h；

　　　c_m——工件在温度 t_1 和 t_2 时的平均比热容，kJ/(kg·℃)；

　　　t_1——工件加热前的温度，一般取室温，℃；

　　　t_2——工件所需加热的最高温度，一般取炉温，℃。

（2）$Q_{夹具}$ 或 $Q_{舟}$ 的计算与 $Q_{工件}$ 计算公式相同。

8.3.1.2　热损失的计算

热损失主要包括通过隔热屏辐射给水冷壁的热损失、水冷电极传导的热损失、热短路造成的热损失以及其他热损失。

对于间断作业炉，由于加热过程的初始阶段处于不稳定传热状态，没有达到热平衡状态，热损失比稳定状态时小。但为了简便起见，仍按稳定状态下的热交换计算。

A　通过隔热屏辐射给水冷壁的热损失

隔热屏有金属反辐射屏与非金属隔热屏。非金属隔热屏辐射给水冷壁的热损失 $Q_{隔非}$，等于隔热屏内壁传导至外壁的热量 $Q_传$，也等于隔热屏辐射给水冷壁的热量 $Q_辐$。

a $Q_传$ 的计算

$Q_传$按热传导计算，具体计算方法如下。

对于单层圆筒壁

$$Q_{传1} = \frac{2\pi L(t_1 - t_2)}{\dfrac{1}{\lambda_均}\ln\dfrac{r_2}{r_1}} \tag{8-11}$$

式中　L——圆筒壁长度，m；

　　　t_1——隔热屏内壁温度，℃；

　　　t_2——隔热屏外壁温度，℃；

　　　r_2——圆筒外壁半径，m；

　　　r_1——圆筒内壁半径，m；

　　　$\lambda_均$——隔热屏材料的平均导热系数，W/(m·℃)。

对于单层平壁

$$Q_{传2} = \frac{t_1 - t_2}{\dfrac{s}{\lambda F}}$$

式中　s——平壁厚度，m；

　　　F——平壁的平均面积，m^2。

则

$$Q_传 = Q_{传1} + Q_{传2}$$

b $Q_辐$ 的计算

$Q_辐$按封闭空间内两表面的辐射热交换计算

$$Q_辐 = c_导\left[\left(\frac{T_1}{100}\right)^4 - \left(\frac{T_2}{100}\right)^4\right]F_1 \tag{8-12}$$

式中　T_1——辐射体外表面绝对温度，K；

　　　T_2——接受体内表面绝对温度，K；

　　　F_1——辐射体外表面面积，m^2；

　　　$c_导$——导来辐射系数，W/(m^2·K^4)，其计算公式为

$$c_导 = \frac{5.67}{\dfrac{1}{\varepsilon_1} + \dfrac{F_1}{F_2}\left(\dfrac{1}{\varepsilon_2} - 1\right)} \tag{8-13}$$

　　　F_2——接受体内表面积，m^2；

　　　ε_1——辐射体的黑度；

　　　ε_2——接受体的黑度。

$Q_辐$的计算结果如果不满足 $Q_传 = Q_辐$，则需要重新进行计算，直至结果达 $Q_传 \approx Q_辐$ 为止。

c 金属反辐射屏热损失 $Q_{辐金}$的计算

首先假定辐射屏各层的温度，初步选取各层材料及其黑度。电热元件的温度按高于炉子工作温度 100～150℃ 考虑，第一层辐射屏温度令其与炉温相等，第二层以后各层逐层降低。例如，对钼隔热屏令其逐层降低 250℃ 左右，对不锈钢隔热屏令其逐层降低 150℃。水冷夹层内壁的温度一般不高于 150℃，一般取 80～120℃。

对于圆筒壁

$$Q_{\text{辐金}} = \frac{\left(\dfrac{T_{\text{热}}}{100}\right)^4 - \left(\dfrac{T_{\text{壳}}}{100}\right)^4}{\dfrac{1}{c_{\text{导热1}}F_{\text{热}}} + \dfrac{1}{c_{\text{导热1,2}}F_1} + \dfrac{1}{c_{\text{导热}n,\text{冷}}F_n}} \tag{8-14}$$

式中　　$T_{\text{热}}$——电热元件的绝对温度，K；

$T_{\text{壳}}$——炉内壁的绝对温度，K；

$F_{\text{热}}$——电热元件的表面积，m^2；

F_1，…，F_n——第一层至第 n 层（从内到外）辐射屏的表面积，m^2；

$c_{\text{导热1}}$——电热元件与第一层辐射屏间的导来辐射系数，$W/(m^2 \cdot K^4)$，$c_{\text{导热1,2}}$，$c_{\text{导热2,3}}$，…依次类推；

$c_{\text{导热}n,\text{冷}}$——第 n 层（最外层）辐射屏与炉壳内表面间的导来辐射系数，$W/(m^2 \cdot K^4)$。

$c_{\text{导热1}} \sim c_{\text{导热}n,\text{冷}}$ 的计算公式为：

$$c_{\text{导热1}} = \frac{5.67}{\dfrac{1}{\varepsilon_{\text{热}}} + \dfrac{F_{\text{热}}}{F_1}\left(\dfrac{1}{\varepsilon_1} - 1\right)}$$

$c_{\text{导热1,2}}$，$c_{\text{导热2,3}}$，…依次类推

$$c_{\text{导热}n,\text{冷}} = \frac{5.67}{\dfrac{1}{\varepsilon_n} + \dfrac{F_n}{F_{\text{壳}}}\left(\dfrac{1}{\varepsilon_{\text{壳}}} - 1\right)}$$

式中　　$\varepsilon_{\text{热}}$——电热元件的黑度；

ε_1，…，ε_n——第一层至第 n 层辐射屏的黑度；

$\varepsilon_{\text{壳}}$——炉壁内表面的黑度。

各层辐射屏的温度如何假定，其规律推荐如下

$$t_1 = t_{\text{热}} - \Delta t_1$$
$$t_2 = t_1 - \Delta t_2$$
$$t_n = t_{n-1} - \Delta t_n$$

式中　　$t_{\text{热}}$——电热元件的温度，℃；

t_1，t_2，…，t_n——第一层至第 n 层辐射屏的温度，℃；

Δt_1，Δt_2，…，Δt_n——相邻两层辐射屏间的温度差，℃。

Δt 可近似确定如下：

第一层至第三层为

$$\Delta t_{1\sim3} = 0.5\Delta t_{\text{均}}$$

第三层至第 n 层为

$$\Delta t_{3 \sim n} = \Delta t_{均}$$

$\Delta t_{均}$ 为相邻两层间的平均温度差

$$\Delta t_{均} = \frac{t_{热} - t_{壳}}{n + 1}$$

式中 $t_{壳}$——炉内壁的温度,可取 90℃。

假定各层温度后,查出各层的黑度,计算 $c_{导}$,求出 $Q_{辐金}$ 还必须按下面的公式验算各层的温度。如果与假定温度相等或基本相近,则计算结果可行;如果误差较大,则需重新假定再进行计算。

$$\left(\frac{T_1}{100}\right)^4 = \left(\frac{T_{热}}{100}\right)^4 - Q_{辐金}\frac{1}{c_{导热1}F_{热}}$$

$$\left(\frac{T_2}{100}\right)^4 = \left(\frac{T_{热}}{100}\right)^4 - Q_{辐金}\left(\frac{1}{c_{导热1}F_{热}} + \frac{1}{c_{导热1,2}F_1}\right)$$

$$\vdots$$

$$\left(\frac{T_n}{100}\right)^4 = \left(\frac{T_{热}}{100}\right)^4 - Q_{辐金}\left(\frac{1}{c_{导热1}F_{热}} + \frac{1}{c_{导热1,2}F_1} + \cdots + \frac{1}{c_{导热n,冷}F_n}\right)$$

如果顶部有隔热屏,则通过顶部隔热屏的热损失,根据经验可粗略地取 $Q_{辐金}$ 的 15%。

B 水冷电极传导的热损失

$$Q_{电极} = n\gamma\frac{\pi d^2}{4}vc(t_2 - t_1) \tag{8-15}$$

式中 n——水冷电极数;

γ——水的密度,kg/m^3;

c——水的比热容,$kJ/(kg \cdot ℃)$;

v——水的流速,m/s,对软水一般取 0.8 ~ 1.2m/s,对中等硬水取 1.2 ~ 3m/s;

d——水管直径,m;

t_2——冷却水出口温度,一般取 30 ~ 35℃;

t_1——冷却水入口温度,一般取 20 ~ 25℃。

C 热短路损失 $Q_{短路}$

热短路损失包括隔热屏支撑杆与炉壁连接热传导损失、炉床或工件支撑架热短路传导损失以及其他热短路损失。根据经验,这部分热损失为通过隔热屏辐射给水冷壁热损失的 5% ~ 10%。

D 其他热损失 $Q_{其他}$

其他热损失包括热电偶导出装置、真空管道、观察孔、风扇装置等的热损失。根据经验,这部分热损失为通过隔热屏辐射给水冷壁热损失的 3% ~ 5%。

8.3.1.3 炉子结构蓄热量的计算

炉子结构蓄热量是指炉子从室温加热至工作温度并达到稳定状态时构件所吸收的热量。对于连续操作炉,$Q_{蓄}$ 可不计算;对于间断操作炉,$Q_{蓄}$ 是相当大的,它直接影响炉子的升温时间。$Q_{蓄}$ 包括隔热屏、炉床、炉壳内壁等内壁热消耗的总和。

$$Q_蓄 = \frac{G_m c_m \Delta t}{\tau} \times 0.2778 \qquad (8-16)$$

式中　G_m——构件总质量，kg；

　　　c_m——构件材料的平均比热容，kJ/(kg·℃)；

　　　Δt——构件增加的温度，℃；

　　　τ——炉子的升温时间，h，一般以 1h 计。

　　确定炉子功率后，应对空载升温时间进行核算。对升温速度有要求的炉子，还应根据所要求的升温时间来确定功率。

　　空载升温时间τ的计算公式为

$$\tau = \frac{Q_蓄}{0.8 P_总 - 0.5 Q_损}$$

　　炉子加热功率

$$P_总 = K Q_总$$

　　K 为安全系数，主要考虑到炉子应有相当的功率储备。对于连续操作炉，K 取 1.2 ~ 1.3；对于间断操作炉，K 取 1.2 ~ 1.5。

8.3.2　经验确定法

　　经验法一般采用类比法，就是与性能较好的同类型炉子比较，从而确定所设计炉子的使用功率。用石墨毡或陶瓷纤维毡隔热屏的真空炉的有效加热区容积与功率的关系如图 8-9 所示。按此曲线图可确定炉子的功率。对于金属反辐射屏的炉子，查出的功率要增加 20% 左右。

8.3.3　冷却水消耗量的计算

　　炉子冷却水总消耗量包括炉壳、炉盖、水冷电极以及真空系统冷却水消耗量之和。除真空泵冷却水消耗量不需计算外，其余部件冷却水消耗量均需计算，且计算方法基本相同。

　　A　炉壳冷却水消耗量

　　炉壳冷却水消耗量计算公式如下

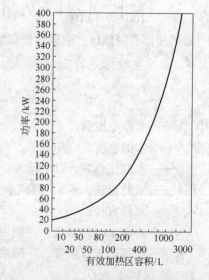

图 8-9　用石墨毡或陶瓷纤维毡隔热屏的真空炉的有效加热区容积与功率的关系

$$G_水 = \frac{Q_{冷带}/0.2778}{c_水(t_2 - t_1)} \qquad (8-17)$$

式中　$c_水$—— 水的比热容，4.186kJ/(kg·℃)；

　　　t_2——冷却水出口温度，℃，一般取 40 ~ 45℃；

　　　t_1——冷却水入口温度，℃，一般取 15 ~ 20℃；

　　　$Q_{冷带}$——炉壳冷却水带走的热量，W，计算公式为

$$Q_{冷带} = Q_总 - Q_散$$

　　　$Q_总$——通过多层隔热屏总的热损失，W；

$Q_{散}$——炉壳散入周围空气的热量，W，根据经验一般取单位热量 $210 \sim 220W/m^2$。

计算冷却水消耗量后，要进行水冷炉壳温度的验算，计算的 $t_{壳}$ 低于 $100℃$ 一般认为是合理的。否则，要重新考虑参数再进行计算。

B 冷却水管道的计算

a 冷却水进水管直径的确定

在计算出冷却水的流量和流速后，就可以选定冷却水进水管的直径。由于出水的水温比进水的水温高，因此出水管的直径要比进水管的直径稍大一些。

b 回水管直径的计算

回水管中的水速计算公式为

$$v_2 = \sqrt{2gh}$$

式中 g——重力加速度，m/s^2；

h——回水箱内水层的高度，m，一般取 $0.5m$ 以内。

求出水速后，已知水的流量 G，就可求出回水管的截面积和直径

$$F_2 = \frac{G}{v_2}$$

式中 F_2——回水管的截面积，m^2；

G——水流量，m^3/s。

按照

$$F_2 = \frac{\pi d^2}{4}$$

故回水管直径

$$d = \sqrt{\frac{4F_2}{\pi}}$$

8.4 炉子真空系统的设计

电阻炉的真空系统是由炉体、真空泵、真空阀门、冷凝阱、除尘器、软管、连接管道、真空测量仪器等元件组成。由于选取的元件不同，可以组成不同种类的真空系统。在选取真空系统时，应根据使用特点和技术参数要求设计出符合需要的真空系统。典型的真空系统如图 8-10 所示。

8.4.1 真空系统的设计参数及基本原则

8.4.1.1 设计参数

真空系统的设计参数包括：

(1) 工艺过程中被处理工件（或材料）的放气量，它是选择主泵主要气体负荷的依据。

(2) 被抽真空炉室的体积。

(3) 炉室内的表面积，包括炉室中各构件的表面积。

(4) 炉室在冷态下的极限真空度。

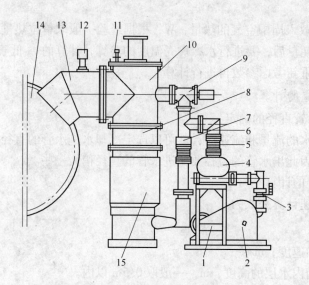

图 8-10 典型的真空系统

1—支架；2—机械泵；3—压差阀；4—罗茨泵；5—波纹管；6—管路；7—气动蝶阀；8—冷凝阱；

9—气动挡板阀；10—气动高真空挡板阀；11—真空规管；12—电磁放气阀；

13—炉体抽气口；14—炉体；15—油扩散泵

（5）炉室工作时的工作真空度，即热态真空度。

（6）抽气时间，即由大气压力下抽到工作真空度时所需要全部时间。

（7）炉室内的升压率（漏气率），按压力增长率计算；

（8）对真空系统的某些特殊要求。

8.4.1.2 设计基本原则

真空系统设计的基本原则包括：

（1）真空系统元件互相连接时，要做到管路短、流导大；导管直径一般不小于泵入口直径，特殊情况下例外。

（2）机械泵和罗茨泵在工作时会产生振动，需要在入口管道上连接软管减振，还可以装规管检漏。

（3）真空系统建成后，应便于检漏。因此在每个封闭区段要设置一个规管座，便于安装规管检漏。

（4）并联泵可以提高抽速，串联泵能提高极限真空度。并联的两个泵其极限真空度应当基本上在同一个数量级，如扩散泵与机械泵不能并联。

（5）当采用扩散泵或者油增压泵为主泵的抽真空系统时，其主泵的入口高真空阀盖板应盖向主泵的入口，前级管道上的前级阀盖板应盖向主泵的出口，预真空管道上的预真空阀盖板应盖向炉子的出口。

（6）采用罗茨泵为主泵的真空系统时，罗茨泵入口管道上的阀门盖板应盖向炉子的出口。在罗茨泵与前级机械泵之间的管道上，可不设置真空阀。

（7）在扩散泵与油增压泵的入口管道上的高真空阀门上，一般应设置一个真空继电器，保护高真空阀不在大气压下开阀，防止破坏高真空阀的传动机构，又不使大气进入真空泵，防止油被氧化。

（8）在罗茨泵的入口管道上，一般应安置一个真空继电器，用来保护罗茨泵只在 1.33×10^3 Pa 的压力下才能启动工作；若其压力超过此值时，则罗茨泵自动断电，停止工作。

（9）在机械泵的入口管道上要设置一个截止阀和一个充气的阀。当机械泵停止工作时，截止阀立即关闭，放气阀立即打开，向机械泵通入大气。这里的截止阀、放气阀和机械泵的电源连在一起并互相连锁。

（10）测量真空度仪器的规管座，一般不设置在炉室壳体上，而设置在接真空系统出口管道上。安装在规管座上的规管应上下直立，不得横放。

（11）真空系统上各元件的连接要有互换性，即应选用标准尺寸的元件。

（12）对于以油扩散泵和油增压泵为主泵的真空系统，在这两种主泵的出口管道上应设置维持真空泵，可以大量节能。

8.4.2 真空系统的类型

电阻炉中真空系统的类型一般有三种：低真空系统、中真空系统和高真空系统。三种真空系统的示意图如图 8-11 所示。

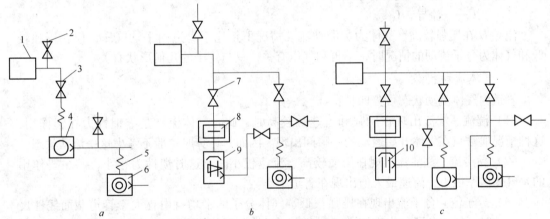

图 8-11 电阻炉常用的几种真空系统
a—低真空系统；*b*—中真空系统；*c*—高真空系统
1—炉体；2—充气阀；3—管道截止阀；4—罗茨泵；5—软管；6—机械泵；
7—高真空泵；8—挡板；9—油增压泵；10—扩散泵

（1）低真空系统。一般是由一个泵组成的系统，该种系统结构简单、造价低。对这种要求范围的真空系统，一般只需配置机械真空泵，就能保证间断工作的炉子可靠地工作。当真空度要求稍高，抽气速率要求不太大的情况下，可选用旋片式真空泵；当抽气速率需要较大，而真空度要求不太高时，可选用滑阀式真空泵。

（2）中真空系统。它有三种形式：1）由罗茨泵为主泵串联机械泵而构成的系统；2）由油增压泵为主泵串联机械泵而构成的系统；3）由罗茨泵串联小罗茨泵，再串联机械泵而构成的系统。

这种压强范围的真空系统，通常由增压泵和机械真空泵组成。此时机械真空泵便是一种预真空泵，预真空泵的选择应保证增压泵最大能力的发挥。增压泵有机械增压泵（罗茨泵）和油增压泵两种。机械增压泵启动快，能在短时间内达到极限真空，也有很大的抽气速率，这样弥补了油扩散泵和油增压泵在 $10 \sim 10^{-2}$ Pa 时抽气速率小的不足。但是，机械增压泵的极限真空度略低于油增压泵组成的真空系统。

（3）高真空系统。它有三种形式：1）由扩散泵为主泵串联罗茨泵，再串联机械泵而构成的系统；2）由扩散泵为主泵串联机械泵而构成的真空系统；3）由扩散泵为主泵串联油增压泵，再串联机械泵而构成的真空系统。高真空系统与低真空系统相比，其特点是压强较低、排气量小、抽气速率小。高真空油蒸气扩散泵不能直接对大气工作。

8.4.3 管路流导的计算

8.4.3.1 流导概念及气体流动状态

A 流导概念

众所周知，不同截面和长度的电路可产生不同的电阻，那么对不同截面和长度的气体管道，也可以产生不同的"流阻"。"流阻"的倒数称为管道通导能力，简称流导。

气体通过某一管道时的气体流量

$$Q = U(p_2 - p_1)$$

式中 p_1，p_2——管子两段的气压值（$p_2 > p_1$）；

         U——流导，L/s。

流导 U 在压强较高、气体为黏滞性流动情况下正比于管道内平均气压，但在压强较低和气体为分子流动的情况时，不再和气压有关，只与管子的几何形状有关。

B 气体流动状态

管道内气体流动状态可分四种：

（1）湍流。湍流出现在压强和流速均较高时，此时气体流动是靠惯性力在起作用，这种情况通常只在气体开始运动的一瞬间出现。因而，计算时一般不考虑这一流动状态。

（2）黏滞流。黏滞流出现在压强较高、流速较小时。这时惯性力很小，起主要作用的是气体内摩擦力，流速最大值出现在管道中心。

（3）分子流。分子流出现在压强很低、气体分子的平均自由程大于管道截面线性尺寸时。这时，气体分子的内摩擦力已不存在，气体分子与管道壁间的碰撞频繁，气体分子沿管道做热运动。

（4）黏滞 – 分子流。它是介于黏滞流与分子流之间的气体流动状态。

根据气体的平均压强和管道直径的乘积来判别气体的流动状态。

黏滞流： $\bar{p}D > 0.67 \text{Pa} \cdot \text{m}$

分子流： $\bar{p}D < 0.02 \text{Pa} \cdot \text{m}$

黏滞 – 分子流： $0.02 \text{Pa} \cdot \text{m} < \bar{p}D < 0.67 \text{Pa} \cdot \text{m}$

式中 $\bar{p}$——管道中气体的平均压强，Pa；

         D——管道直径，m。

8.4.3.2 圆管道流导的计算

A 黏滞流

黏滞流的计算公式如下

$$U_{黏} = 182 \frac{D^4}{L} \bar{p} \qquad (8\text{-}18)$$

B 分子流

对 $L/D \geqslant 20$ 时的长管道

$$U_{分} = 12.1 \frac{D^3}{L} \qquad (8\text{-}19)$$

对 $L/D < 20$ 时的短管道

$$U_{分} = 12.1 \frac{D^3}{L} \alpha \qquad (8\text{-}20)$$

C 黏滞 – 分子流

黏滞 – 分子流的计算公式如下

$$U_{黏-分} = 12.1 \frac{D^3}{L} J \qquad (8\text{-}21)$$

式中　D——管道的直径，cm；

　　　L——管道的长度，cm；

　　　$\bar{p}$——管道的气体平均压强，Pa；

　　　α——克劳辛系数，是一种阻隔系数，其值见表 8-7；

　　　J——与 $\bar{p}D$ 之积有关的修正系数，20℃时空气的 J 值见表 8-8。

表 8-7　克劳辛系数 α 值

L/D	0.05	0.08	0.1	0.2	0.4	0.6	0.8	1	2
α	0.036	0.055	0.068	0.13	0.21	0.28	0.30	0.38	0.54
L/D	4	6	8	10	20	40	60	80	100
α	0.70	0.77	0.81	0.84	0.91	0.95	0.97	0.98	1

表 8-8　20℃时空气的 J 值

$\bar{p}D$ /Pa·m	<0.02	0.03	0.04	0.05	0.07	0.08	0.09	0.10
J	1.00	1.14	1.28	1.48	1.58	1.73	1.88	2.03
$\bar{p}D$ /Pa·m	0.12	0.13	0.27	0.40	0.53	0.67	0.80	0.93
J	2.18	2.33	3.84	5.37	6.87	8.38	9.91	11.4
$\bar{p}D$ /Pa·m	1.06	1.20	1.33	2.66	3.99	6.65	9.31	13.30
J	12.9	14.5	16.0	31.1	46.3	76.6	107	152

随着温度的变化，气体种类不同，流导也不同。表 8-9 是某气体不同温度下流导与 20℃流导的比值，表 8-10 是各种气体的流导与空气流导的关系。

表 8-9　某气体不同温度下流导与 20℃流导的比值

温度/℃	−187	0	100	1000	2000
C_t/C_{20}	0.55	0.96	1.2	2.1	2.7

表8-10   各种气体的流导与空气流导的关系

气体名称	气体的流导/空气的流导	
	黏滞流	分子流
氢气	2.1	3.8
水蒸气	1.9	1.3
氮气	1.04	1.01
氦气	0.93	2.7
氩气	0.58	1.19

8.4.3.3   弯管道流导的计算

在计算弯管流导时，用等效的直管流导来代替，其等效长度为

$$L_{等效} = L_{轴长} + \frac{4}{3}D$$

通常采用

$$L_{等效} = L_{轴长} + D \tag{8-22}$$

式中 $L_{轴长}$——弯管道轴线长，cm；

　　　　D——管道直径，cm。

8.4.3.4   管道阀门流导的计算

对于直通阀门

$$U_{直} = 9.1D^2 r \tag{8-23}$$

式中 D——阀门出口直径，cm；

　　　　r——阻力系数，一般取 0.5 ~ 1。

对于直角阀门

$$U_{角} = 0.8U_{直} \tag{8-24}$$

8.4.4   真空炉真空系统的计算

真空炉真空系统计算的目的在于正确选择真空系统的基本结构。有两个基本问题需要解决：一是根据炉子产生的气体量、工作压强、极限真空度以及抽气时间等来选配真空泵、真空阀门以及管道等；二是计算真空炉的抽气时间，或计算在给定的抽气时间内所能达到的压强。

8.4.4.1   真空度的计算

真空室所能达到的极限真空按式（8-25）求出

$$p_{极} = p_0 + \frac{Q_0}{S_{效}} \tag{8-25}$$

真空室正常工作时所需的工作真空按式（8-26）求出

$$p_{工} = p_{极} + \frac{Q_1}{S_{效}} = p_0 + \frac{Q_0}{S_{效}} + \frac{Q_1}{S_{效}} \tag{8-26}$$

式中 p_0——真空泵的极限真空，Pa；

　　　　$S_{效}$——真空室抽气口附近泵的有效抽气速率，L/s；

Q_1——生产工艺中真空室的气体负荷，Pa/s；

Q_0——空载时长期抽气后真空室的气体负荷，包括材料表面出气、漏气等，Pa/s，其值主要由真空室的极限真空和工作压强来确定，一般选取低于工作状态下气体负荷的10%。

真空室的工作真空一般总低于真空室的极限真空，工作真空选择得越接近真空机组的极限真空，真空机组的经济效率越低。真空室的极限真空一般总低于真空机组的极限真空。

有效抽气速率的计算：

在泵的进口处的气体流量可表示为

$$Q = pS$$

式中　p——压强，Pa；

　　　S——泵的抽气速率，L/s。

又有

$$Q = S_效 p_2 = Sp_1$$

$$p_1 = \frac{Q}{S}, \quad p_2 = \frac{Q}{S_效}$$

根据

$$Q = U(p_2 - p_1)$$

$$p_2 - p_1 = Q\left(\frac{1}{S_效} - \frac{1}{S}\right)$$

$$\frac{1}{U} = \frac{1}{S_效} - \frac{1}{S}$$

$$\frac{1}{S_效} = \frac{1}{S} + \frac{1}{U}$$

故

$$S_效 = \frac{SU}{S + U} \tag{8-27}$$

或

$$S_效 = \frac{U}{1 + \dfrac{U}{S}}$$

或

$$S_效 = \frac{S}{\dfrac{S}{U} + 1}$$

可以看出 $S_效 < S$，即有效抽气速率很大程度上取决于通导能力。为了提高 $S_效$，炉子与泵之间的管道应尽可能短而粗。在通导能力很小的情况下，如用大抽气速率的泵来提高有效抽气速率，其效果是不明显的。

8.4.4.2　真空室抽气速率的计算

真空炉抽气速率的计算主要依据炉子的气体负荷。真空炉在工作过程中所放出的气体有炉料的放气量、炉壁及构件的放气量、隔热屏（炉衬）放气量和渗漏渗入炉内的气体量。

A 炉料的放气量

要准确计算出炉料放气量是比较困难的，因为金属的含气量因金属的不同及其生产工艺的不同而有很大的差别。所以，必须以正确的工艺数据和有关试验数据为依据计算炉料放气量。计算时请查有关手册或真空技术的金属在真空中的含气量和放气量。

B 金属结构表面的放气量

当抽真空时，由于炉内的压强降低，吸附在结构材料（如炉壁、加热室框架等）表面的气体解吸，导致炉内的压强增高。结构材料表面放出气体的多少和快慢与材料的类别、材料表面质量、真实表面与几何表面之比、材料的温度以及抽气时间等因素有关。因而，炉壳体等在安装时要进行必要的清理如抛光、清洗等。结构材料表面的放气量对选择真空泵不是决定因素。计算时请查有关手册。

C 隔热屏以及耐火炉衬的放气量

对于石墨毡，由于其无吸潮性，在真空下放气量很小；对于陶瓷毡，由于其吸潮性很大，因此它经过烘烤除气后要做好真空保存。计算时请查有关手册。

D 渗漏渗入炉内的气体量

气体进入炉内会导致工件氧化。因而，渗入气体量是真空炉的制造和安装质量的重要标志之一。渗入气体量按下式计算。

$$H = \frac{V\Delta p}{\Delta \tau} \tag{8-28}$$

式中 H——渗入气体量，$\mathrm{L \cdot Pa/s}$；

   Δp——压力的变化，Pa；

   V——炉子容积，L；

   $\Delta \tau$——单位时间，s。

为了确定外部渗入气体的数量，炉子需进行长时间抽真空，使炉内放气量达到最低值。

综上所述，真空炉需要排出的气体总量为

$$Q = \frac{10q_{料}\,G}{t} \cdot n + \frac{q_{衬}\,V}{t} + q_{表}\,F + q_{漏} \tag{8-29}$$

因此，真空室的必要抽气速率为

$$S_{必} = \frac{10q_{料}\,G}{tp} \cdot n + \frac{q_{衬}\,V}{tp} + \frac{q_{表}\,F}{p} + \frac{q_{漏}}{p} \tag{8-30}$$

式中 $q_{料}$——炉料的放气量，$\mathrm{cm^3/g}$；

   G——炉料的质量，kg；

   $q_{衬}$——单位体积炉衬的放气量，$\mathrm{cm^3/m^3}$；

   V——炉衬体积，$\mathrm{m^3}$；

   $q_{表}$——炉子金属结构表面的放气量，$\mathrm{cm^3/(cm^2 \cdot h)}$；

   F——炉壁及内部结构的面积，$\mathrm{cm^2}$；

   $q_{漏}$——渗入气体的数量，$\mathrm{L \cdot Pa/s}$；

t——加热时间，s；

p——炉子工作压强，Pa；

n——不均匀放气系数，一般取 $n = 1.2$。

考虑到其他因素的影响，往往在选择抽气速率时比所要求的值要大一倍左右。

8.4.4.3 选择真空泵

A 选择主真空泵

主真空泵（主泵）选择的好坏是关系到真空炉系统的工作是否可靠的关键问题。选择主泵不能单纯追求某一项技术指标，其选择的主要依据有：根据真空炉空载时所要建立的极限真空度来确定主泵的类型，主泵的极限真空比真空炉的极限真空高，一般要高 0.5~1个数量级；其次，根据真空炉在工艺生产过程中所需要的工作压强来选取主泵，使炉子的工作压强处于主泵最佳抽气速率压强范围内。

主泵的有效抽气速率可根据炉子真空室的必要抽气速率来定，计算时需考虑连接管道、阀门等阻力损失。

由

$$S_{效} = \frac{SU}{S + U}$$

得

$$S_{主} = \frac{S_{必} U_{总}}{U_{总} - S_{必}} \tag{8-31}$$

式中 $S_{主}$——主泵的有效抽气速率，L/s；

$S_{必}$——真空室的必要抽气速率，L/s；

$U_{总}$——主真空系统管路的总流导，L/s。

在整个真空系统尺寸尚未确定之前，主真空系统管路的总流导是无法计算的。因而，在选择主泵时，通常根据经验初步确定主泵的有效抽气速率。一般主泵的有效抽气速率等于真空室所需的必要抽气速率的 2~4 倍。

表8-11 列出了真空室容积与扩散泵抽气速率的经验关系，可供选择主泵时参考。

表8-11 真空室容积与扩散泵抽气速率的经验关系

真空室容积/L	5	30	110	200	500	1000	2500	5000	10000
抽气速率/L·s^{-1}	60	430	850	1230	2500	5000	10000	20000	55000
排气口直径/mm	50	120	160	200	280	400	600	800	1200

B 选配前级真空泵

选配前级真空泵应满足三点基本要求：（1）能维持一个比主泵工作时所需的最大反压强还低的压强；（2）能将主泵排出的全部气体及时排走；（3）预抽时间尽可能短，一般在 10~20min 范围内。

在选配前级真空泵时，要满足以下条件

$$S_{前} > \frac{p_{max} S_{主}}{p_{反}}$$

或

$$S_前 > \frac{Q_{max}}{p_反} \tag{8-32}$$

式中　$S_前$——前级泵的有效抽气速率，L/s；

　　　p_{max}——主泵允许的最高工作压强，Pa；

　　　$S_主$——主泵在 p_{max} 时的有效抽气速率，L/s；

　　　$p_反$——主泵前级的最大反压强，Pa；

　　　Q_{max}——主泵所能排出的最大气体量，L·Pa/s。

　　应该注意，机械真空泵的抽气速率是在大气压强下测得，而真空泵在作业时都是在负压下运转，泵的抽气速率相比大气压下时有所下降。

　　有几种经验公式可供选配前级真空泵参考：

　　（1）对选配油扩散泵的前级泵

$$S_前 = \frac{1}{180} S_{油扩} \tag{8-33}$$

式中　$S_前$——机械真空泵在 10^4Pa 时的名义抽气速率，L/s；

　　　$S_{油扩}$——油扩散泵在 10^{-2}Pa 时的名义抽气速率，L/s。

　　（2）对选配罗茨泵的前级泵

$$S_前 = \frac{1}{5 \sim 10} S_罗 \tag{8-34}$$

式中　$S_罗$——罗茨泵的名义抽气速率，L/s。

　　表 8-12 ~ 表 8-15 列出了几种类型真空泵的性能及规格，供选取主泵和选配前级泵时参考。

表 8-12　国产 ZJ 型罗茨泵的主要性能及规格

名　　称	ZJ－150	ZJ－600	ZJ－1200	ZJ－2500	ZJ－5000
极限真空/Pa	$6 \times 10^{-2} \sim 1 \times 10^{-2}$	$6 \times 10^{-2} \sim 1 \times 10^{-2}$	$6 \times 10^{-2} \sim 1 \times 10^{-2}$	$6 \times 10^{-2} \sim 1 \times 10^{-2}$	$< 1 \times 10^{-1}$
抽气速率/L·s^{-1}	150	600	1200	2500	5000
电动机功率/kW	3.0	7.5	13	17	55
进气口直径/mm	100	200	300	300	500
排气口直径/mm	70	150	200	200	350
最大排气压强/Pa	3900	3900	1950	1300	
推荐前级泵型号	2X－1.5	2X－7	H－150	H－300	2 台 H－300

表 8-13　国产 Z 型油增压泵的主要性能及规格

名　　称	进口内径/mm					
	100	150	200	300	400	600
抽气速率/L·s^{-1}	200	500	1000	2000	4000	8000
极限真空/Pa	1.3×10^{-2}	1.3×10^{-2}	1.3×10^{-2}	1.3×10^{-2}	1.3×10^{-2}	1.3×10^{-2}
最大反压强/Pa	$1.3 \times 10^{2} \sim 2.6 \times 10^{2}$	$1.3 \times 10^{2} \sim 2.6 \times 10^{2}$	$1.3 \times 10^{2} \sim 2.6 \times 10^{2}$	$1.3 \times 10^{2} \sim 2.6 \times 10^{2}$	$1.3 \times 10^{2} \sim 2.6 \times 10^{2}$	$1.3 \times 10^{2} \sim 2.6 \times 10^{2}$
加热功率/kW	1.5 ~ 2	3 ~ 4	6 ~ 8	10 ~ 12	20 ~ 25	30 ~ 40
推荐前级泵抽速/L·s^{-1}	15	30	30	60	150	300

表 8-14 国产 K 系列油扩散泵的主要性能及规格

名　　称	K-150	K-200	K-300	K-400	K-600	K-800
极限真空/Pa	6.5×10^{-5}	6.5×10^{-5}	6.5×10^{-5}	6.5×10^{-5}	6.5×10^{-5}	6.5×10^{-5}
抽气速率/L·s^{-1}	800	1200~1600	3000	5000~6000	11000~13000	20000~22000
最大排气压强/Pa	39	39	39	39	39	39
加热功率/kW	0.8~1.0	1.5	2.4~2.5	4.0~5	6	8~9
进气口直径/mm	150	200	300	400	600	800
推荐前级泵型号	2X-4	2X-8	2X-1.5	2X-3	2X-7	Z-150+2X-300

表 8-15 国产机械真空泵的性能及规格

型　号	结构形式	抽气速率/m³·h^{-1}	极限压强/Pa	转数/r·min^{-1}	生　产　厂
2X-1	旋片式	3.6	0.065	500	天津第四通用机械厂生产
2X-2	旋片式	9	0.065	450	天津第四通用机械厂生产
2X-3	旋片式	14.4	0.065	450	大津第四通用机械厂生产
2X-4	旋片式	28.8 (8L/s)	0.065	320	上海第一真空泵厂生产
2X-4A	旋片式	28.8	0.065		上海第一真空泵厂生产
2X-5	旋片式	54	0.065	400	上海第一真空泵厂生产
2X-6	旋片式	108 (30L/s)	0.065		上海第二真空泵厂生产
2X-7	旋片式	252 (70L/s)	0.065	320	上海第二真空泵厂生产
H4	润滑式	28.8 (8L/s)	0.65		上海第一真空泵厂生产
H5	润滑式	54	0.65		上海第一真空泵厂生产
H6	润滑式	108 (30L/s)	6.5		上海第一真空泵厂生产
H7	润滑式	252	1.3		抚顺真空设备制造厂生产
H8	润滑式	540	1.3		抚顺真空设备制造厂生产
H8-A	润滑式	540	1.3		上海第二真空泵厂生产
H9	润滑式	1080	1.3		上海第二真空泵厂生产
1405	定片式	10L/min	0.13		上海第一真空泵厂生产
1406	定片式	30L/min	0.13		上海第一真空泵厂生产
ZBⅡ-50	定片式	50L/min	0.13		上海第一真空泵厂生产
ZBⅡ-200	定片式	200L/min	0.13		上海第一真空泵厂生产
W-1	往复式	56	13		上海第二真空泵厂生产
W-2	往复式	125	13		上海第二真空泵厂生产
W-3	往复式	200	13		博山水泵厂（只生产 W-3）
W-4	往复式	370	13		上海第二真空泵厂生产
W-5	往复式	770	13		上海第二真空泵厂生产

8.4.4.4　确定真空系统的管道及配件尺寸

选泵与配泵后，便可以按选定的真空系统，并根据工艺过程的具体要求分别设计和选用真空阀门、障板、连接管道等。

在设计时要注意：主真空管道的长度尽可能设计短一些，直径大一些；为了防止油蒸气流入真空炉内，需采用冷阱或障板；机械泵与管道之间应安装波纹管作为减震装置等。

8.4.4.5　真空泵抽气速率的验算

验算时，首先确定管道内气体流动状态，再计算主要真空管道的流导，根据公式计算主泵的有效抽气速率。

$$S_主 = \frac{US_必}{U - S_必}$$

如果求出的 $S_主$ 大于 $S_必$ 而小于所选主泵的抽气速率，则所选主泵满足要求。

8.4.4.6　预抽时间的计算

采用真空室用机械泵开始预抽，其抽气时间（s）按下式计算

$$t = 2.3\frac{V}{S}\lg\frac{p}{p_t}$$

式中　V——真空室容积，L；

S——机械真空泵的名义抽气速率，L/s；

p——开始抽气时的压强，Pa；

p_t——经 t 时间抽气后的压强，Pa。

8.4.5　真空密封

根据工艺条件的需要选择真空泵时，需保证真空泵不漏气或者漏气很微小。因而，真空密封以及真空检漏便是一个关键的问题。本小节只对真空密封与真空检漏做简单的介绍，需要时可参阅相关文献。

8.4.5.1　真空密封

真空密封主要有以下几种类型：

（1）真空橡皮垫圈密封。它是一种接头式密封。炉盖和凸缘之间的密封要求不高时可采用真空橡皮垫圈密封，如图 8-12 所示。

（2）金属垫密封。金属垫密封也是接头式密封。与真空橡皮垫圈密封相比，采用金属垫密封可以提高接头处的工作温度，如铝垫可达 350℃，铜垫可达 500℃。金属垫密封如图 8-13 所示。

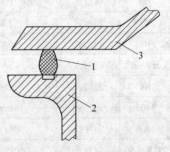

图 8-12　真空橡皮垫圈密封

1—垫圈；2—炉盖；3—凸缘

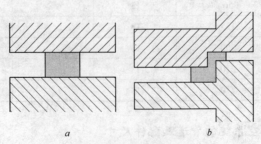

图 8-13　金属垫密封

a—平面密封；b—角密封

（3）威尔逊密封。这种密封用于零件须前后移动（如推舟杆）或转动之处。其原理是：在接触面上装上中央凸起的真空橡皮垫，当炉内造成负压时，橡皮垫在外部大气压的作用下紧贴于中间达到密封的目的。

（4）弹性密封垫的套管式或半圆形顶盖密封。这种密封用于密封真空设备中的各种引入接头，如热电偶、绝缘导线、各种小直径管等接头。其原理是：在螺母压力作用下，垫圈压平橡胶（或氟塑料）密封垫，后者产生变形并压缩插入半圆形顶盖内的引入管，这样就使接头密封。

此外，在真空阀或玻璃钟罩和平台的接触面上，需用低蒸气压的脂。在真空管道接头或封口的地方，需用低蒸气压的蜡。这样的蜡、脂连同油扩散泵中用的低蒸气压的油，统称为真空油脂。

8.4.5.2 真空检漏

真空检漏一般有两种方法：

（1）真空检漏法。它是把被检件抽真空，并同检漏器连接在一起，在被检件外用示踪气体或液体进行检索。

（2）加压检漏法。它是在被检件内充入大于一个大气压的气体或液体，在被检件外进行漏孔的检查。

把加压法和真空法联合使用的检漏方法，称为加压真空检漏法。

表 8-16 和表 8-17 分别列出了真空法和加压法中的各种检漏方法及其可检的最小漏量，供选择时参考。

表 8-16 真空检漏法的各种检漏方法及其可检的最小漏量

方法	现象	检漏元件	最大工作压强 /Pa	可检的最小漏量/$Pa \cdot L \cdot s^{-1}$		
				A	B	C
放置法	观察压强上升	真空计				0.13
放电法	亮点或放电辉光颜色变化	火花检漏器，放电二极管	26 ~ 65	0.13	1.3 ~ 0.13	0.13
涂液法	液体堵住漏气孔，使真空度变化	真空计		1.3×10^{-3}		
	用示踪气体喷吹	真空计		1.3×10^{-3}		
探索法		真空计		1.3×10^{-5}		
热传导计		热偶计皮氏计	1.3×10^{2}		$1.3 \sim 1.3 \times 10^{-3}$	
电离计		电离计	1.3×10^{-2}		1.3×10^{-8}	1.3×10^{-6}
离子泵		离子泵	1.3×10^{-2}		1.3×10^{-8}	1.3×10^{-6}
钯障电离法		电离计	0.65		1.3×10^{-5}	
质谱仪			1.3×10^{-2}	1.3×10^{-8}	1.3×10^{-9}（He）1.3×10^{-6}（Ar）	1.3×10^{-8}

表 8-17　加压检漏法的各种检漏方法及其可检的最小漏量

方法	现象	检漏元件	说明	可检的最小漏量/$Pa \cdot L \cdot s^{-1}$		
				A	B	C
放置法	观察压强上升	压力表	时间越长，可检漏气孔越小			0.13
听音法	嘘嘘声	听觉	可用听诊器或火焰试验	6.5		
超声波法	漏气孔处气流产生超声波	超声波放电器		1.3		
水泡法	观察气泡	视觉		0.13（产生气泡）	1.3×10^{-3}	1.3×10^{-2}（空气-水）
皂泡法	发生皂泡	视觉	要求熟练	1.3×10^{-6}（累积24h）6.5×10^{-3}		1.3×10^{-3}（氢－酒精）
水压法	加水压时有水漏出	视觉	水压加很大时，无危险	1.3		
卤素法	卤素自漏气孔泄出	卤素检漏器	可用空气同卤素相混合	1.3×10^{-3}	$1.3 \times 10^{-2} \sim 1.3 \times 10^{-3}$	1.3×10^{-6}
氨气检漏法	CO_2、HCl、NH_3反应	视觉		1.3×10^{-2}		
		视觉	放置一夜	1.3×10^{-4}		
	蓝色硒图纸变白	视觉	放置 1h			
充氮法	溴酚蓝试纸	氮质谱仪		1.3×10^{-5}		
粒子计数器						1.3×10^{-2}

8.5　粉末冶金用真空炉的类型

8.5.1　真空碳管电阻炉

真空碳管电阻炉是周期作业式电炉，它用石墨作发热体的高温、高真空电阻炉，可供金属、难熔化合物及陶瓷材料等在真空或保护气氛中加热用。

图 8-14 所示的真空碳管炉为立式真空电阻炉，它由炉身、炉盖、真空系统、电气系统和水冷系统等部分组成。炉身采用水冷夹层结构，炉盖可以借弹簧力开启，炉体上设有观察窗，可以观察工件加热的情况。炉内装有石墨电极，它是由互相绝缘的两个半圆组成的。石墨发热体在其纵向开了数条细缝，以增加电阻，并使发热体可以一端通

图 8-14　真空碳管电阻炉

电，而另外一端在加热时允许自由地膨胀。发热体的周围有多层隔热屏装置，其组装在一起便于取出炉外。真空系统是由扩散泵、机械泵以及真空阀等组成。真空的测量采用热偶真空计和电离真空计。电气系统由可控硅电压调整器、低电压变压器及控制柜所组成。

真空碳管电阻炉的规格及技术参数见表8-18。

表 8-18　真空碳管电阻炉的规格及技术参数

型　号	工作区尺寸（直径×高）/mm × mm	功率/kW	最高温度/℃	电源电压/V	使用真空度/Pa	冷态真空度/Pa	压升率/Pa · h⁻¹	外形尺寸（D × W × H）/mm × mm × mm
HZA2000-90	$\phi90 \times 120$	22	2000	三相，380	6.67×10^{-2}	6.67×10^{-3}	≤10~20	1250 × 850 × 1560
HZA2000-140	$\phi140 \times 160$	35	2000	三相，380	6.67×10^{-2}	6.67×10^{-3}	≤10~20	1350 × 890 × 1680

8.5.2　真空硅钼棒炉

上海微行机械设备公司生产的真空硅钼棒电阻炉以1800型硅钼棒为加热元件，采用双层壳体结构和日本岛电40段程序控温系统，可控硅控制，炉膛采用氧化铝多晶纤维材料。真空电阻炉广泛应用于金属材料在低真空、还原性、保护性气氛下的热处理；也可以用于特殊材料的热处理。真空硅钼棒电阻炉如图8-15所示。

真空硅钼棒电阻炉炉门口安装有水冷系统，气体经过流量计后由后膛进入，并有多处洗炉膛进气口；出气口处有燃烧嘴，可以通氢气、氩气、氮气、氧气、一氧化碳等气体，能抽真空，真空度可达5Pa。该炉具有温场均衡、表面温度低、升降温度速率快、节能等优点。

真空硅钼棒电阻炉的规格及技术参数见表8-19。

图 8-15　真空硅钼棒电阻炉

表 8-19　真空硅钼棒电阻炉的规格及技术参数

设　备　型　号	HMZ1600-20	HMZ1600-30	HMZ1600-30A	HMZ1600-40
最高温度/℃	1600	1600	1600	1600
额定温度/℃	1500	1500	1500	1500
控制精度/℃	±1	±1	±1	±1
炉膛尺寸（D × W × H）/mm × mm × mm	200 × 200 × 200	300 × 200 × 200	300 × 250 × 250	400 × 300 × 300
发热元件	硅钼棒	硅钼棒	硅钼棒	硅钼棒
冷态极限真空度/Pa	5	5	5	5
冷态压升率/Pa · h⁻¹	≤10~20	≤10~20	≤10~20	≤10~20
最大功率/kW	8	10	12	16

8.5.3　真空钼丝炉

上海循涵公司生产的真空钼丝炉是采用钼丝作发热体，系周期作业式的立式真空电阻炉。最高工作温度为1200℃，可供金属零件、陶瓷等材料之用，也可供金属材料在真空或保护气氛下进行退火、回火、钎焊等用途；同时也可作为材料烧结、石英玻璃除气之用。真空钼丝炉如图8-16所示。

真空钼丝炉的规格及技术参数见表8-20。

图8-16　真空钼丝炉

表8-20　真空钼丝炉的规格及技术参数

型　　号	ZM-18-12	ZM-44-13	ZM-44-13（底开式）	ZM-120-13（底开式）
有效工作尺寸/mm	$\phi210\times230$	$\phi350\times400$	$\phi350\times400$	$\phi950\times800$
最高工作温度/℃	1200	1300	1300	1300
常用温度/℃	1100	1100	1100	1100
冷态真空度/Pa	6.67×10^{-4}	6.67×10^{-4}	6.67×10^{-4}	6.67×10^{-3}
工作真空度/Pa	6.67×10^{-3}	6.67×10^{-3}	6.67×10^{-3}	6.67×10^{-2}
额定功率/kW	18	44	44	120
电炉额定电压/V	70，三相或单相	70，三相	70，三相	70，三相
加热方式	钼丝			
温控方式	手动-自动			
控制方式	手动或全自动			
冷却水流量/m³·h⁻¹	3			
冷却方式	水冷			

8.5.4　真空感应熔炼炉

锦州三特真空公司生产的ZG-0.05真空感应熔炼炉广泛适用于永磁材料、储氢合金、镍基材料、稀土金属、触媒材料、特殊钢、精密合金、高温合金、有色金属及其合金的研究与生产。ZG-0.05真空感应熔炼炉为上装料、下出料式的立式结构，由电炉炉体、倾转式浇注装置、旋转式快速结晶装置、真空系统、IGBT中频电源、自动控制系统、感应加热器、转轴、母线、工作平台、水冷系统等组成。真空感应熔炼炉如图8-17所示。

ZG-0.05 真空感应熔炼炉是在自动控制的条件下，通过真空系统在电炉炉内获取真空状态，利用感应加热原理，采用 IGBT 中频电源通过感应线圈把金属熔化在炉内的坩埚中。该炉应用先进的温度、真空检测等仪表及传感元件、数控式变频调整系统与可编程序控制器组成控制中心，保证设备安全、可靠运行。真空系统配置为 2X-70 旋片式真空机械泵、ZJP-600 真空罗茨泵。KT-400 高真空油扩散泵，它的特点是真空极限高、抽速大、提高生产效率，同时真空气动阀门采用自动控制。倾转浇注装置和旋

图 8-17　真空感应熔炼炉

转式快速结晶装置的运行控制是利用数控式变频调速系统自动调节。开盖、出料是利用特殊的液压结构来实现的。水冷系统具有断水、欠压、水路超温报警及保护功能。

真空感应熔炼炉的技术参数见表 8-21。

表 8-21　真空感应熔炼炉的技术参数

额定容量 /kg	最高使用温度/℃	极限压力 /Pa	压升率 /Pa·h^{-1}	中频功率 /kW	工作频率 /Hz	中频电压 /V	电源电压（交流）/V	外形尺寸($L \times W \times H$) /mm × mm × mm
50	1700	5×10^{-2}	2.5	100	2500	250	380	5500 × 6000 × 3000

本章小结

产生真空的过程就是抽气或排气的过程，通常把用物理方法产生真空的设备称为抽气机、真空泵或者简称为泵。常见的真空泵有旋片机械真空泵、罗茨真空泵和油扩散泵。

真空炉可以归纳为两大类：一类是外热式真空炉，另一类是内热式真空炉。内热式真空炉应用最多。内热式真空炉的加热器和隔热层构成的加热室全部放置在水冷夹层结构的真空炉壳内。真空炉功率的计算方法有热平衡计算法和经验计算法。

真空电阻炉通常由电加热器、隔热屏、炉壳、炉床、真空隔热闸门、气冷装置、水冷电极、工件传送装置等主要部件组成。电阻炉的真空系统是由炉体、真空泵、真空阀门、冷凝阱、除尘器、软管、连接管道、真空测量仪器等元件组成。

常用的粉末冶金真空炉的类型有真空碳管电阻炉、真空硅钼棒炉、真空钼丝炉、真空感应熔炼炉等。

复习思考题

8-1　按用途分，真空炉可分为哪些类型？

8-2　什么叫真空度？按国家标准真空区域是如何划分的？

8-3　试阐述旋片机械真空泵的工作原理。

8-4 试阐述罗茨真空泵的工作原理。

8-5 到实验室观察真空炉，请说出真空炉的主要组成部件。

8-6 与普通电阻炉相比较，真空电阻炉的结构设计有何特点？

8-7 电阻炉真空系统的主要组成部分是什么？电阻炉真空系统的结构设计要注意哪些基本原则？

8-8 想想看，选择真空泵时应考虑哪些方面？

8-9 简述真空检漏的方法。

8-10 结合本章所学知识，借助网络设计一台 ZM-18-12 型真空钼丝炉。

9 温度测量及控制

本章学习要点

　　本章学习的主要内容有粉末冶金电炉温度的测量方法、常用的测温工具、温度控制方式，以及计算机、PLC 等在电炉温度控制过程中的应用。要求了解常用的温度测量方法和温度控制方式，熟悉常用的温度测量工具，并学会正确使用热电偶、光学高温计等测温工具，掌握计算机、PLC 等在电炉温度控制过程中的应用。

　　温度是粉末冶金电炉过程控制中最重要的物理量，也是过程控制的核心参数。温度测量是温度控制的前提，只有精确地测量温度才能准确地控制温度，从而保证粉末冶金产品的质量。由于在粉末冶金电炉中电阻炉应用最为广泛，同时各种电炉的测温方法和测温手段都具有相通性，因此本章以粉末冶金电阻炉为例，介绍其温度测量、控制的方法和手段。

9.1 温度测量方法

　　温度测量方法通常分为接触测量法与非接触测量法。

9.1.1 接触测量法

　　由热平衡原理可知，两个温度不同的物体相互接触或者是处在同一个温度场中，热量就会从温度高的物体向温度低的物体传递，最终使两者的温度相等，达到热平衡状态。根据这一原理，用其中一个物体作为温度传感器，就可以对另一个物体实现温度测量，这种温度测量方法称为接触测量法，如图 9-1 所示。

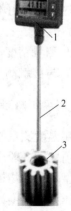

　　接触测量法的特点是：

　　(1) 温度传感器与被测物体接触，或处在同一个温度环境下，两者达到热平衡，真实反映被测物体的温度，测量精度高。

　　(2) 温度传感器的热容量一定要远远小于被测物体的热容量，接触测量时不会因热传递而改变被测量物体的温度，否则将会造成较大的测量误差，因此不宜测量热容量较小的物体。

　　(3) 使用接触测量法时，由于温度传感器与被测物体处在相同环境条件下，因而对传感器的结构、性能都要有较为苛刻的要求，如环境中存在腐蚀、氧化、污染、还原，甚至振动等不利因素等。

图 9-1　接触式温度测量
1—温度计；2—温度传感器；
3—被测物体

（4）一般不能测量移动物体的温度。

（5）测量灵活方便，原则上可以测量物体任何部位的温度。

（6）便于多点集中测量和实现温度自动控制。

（7）测量精度高，其测量精度通常能达到 0.5% ~ 1.0%，某些测量条件下最高可达 0.01%。

（8）响应速度较慢，有的温度传感器需 1 ~ 3min。

9.1.2　非接触测量法

由 9.1.1 节可知，接触测量法有一定的局限性：一是无法测量移动物体的温度；二是某些温度测量环境限制了它的应用；三是温度测量的范围有限，超过 2300℃ 就难以测量。这就需要探索新的测量方法，既不需要与被测物体接触，也不需要与被测物体处在同一环境中，因此非接触测量方法就应运而生了。非接触测量法基于热辐射原理，即利用物体的热辐射能随温度变化来测量物体温度，如图 9-2 所示。

图 9-2　非接触温度测量原理
1—辐射测量计；2—被测物体

非接触测量法从诞生起就得到了广泛应用，而且发展很快，测量精度也不断提高，其特点是：

（1）不与被测物体接触，不会影响被测物体的温度，也不会影响被测物体的环境，而且热惯性小。

（2）与接触测量法比较，测量温度范围比较宽，测量温度高。从原理上看，这种温度测量方法无上限。

（3）一般用于电阻炉的高温测量，1000℃ 以上测量较准确，但 1000℃ 以下测量误差较大。

（4）对移动物体的温度可以进行连续测量。

（5）测量出的是工件或电热元件的表面温度。

（6）非接触测量法检测到的是被测物体发出的热辐射能，由于不同的物体在相同温度下的热辐射能力不同，因而必须准确知道与被测物体热辐射有关的参数，才能进行准确测量。

（7）测量精度没有接触测量法高，一般测量精度在 5 ~ 20℃ 之间。

（8）与接触测量法相比，反应速度快，一般为 2 ~ 3s，最慢也在 10s 内。

9.1.3　温度传感器的类型

按照温度测量原理可以把温度传感器分为热膨胀型、热电阻型、热电势型和热辐射型四类。前三类一般用作接触式测量，详见表 9-1；后一类用作非接触式测量，详见表 9-2。热膨胀型是利用物体的热胀冷缩原理测量温度的，包括液体膨胀式温度计、固体膨胀式温度计和压力式温度计。热电阻型是利用物体的电阻随温度变化原理来测量温度，常见的有铂电阻温度计和热敏电阻温度计。热电偶属于热电势型温度传感器，它是把温度的变化转换为热电势的变化。热辐射型是利用物体的辐射能随温度变化的原理测量温度，光学高温计、光电高温计、辐射高温计、比色高温计就属于热辐射型温度测量仪器。

表 9-1 常用接触式测量温度计

测量原理	类型	举例
物理的热胀冷缩原理	液体膨胀式	水银温度计，有机液体温度计
	固体膨胀式	双金属温度计
	压力式	液体压力温度计，气体压力温度计
物体的电阻随温度变化原理	金属电阻	铂电阻温度计，铜热电阻温度计
	半导体	热敏电阻温度计
温度变化转换为热电势变化原理	金属热电偶	铂铑 30- 铂铑 6，铂铑 10- 铂，镍铬- 镍硅，镍硅- 铜镍，铜- 铜镍
	非金属热电偶	碳化硼- 石墨

表 9-2 常用非接触式温度计

测量原理	类型	温度测量范围/℃
肉眼进行亮度比较	光学高温计	700 - 3000
利用传感器进行光电转换	光电高温计	200 ~ 3000
依据辐射能与温度的关系	辐射高温计	100 ~ 3000
比较两波长光谱辐射亮度	比色高温计	180 ~ 3500

9.2 温度测量工具

用于粉末冶金电阻炉温度测量的工具多种多样，本节主要介绍电阻炉常用的热电偶、热电阻等接触式温度测量工具，以及光学高温计和辐射式高温计等非接触式温度测量工具。

9.2.1 热电偶

9.2.1.1 测量原理

将两种不同的金属导体的一端焊接在一起，构成闭合回路，如图 9-3 所示，给焊接端加热，使导体两端产生温差，则在回路中就会产生热电势，其热电势的大小与温度有关。这种以测量热电势的方法来测量温度的元件称为热电偶，两根导体 A、B 称为电极。焊接端与被测物体接触，称为热电偶的测量端或热端，见图 9-3 的 T 端；另一端在温度恒定的外部环境中，称为热电偶的参考端或冷端，见图 9-3 中的 T_0 端。

热电偶的总电势的大小与两导体的电子密度、测量端温度 T、参考端温度 T_0 有关，其中导体的电子密度主要取决于材料的特性。所以，当热电偶材料一定时，热电偶的总电势就仅与测量端温度 T 和参考端温度 T_0 有关。如果参考端的温度 T_0 一定，热电偶的总电势就是测量端温度 T 的单值函数，热电偶的总电势与测量端温度 T 存在唯一对应关系，测量出热电势的大小就知道测量端的温度了，这就是热电偶测量温度的原理。

9.2.1.2 热电偶的类型及特点

根据热电偶电极材料的不同，各种热电偶的温度测量范围和使用环境是各不相同的。

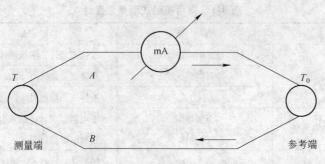

图 9-3 热电偶测温原理

表 9-3 给出了常用热电偶的特点及使用环境；而表 9-4 给出了这些热电偶的测量范围，供选择热电偶时参考。

表 9-3 常用热电偶的特点及使用环境

名　称	分度号	特点及使用环境
铂铑 30-铂铑 6	B	适于 1000℃ 以上的高温，常温下热电动势极小，可不用补偿导线，抗氧化、耐化学腐蚀能力强；缺点是在中低温领域的热电动势小，600℃ 以下测量误差较大，灵敏度较低，而且热电动势的线性不好
铂铑 10-铂 铂铑 13-铂	S R	精度高、稳定性好，不易劣化，抗氧化、耐化学腐蚀，可作标准热电偶使用；缺点是灵敏度低，不适用于还原性气氛（尤其是 H_2、金属蒸气），热电动势的线性不好，而且价格较高
镍铬-镍硅	K	热电动势的线性好，1000℃ 下抗氧化性能良好，在廉价金属热电偶中稳定性最好；缺点是不适用于还原性气氛，同贵金属热电偶相比时效变化大
镍硅-铜镍	E	在现有的热电偶中，灵敏度最高，同 J 型相比耐热性能较好，两极非磁性；缺点是不适用于还原性气氛，热导率低，具有微滞后现象
铁-铜镍	J	可用于还原性气氛，热电动势较 K 型高 20% 左右；缺点是铁正极易生锈，热电特性漂移较大
铜-铜镍	T	热电动势线性好，低温特性好，产品质量稳定性好，常用于还原性气氛；缺点是使用温度低，铜正极易氧化，热传导误差大
镍铬硅-镍铬镁	N	热电动势线性好，1300℃ 以下抗氧化性能强，热电动势的长期稳定性及短期热循环的复现性好；耐核辐射能力强，耐低温性能也好。缺点是不适用于还原性气氛，同贵金属热电偶相比，时效变化大
钨铼系 Wre5-Wre26 Wre3-Wre25		测量温度高，适用于还原性、H_2 及惰性气体；但质脆、易断

表 9-4　常用热电偶的测量范围

名　称	分度号	长期使用温度/℃	短期最高温度/℃
铂铑 30- 铂铑 6	B	200 ~ 1700	1820
铂铑 10- 铂	S	0 ~ 1600	1750
铂铑 13- 铂	R	0 ~ 1600	1700
镍铬- 镍硅	K	0 ~ 1100	1300
镍硅- 铜镍	E	0 ~ 800	900
铁- 铜镍	J	0 ~ 700	800
铜- 铜镍	T	0 ~ 300	400
镍铬硅- 镍铬镁	N	0 ~ 1100	1300

9.2.1.3　铠装热电偶

热电偶根据其结构不同分为铠装热电偶、快速热电偶和表面热电偶等。快速热电偶使用两根热偶丝焊接而成，用在测量熔融金属的温度时，每次使用后都要更换，如测量钢水的温度，因而又把它称为消耗热电偶。表面热电偶测量固体表面的温度，可根据固体表面不同形状加工成不同的结构形式，采用不同的安装方式。粉末冶金电炉温度控制中，快速热电偶和表面热电偶几乎不采用，最常用的是铠装热电偶。

A　铠装热电偶的基本结构

20 世纪 60 年代铠装热电偶的出现，使热电偶的应用变得更加灵活、方便。铠装热电偶是由热电偶丝、绝缘材料和套管经过整体拉伸加工而成的坚实组合体，其基本结构如图 9-4 所示。热偶丝周围是极致密的耐高温氧化物绝缘材料（如氧化镁材料），热偶丝也可穿在陶瓷绝缘套管中。外套管起保护热电偶的作用，其材质可用金属材料，也可用非金属材料。金属材料套管可弯曲，便于安装和使用。金属合金或陶瓷套管能承受较高温度，在高温电阻炉中使用较多。铠装热电偶可以加工得很细，直径范围为 0.25 ~ 25mm，长度也可以加工得很长，可达几十米；品种也较多，可制成单偶式、双偶式或多偶式等；规格齐全，测量范围宽，使用十分方便，能满足各种测量环境的要求。几种铠装热电偶如图 9-5 所示。

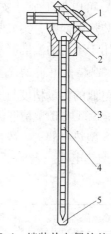

图 9-4　铠装热电偶的基本结构
1—接线盒；2—接线端子；3—保护管；
4—绝缘套管；5—热电极

铠装热电偶的测量端通常有三种形式，如图 9-6 所示。

B　铠装热电偶的主要特点

铠装热电偶的主要特点如下：

（1）铠装热电偶可以做得很小、很细，因此具有较小的热惯性和热容量，即使被测物体的热容量非常小，也能测量得很准确。

（2）金属外部套管经过完全退火处理，具有很好的可挠性，可任意弯曲，安装、使用方便。

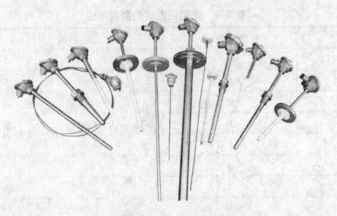

图 9-5 几种铠装热电偶

（3）由于热电偶丝、绝缘材料和金属套管的组合体结构坚实，耐振动和冲击，也耐高压，因而有较强的环境适应性。

（4）热电偶丝有套管的气密性保护，并用化学稳定性好的材料进行绝缘覆盖，具有较长的使用寿命。

（5）无论是铠装热电偶长度，还是外径的粗细，都能满足特殊用途的需要。

（6）可以加工成一支多偶的形式，即在一支铠装热电偶中，集成两个或两个以上的热电偶，用于不同的温度测量与控制。

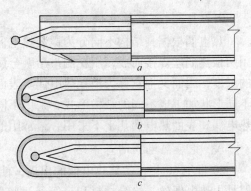

图 9-6 铠装热电偶测量端的常见形式
a—露端式；b—接壳式；c—绝缘式

C 铠装热电偶的测量精度

热电偶的测量精度与所选的级别有关，一级精度最高、二级次之、三级最低。在高温测量中，S 型或 R 型精度优于 B 型热电偶，价格也较昂贵。测量精度要求高时，应选用较贵重的 S 型热电偶，一般情况下选用 B 型热电偶。中低温测量时，推荐采用经济实用的 K 型或 E 型热电偶。表 9-5 给出了常用热电偶的测量精度。

表 9-5 常用热电偶的测量精度

热电偶名称	等级	温度范围 $T/℃$	精度/℃
铂铑 30-铂铑 6	I	600 ~ 1700	无
	II	600 ~ 1700	± 1.5 或 $\pm 0.25\% T$
铂铑 10-铂或铂铑 13-铂	I	0 ~ 1100	± 1
		1100 ~ 1600	$\pm [1 + 0.003(T - 1100)]$
	II	0 ~ 600	± 1.5
		600 ~ 1600	$\pm 0.25\% T$
镍铬-镍硅	I	-40 ~ 1100	± 1.5 或 $\pm 0.4\% T$
	II	-40 ~ 1300	± 2.5 或 $\pm 0.75\% T$

续表 9-5

热电偶名称	等　级	温度范围 $T/℃$	精度/℃
镍硅-铜镍	I	$-40 \sim 800$	± 1.5 或 $\pm 0.4\% T$
	II	$-40 \sim 900$	± 2.5 或 $\pm 0.75\% T$
铁-铜镍	I	$-40 \sim 750$	± 1.5 或 $\pm 0.4\% T$
	II	$-40 \sim 750$	± 2.5 或 $\pm 0.75\% T$
铜-铜镍	I	$-40 \sim 350$	± 0.5 或 $\pm 0.4\% T$
	II	$-40 \sim 350$	± 1.0 或 $\pm 0.75\% T$
镍铬硅-镍铬镁	I	$-40 \sim 1100$	± 1.5 或 $\pm 0.4\% T$
	II	$-40 \sim 1300$	± 2.5 或 $\pm 0.75\% T$

9.2.2　热电阻

　　热电阻分为金属热电阻和半导体热敏电阻，是利用电阻值随温度变化的原理来测量温度的，测量范围一般在 $-200 \sim 850℃$ 之间。其优点是稳定性好，测量精度高，灵敏度高，输出信号大，便于远距离传输，不需要补偿导线，也不需要参考端（冷端）补偿，在工业温度测控中也有较广的应用；缺点是不能测量太高的温度，而且结构复杂、热惯性大、体积较大，抗机械冲击性和振动性较差。由于这些缺点，金属热电偶在电阻炉温度测量中很少采用，因此这里不对金属热电阻做详细介绍。

　　金属热电阻是用电阻温度系数高和电阻率大的纯金属制成的，它的最大特点是性能稳定。工业上常用的金属热电阻有铂热电阻和铜热电阻，有时也用到镍热电阻。这些金属热电阻都具有正的电阻温度系数，即随着温度的升高，电阻值逐渐增大。

9.2.3　光学高温计

　　光学高温计又称为单波辐射高温计，是辐射高温计的一种，可测量的温度范围为 $800 \sim 6000℃$，它广泛地用于冶金、轧钢、锻打、热处理等温度测量。隐丝式光学高温计的结构如图 9-7 所示，它由物镜 1、目镜 4 构成光学装置，用来对比标准光源的亮度温度；吸收玻璃 2 用来提高测量范围；标准光源是一个可调节亮度的灯丝 3；由电阻盘 R 和电源 E 组成的亮度调节装置，通过调节灯丝的电流来改变灯丝的亮度；指示电表的显示与炉子温度相对应。

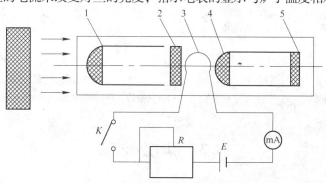

图 9-7　隐丝式光学高温计的结构

1—物镜；2—吸收玻璃；3—灯丝；4—目镜；5—滤色片

光学高温计是利用受热物体的单色辐射强度随温度升高而增长的原理来进行高温测量，具体是利用了温度均衡法。被测物体成像于高温计的灯丝平面上，调节滑线电阻盘，使灯丝的亮度与被测物体的亮度相均衡，灯丝轮廓就隐灭于被测物体的影像中，就可由仪表直接读取被测物体的亮度温度。指示电表是按绝对黑体（黑体是指能全部吸收辐射能的物体）来进行温度刻度的，但被测物体往往是非黑体，由光学高温计所测得的亮度温度，必须用该物体的单色辐射系数，经查表修正后，才能求得该被测物体的实际温度。由于单色辐射系数总小于1，物体的亮度温度低于实际温度。WGG2 型光学高温计如图 9-8 所示。

图 9-8　WGG2 型光学高温计

9.2.4　辐射式高温计

辐射高温计有安装式和手持式两种，如图 9-9 所示。安装式高温计是把辐射计安装在炉体透射孔上，通过专用电缆连接至控制柜温度测量仪表输入端来测量炉子的温度；而手持式高温计可由操作人员手持辐射计，对准透射孔，直接测量炉子温度。辐射高温计是基于被测物体的辐射热效应进行工作的。在整个波长范围内，依据辐射能量与温度的关系，并用辐射系数修正后，来确定物体的实际温度。全辐射式高温计测量原理如图 9-10 所示，被测物体发出的辐射能量通过物镜 1 和补偿光栅 2 聚焦投射到热电堆 3 上，把温度信号转化为电信号，输入到测温仪表 5 转化为温度显示出来。热电堆是由多支微型热电偶串联而成的，以得到较大的热电势。热电偶的参考端补偿采用双金属片控制的补偿光栅，改变补偿光栅的孔径大小，就可以增加或减小射入的辐射能量，从而消除外部环境温度变化引起的测量误差。

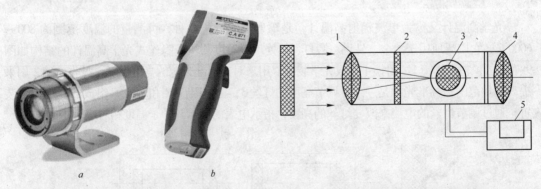

图 9-9　辐射高温计　　　　　　　　图 9-10　全辐射高温计示意图

a—安装式；b—手持式　　　　　1—物镜；2—补偿光栅；3—热电堆；4—目镜；5—测温仪表

9.3　温 度 控 制

电阻炉的温度控制是根据实际温度与设定温度的偏差改变炉子的加热功率，使炉子温度在设定温度范围之内，满足加热工艺要求。加热功率的大小决定了炉子温度的高低和升温速度的快慢；加热功率的稳定性决定了电阻炉温度的稳定性。改变加热功率的方法很多，常见的有位式、晶闸管调节器和电炉变压器控制方式等。采用何种加热方式由炉子的结构、用途和温度的高低决定。

电阻炉的温度控制无论采用哪种方式，其控制过程基本是相同的，总是包括温度测量、温度控制器、加热驱动部件、电热元件以及辅助电路等。

（1）温度测量。电阻炉的温度测量通常采用热电偶温度传感器和光电高温计，一般情况下采用热电偶进行接触式测量，当温度较高时则必须选用辐射型光电测温计进行非接触式测量。

（2）温度控制器。温度控制器也就是常说的温度控制仪表，从其作用来看，一是显示温度传感器或变送器送来的温度信号；二是把测量的温度值与设定位进行比较，输出温度控制信号。在电阻炉温度控制中，如果控制精度要求不高，可采用模拟位控温度控制器；否则采用数字式智能温度控制仪表。目前后者应用较多。

（3）加热驱动部件。加热驱动部件起着功率放大的作用，把温度控制信号的变化转换为加热功率的变化，给电热元件加热，达到改变炉子温度的目的。加热驱动部件是影响温度控制方式的主要因素之一，常用的有接触器、固态继电器、晶闸管调节器以及变压器等。

（4）电热元件。电热元件是把电能转化为热能的部件，主要有非金属、金属合金及纯金属三种类型。

（5）辅助电路。辅助电路是指除加热主电路以外的电路，包括辅助装置的动作、工作状态的指示以及安全互锁保护等。

9.3.1 位式控制方式

位式控制方式是最为简单的温度控制方式，是二位控制仪表与接触器的结合，适用于只有定值控制的电阻炉中。控制仪表一般采用动圈式温度控制器，接触器作为加热驱动部件。动圈式温度控制器上有一个红色的温度指针和一个温度设定旋钮，如图 9-11 所示。位式控制方式的控制原理如图 9-12 所示，加热接触器 KM 是否接通，取决于位式温度控制器内的继电器触点 K 是否接通，而继电器触点 K 的通与断，又取决于测量指针是否到达了设置指针的位置。为避免接触器在设定值（设置指针的位置）附近频繁动作，可利用仪表间差 e 所规定的实际温度上下限，上限为 $T_p + e$，下限为 $T_p - e$。在炉子升温过程中，当实际温度 T_n 小于上限时，继电器触点 K 总是接通的，加热接触器 KM 常开触点闭合，电阻炉加热；一旦实际温度达到或超过上限，继电器触点 K 断开，控制接触器断开加热电源，炉子温度下降；当炉子实际温度降到低于下限时，继电器触点 K 闭合，控制接触器接通加热电源，炉子又通电升温。这样周而复始，就可以将炉子温度控制在给定的范围内。

图 9-11　动圈式温度控制器

位式控制方式输入的加热功率，不是"零"就是"最大"，因而温度波动性较大，控

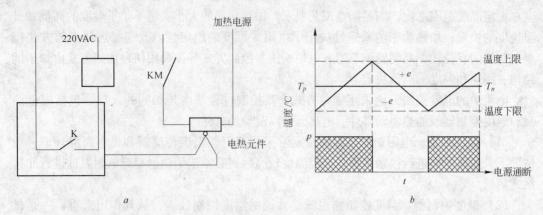

图 9-12　位式控制方式的控制原理

a—控制原理；b—控制输出

制精度也较低，误差一般都在 ±10℃ 以上。为了减小温度波动，提高控制精度，对于大功率电阻炉，可采用三位控制方式。此种控制方式除利用了位式控制仪的上、下限设定值外，还把加热电路设计为三角形与星形转换。当温度低于设定值下限时，采用三角形接法，以较大的功率升温；当温度在设定值的上、下限之间时，采用星形接法，减小加热功率，保持温度的稳定性；当温度高于设定值上限时，切断加热电源。

位式控制方式特点是加热功率大、温度波动大、控制精度也不高，但由于其控制线路简单、使用设备较少、成本低，在加热工艺没有严格要求、负荷变化小的场合仍然被广泛采用。

9.3.2　晶闸管温度控制

9.3.2.1　结构及控制原理

晶闸管又称为可控硅，是能实现弱电控制强电的大功率半导体元件，具有体积小、寿命长、效率高、没有噪声、使用方便等许多优点。晶闸管的应用使得输入功率能连续调节，实现电阻炉温度的连续控制，目前在电阻炉温度自动控制中得到了广泛应用。

单向晶闸管及其符号如图 9-13 所示，它有三个控制电极，分别是阳极 A、阴极 K 和控制极 G。在晶闸管控制电路中，阳极 A 和阴极 K 分别与加热电源和电热元件连接，组成晶闸管的主电路；控制极 G 和阴极 K 分别与晶闸管触发电路连接。晶闸管控制原理如图 9-14 所示。

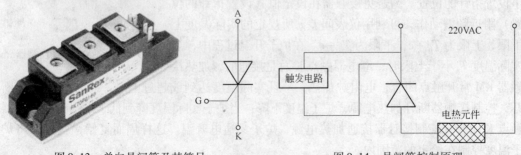

图 9-13　单向晶闸管及其符号　　　　　　图 9-14　晶闸管控制原理

9.3.2.2 晶闸管调节器

晶闸管交流调节器如图 9-15 所示，它集晶闸管、触发电路和辅助电路于一体，广泛应用于工业各领域中电压、电流、功率的调节，既适用于电阻性负载，如以镍铬、铁铬铝、钨、钼、硅钼棒、硅碳棒以及远红外等为加热元件的电阻炉，也适用于电感性负载，如温度控制中的电炉变压器。晶闸管调节器按其触发方式的不同，分为调压器和调功器。

图 9-15 晶闸管交流调节器

晶闸管交流调压器采用移相触发方式，多用于阻性负载的温度控制中。晶闸管交流调压器分为三相晶闸管交流调压器和单相晶闸管交流调压器两种，两者的工作原理基本相同。晶闸管交流调压器的结构主要由信号调节器、脉冲触发器、晶闸管、电压或电流反馈环节以及辅助电路构成。如果采用移相触发，当由于某种原因使调压器输出电压降低时，输入信号调节器的控制偏差增大，信号调节器输出增大，转换成的触发脉冲使得截止角减小，导致调压器输出电压增大，最终达到稳定调压器的输出电压。

晶闸管交流调压器采用过零触发方式，多用于感性负载的温度控制中。晶闸管调压器有一个很大缺点，由于采用的是移相触发，必然在负载端得到的是有缺陷的正弦波，将会引起电源波形的畸变，影响周围电子设备。另外，要求调压器容量的选择要比前级变压器的容量小得多，而且一般不用于感性负载，如带变压器的电阻炉。为了克服移相触发式晶闸管调压器的缺点，出现了过零触发式晶闸管调功器。由于采用了过零触发，晶闸管导通时的波形为完整的正弦波，这样就不存在电源波形畸变以及随之而来的干扰电网问题。调功器是利用在给定的控制周期内，控制晶闸管导通与截止的时间比来调节炉子的加热功率，其基本调节功能与固态继电器控制温度相似，但它适用于大功率电阻炉的温度控制，而且稳定、可靠。

9.3.2.3 晶闸管温度控制方式

电阻炉的温度控制中，如果电阻炉加热功率不是很大，温度不高，绝缘较好，可直接用晶闸管交流调压器来控制炉子的加热功率，不需要其他加热驱动设备，如变压器、磁性调压器等。一般晶闸管交流调压器控制端都为标准控制信号，如 $0 \sim 10V$ 或 $4 \sim 20mA$，以便与自动控制仪表连接，实现温度控制自动化。图 9-16 所示为晶闸管高压器控制方式，它是晶闸管交流调压器应用于温度控制的典型示例。电路中的电压表和电流表用来监测加热电压和电流。电源输入为 220V 或 380V，输出是在此范围内连续给可调的炉子加热电压。智能温度控制器将采集到的温度值与设定值进行比较，根据比较结果输出控制信号给晶闸管调压器，来控制其输出电压。显然，这种晶闸管交流调压器控制方式，是通过调节电热元件的加热电压来调节温度的。

晶闸管调压器控制方式中，电源电压的变化和电热元件阻抗的变化，影响着晶闸管调压器的输出特性，包括电压特性、电流特性以及功率特性等。比如在电压不变的情况下，随着金属电热元件温度的升高，电阻值逐渐增大，加热电流就减小，从而引起加热功率的降低，最终可能会导致控制温度的波动，影响温度控制的稳定性。因此，在电阻炉温度控

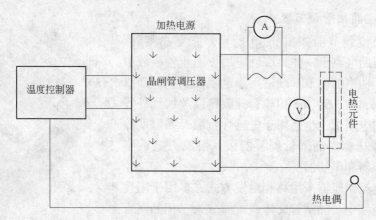

图 9-16   晶闸管高压器控制方式

制中，根据控制对象的不同特点，可分为恒压型、恒流型和恒功率型晶闸管调压器。恒压型晶闸管调压器用于电压波动较大，而电热元件阻抗变化较小的炉子；恒流型晶闸管调压器用于电压稳定性较好，而电热元件阻抗变化较大的炉子；恒功率型晶闸管调压器用于电压波动较大，而电热元件阻抗变化也较大的炉子。

9.3.3 变压器控制

电炉变压器又称为大电流、低电压变压器，如图 9-17 所示。其特点是输出低电压、大电流，二次输出电压从几伏到几十伏，并要求在较大范围内调节。二次输出电流可达数十安到几千安，有的高达上万安，一般用在较大功率电阻炉上。采用金属合金或纯金属电热元件的大功率电阻炉，基本上都是采用电炉变压器，作为电热元件的前级电源。

图 9-17   电炉变压器

a—三相电炉变压器；*b*—单相变压器符号

在电炉变压器控制方式中，电炉变压器直接与电热元件相连，控制电阻炉的加热功率。采用电炉变压器有利于克服电热元件的电阻值随温度或时间变化，保持加热功率的稳定性，延长电热元件的使用寿命。例如，硅碳棒电热元件在使用过程中易老化，电阻值随着使用时间的增加而增加，最终将导致炉子工作温度降低。为了使炉子满足工作温度的要求，采用调节变压器的输出电压，调节范围可达原来电压的 2～3 倍，保证炉子的加热功率。硅钼棒电热元件的电阻炉，开始加热时，电热元件的电阻较小，所需电压较低，为工作电压的 1/4 ~ 1/3；随温度升高其电阻值急剧增大，加热电压也需要增大，这时可根据硅钼棒电热元件的工作电压及其电阻值和温度的正向特性，调节电炉变压器的输出电压，来满足电热元件在不同温度时需要的工作电压，达到稳定加热温度的目的。

9.4 计算机在温度控制中的应用

温度控制器、晶闸管交流调节器和可编程逻辑控制器（PLC）是实现电阻炉温度自动控制的关键组成部件。温度控制器用于工艺输入和产生控制指令，分为计算机控制和智能温度控制器两类，无论哪种类型，其数据处理过程都是相似的。实际应用中，对于控制较为复杂的大型电阻炉，一般采用计算机控制与智能温度控制器结合；而对于控制相对简单的电阻炉可单独采用智能温度控制器。由于智能温度控制器以微处理器为核心，其数据处理过程与计算机控制基本相同。

图 9-18 所示为某电阻炉的计算机控制系统，作为控制核心的计算机除测控温度外，还要监视炉子系统运行过程，显示各部分的工作状态，测量和存储过程数据，并通过 PLC 实现对电机、接触器等部件的控制。在计算机温度控制中，经常用到模拟量和数字量的概念。通俗地讲，连续变化的量称为模拟量或模拟信号，如温度、电流、电压等；只有开或关两种状态的量称为数字量或数字信号，如继电器的吸合与断开、真空阀门的开启与关闭等。在电阻炉控制系统中，模拟量输入的是温度、真空度、电流及电压的测量信号，模拟量输出的是对温度的控制信号。对接触器、继电器、真空阀门等的控制是数字量输出，而对它们工作状态的检测是数字量输入。

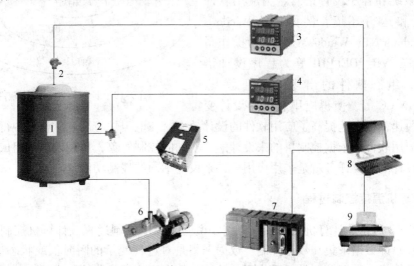

图 9-18 某电阻炉的计算机控制系统

1—炉体；2—热电偶；3—温度测量；4—温度控制；5—调功器；6—真空泵；7—PLC；8—计算机；9—打印机

9.4.1 计算机温度控制系统的组成

计算机温度控制系统由硬件和软件组成，具体的硬件配置和软件设计依据控制目的而定。

9.4.1.1　系统硬件

计算机控制系统硬件包括计算机、外部设备、接口信号输入/输出卡。计算机是系统的核心，完成数据采样、数值处理、逻辑判断、控制输出和数据存储等工作。外部设备实现计算机与外界交换信息，如键盘、鼠标等。

接口信号输入/输出卡包括模数转换（A/D）、数模转换（D/A）、数字量输入/输出（I/O）卡等。模数转换（A/D）是把模拟量转化为计算机可以识别的数字量输入到计算机；数模转换（D/A）是把计算机输出的数字量转化为模拟量，作为计算机控制信号的输出；数字量输入/输出（I/O）卡主要起数字量电平转换的作用，采集外部开关状态和输出开关控制信号。显然，接口信号输入/输出卡的作用是：一方面，将控制对象的过程参数转换后变成计算机可识别的代码输入到计算机；另一方面，将计算机输出的控制指令经过变换后作为控制机构的控制信号，以便实现对电阻炉温度的过程控制。

计算机与接口信号的交换方式有两种：一种是经由接口信号卡，即整个控制过程完全由计算机完成，各种板卡插在机相的母板上，通过计算机总线进行数据交换；另一种是把智能温度控制器、数据采集模块、PLC 等设备连接到计算机串行接口卡上，利用 RS232C、RS485 或 RS422 串行接口进行数据交换，并通过智能温度控制器、PLC 实现对炉子设备的控制。前者主要用于过程变量的控制，而后者主要用于过程变量的监测。

9.4.1.2　控制软件

计算机控制系统软件分为两类，即系统软件与应用软件，如图 9-19 所示。系统软件包括操作系统和程序设计语言，为应用软件提供开发和运行环境。例如，以 Windows 2000、Windows NT、Windows XP 等为操作系统；C 语言、VB、DELPHI 等为程序设计语言。另外，组态软件的出现，如组态王、MCGS、WIN CC 等，使得应用软件的设计变

图 9-19　计算机控制系统软件

得简捷、快速，极大地提高了应用软件的设计效率，在电阻炉应用软件设计中得到了广泛的应用。应用软件是依据控制目的来设计的，不同的控制对象，应用软件的组成和结构不同。软件设计的主要任务就是采用应用软件来设计不同的控制功能。

9.4.2　计算机温度控制过程

以图 9-18 所示的计算机控制系统为例，说明其温度控制过程。计算机控制过程简单地分为两步，即数据采集和数据控制。数据采集是对过程变量的瞬时值或状态进行检测，并输入到计算机；数据控制是对采集到的被控参数进行分析，并按一定的控制规律和决策原理，实时地对控制机构发出控制信号。

图 9-20 所示为计算机温度控制过程：温度传感器把温度信号转换为很弱的电压信号，经过信号调理器进行电压放大后，输入到模数（A/D）转换器，转换成计算机可识别的数字信号；计算机按照应用程序设计的数据处理及决策规则，对采集到的数字信号进行运算，并把运算结果作为控制信号输入到数模（D/A）转换器，转换为模拟信号，送到下

一级加热功率调节单元，控制电热元件的加热功率，达到调节温度的目的。

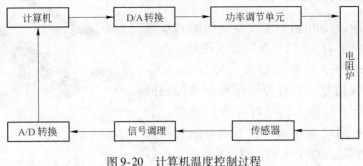

图 9-20　计算机温度控制过程

9.5　PLC 在温度控制中的应用

9.5.1　PLC 的控制作用

PLC 是可编程逻辑控制器的英文简称，是温度自动控制过程中不可缺少的自动化器件，电阻炉的一些顺序控制动作可以由 PLC 完成。PLC 可以看做没有外设的计算机，通过集成硬件和逻辑控制软件接收信号，并经过逻辑运算，再输出控制信号。在电阻炉顺序控制中，PLC 的输入/输出信号都是数字量信号，其主要作用是取代电路中的继电器，由 PLC 程序完成继电器逻辑控制电路的功能。合理选择 PLC 不仅简化了炉子电气控制的设计，而且使逻辑控制功能更加完善，也能进一步提高控制系统的可靠性和稳定性。PLC 在温度控制中的作用表现为以下几方面：

（1）通电加热及相关逻辑控制；

（2）真空系统的控制；

（3）控制炉盖开启/关闭；

（4）装料机构控制；

（5）控制水、气、液压等辅助装置；

（6）检测炉子各部分的工作状态；

（7）系统报警信息。

9.5.2　PLC 的组成

PLC 一般由电源单元、CPU 单元、通信单元和接口单元组成。PLC 的控制能力是由它的控制点数决定的，输入/输出点数越多，其控制能力就越强。集成化 PLC 是把这些模块集成在一起，如图 9-21 所示。若控制点数不能满足要求，再通过接口进行扩展。模块化 PLC 采用模块化组合结构，除选择电源模块、CPU 模块、通信接口及扩展模块外，根据控制点数选择 I/O 模块。PLC 的输入/输出信号都是数字量信号，集成化 PLC 的输入与输出分别在模块的两侧，在对应的信号端子上方装有 LED 指示灯，用来指示信号的状态。LED 指示灯亮时，表明对应端子有信号输入或输出。利用 LED 指示灯的状态就可以判断对应端子上的信号情况，这点对维修检测非常重要。

9.5.3　PLC 输入及输出应用实例

图 9-22 所示为某电阻炉温度控制中的 PLC 输入信号，仅给出了 16 位 PLC 控制输入信号。为了使编程和维修方便，通常把输入信号分为两类：一类是操作输入信号，只有当操作者按动控制面板上的按钮时，PLC 输入信号对应的 LED 亮，表明操作有效，如启动机械泵，按下该泵的启动按钮，PLC 输入侧对应端子 1 的 LED 应当点亮；另一类是输入信号为状态监测信号，检测控制部件当前所处的状态，当状态与要求相符时，对应端子的 LED 点亮。

图 9-21　集成化 PLC
1—通信或扩展接口；2—LED 指示灯；
3—输入/输出接线端子

图 9-22　某电阻炉温度控制中的 PLC 输入信号

图 9-23 所示为该电阻炉温度控制中的 PLC 输出信号，也是仅给出了 16 位 PLC 控制输出信号。同样把输出信号分成两类：一类是控制输出信号，用于控制外部设备，当经过逻辑运算在某个输出端子上有控制输出时，对应端子的 LED 亮。如启动罗茨泵，按下该泵的启动按钮，PLC 输出侧对应端子 2 的 LED 点亮，罗茨泵启动；另一类是状态输出信号，这类大多是指示信号，如炉体水压不足时，便在端子 5 输出炉体缺水报警 W 信号，对应端子的 LED 点亮，并在控制面板上产生声光报警。

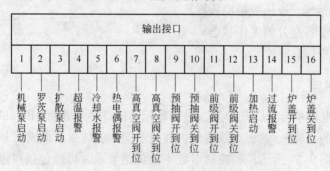

图 9-23　某电阻炉温度控制中的 PLC 输出信号

计算机、PLC 和智能温度控制器三者相结合，各取所长，在电阻炉温度控制中应用十分广泛。在炉子运行过程中，利用计算机显示、存储信息量大和操作方便的优点，用于显示和存储过程变量和系统的状态信息，编辑工艺控制程序；利用 PLC 逻辑控制设计简便、应用灵活的特点，控制炉子的各种执行机构或装置；由于智能温度控制器温度控制性能好、控温精度高，可直接控制炉子温度。

9.6 PID 控制

9.6.1 PID 控制原理

PID 控制是指比例（P）、积分（I）和微分（D）三者的综合控制，这个概念在传统的温度控制器、现代智能温度控制器以及计算机控制软件中经常提到。PID 控制原理如图 9-24 所示。PID 控制又称为 PID 控制器，是一种最成熟的过程控制理论，也是工业过程控制主要技术之一。由于 PID 控制器结构简单、稳定可靠、调整方便、适用范围广、无需精确的数学模型等特点，在工业过程控制中得到了广泛应用，目前绝大多数智能温度控制器仍采用 PID 控制器。为提高 PID 控制效果，针对不同的控制对象，相继出现了多种 PID 控制器，如自整定 PID 控制器及自适应 PID 控制器等。虽然有多种 PID 控制器，但基本控制原理是相同的。

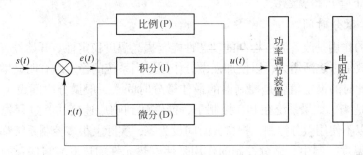

图 9-24　PID 控制原理

9.6.2 PID 参数的整定

PID 控制器有三个参数：比例系数 K_p、积分时间 T_i 和微分时间 T_d，其设定数值的大小决定了比例、积分和微分控制作用的强弱，直接影响着 PID 控制器的控制性能。对电阻炉操作人员来讲，了解 PID 参数的整定方法是必要的，当控制效果不能满足要求时，可重新整定 PID 参数。

9.6.2.1 比例系数

比例控制的作用是提高温度跟踪速度、减小较大温度控制误差。设置的比例系数太小，则跟踪速度慢，并导致误差扩大；设置的比例系数太大，则跟踪速度过快，并导致超调和振荡。在整定比例系数时，积分时间设置大一些，如 3600s，相当于关掉积分控制作用，同时把微分时间设置为零，也去掉微分控制作用。开始先把比例系数设置小一些，避免开始运行就出现超调或振荡，根据系统响应情况再逐渐增大，加强比例控制作用，提高系统的快速响应。当系统跟踪速度快，而又无超调和振荡时，比例系数处于最佳值。

在实际应用中，多数控制器经常采用比例带来确定比例系数，比例带可以看做比例系数的倒数，常用百分数表示。比例带的定义为过程变量测量值与设定值的偏差为多少时，比例控制输出能在全范围变化，它的物理意义可以从图 9-25 中看出。比例带为 10，表示偏差为 10℃ 时，输出 100%，如果偏差为 3℃，则输出 30%。显然比例带越小，比例作用越强；反之，比例带越大，比例作用越弱。

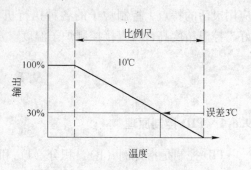

图 9-25　比例带的物理意义

9.6.2.2　积分时间

积分控制的作用是消除温度稳态误差。整定时把微分时间设置为零，去掉微分控制作用。首先把积分时间设置长一些，积分控制作用几乎处于关断状态；而后再逐渐减小积分时间，加强积分控制作用，观察控制效果；当系统能快速消除温度稳态误差，而又无超调和振荡时，积分时间处于最佳值。

在电阻炉温度控制中，只要存在温度误差，哪怕很小，经过长时间的累积，都会有足够的输出去控制加热功率，消除温度误差。积分时间越短，积分作用越强，电热元件加热电流上升（或下降）得就越快。

9.6.2.3　微分时间

微分控制的作用是改善温度控制的动态性能，提高温度稳定性。开始设置较小的微分时间，根据控制效果再逐渐增大，以便加强微分作用。当系统的稳定性有明显增强，控制过程无振荡出现，此时的设定值就是控制器的最佳微分时间。一般微分时间设定为积分时间的 1/3～1/4 比较适当。如果系统在 PID 控制下，能够达到响应速度快、过程稳定，而又无稳态误差，就可以不使用微分控制，把微分时间设为零，实际上很多控制系统都无微分控制。

在电阻炉温度控制中，微分控制的作用是使电热元件加热电流与偏差的变化速率成正比，有了微分作用，电热元件加热电流就会加大变化，使炉温加快恢复。

实际上三个参数的整定过程是一个复杂的过程，相互联系、相互制约和相互影响，并不能单独进行整定，而是一个综合整定的过程。在参数整定过程中，注意观察响应曲线的变化，记录响应曲线的各个参数，如温度的超调量、恢复时间等。整定时可采用试探法，每次只改变一个参数，在数值上每次增加或减小 30%～50%，如果控制效果变好，则继续增加或减小，否则向相反的方向调整，直到满意为止。在调整积分时间和微分时间时，注意设定积分时间与微分时间的关系，两者应保持在 3:1～4:1 的范围内。

9.6.3　PID 参数的切换

PID 参数主要是由系统本身特性决定的，与执行的工艺关系不大。对于温度控制而言，电阻炉属于非线性控制对象，也是时变控制对象。PID 参数是在一定条件下获得的，这些条件除炉子本身特性外，还包括温度高低、升温速度快慢、工件大小及材料特性等，当条件改变时就不适用了。为得到较好的温度控制效果，控制器可以为控制对象设置多组 PID 参数，根据给定的条件，通过编程或参数设置，在系统运行过程中，从一组 PID 参数自动切换到用另一组 PID 参数，以减小非线性对控制对象的影响。

PID 参数切换条件可以通过参数设置，也可以通过编辑到程序中的方式。DCP31 智能温度控制器有两种 PID 参数切换方式：

（1）根据设置的参数条件切换 PID 参数，如 500℃ 以下用一组 PID 参数，500～1200℃ 用一组 PID 参数，1200℃ 以上用一组 PID 参数等，在整个温度控制范围内实现内部 8 组 PID 参数的切换。PID 参数的切换条件包括：

1）测量值。根据测量值大小进行切换。

2）设定值。根据设定值大小进行切换。

3）误差。根据测量值与设定值的误差大小进行切换。

4）输出值。根据所需要的控制输出量进行切换。

5）外部控制。可以选择为数字输入控制切换，或数字通信输入控制切换。

（2）与 FP21 智能温度控制器相同，根据程序切换的条件，在编程时可设置不同的 PID 参数组。根据不同的工艺条件，如温度、时间、工作段等，选择不同的 PID 参数。编程时需要把每组 PID 参数的组号编辑到工艺程序中，在执行程序的过程中自动切换 PID 参数。

本章小结

按照温度测量原理可以把温度传感器分为热膨胀型、热电阻型、热电势型和热辐射型四类。

用于粉末冶金电阻炉温度测量的工具多种多样，常用的有热电偶、热电阻等接触式温度测量工具，以及光学高温计和辐射式高温计等非接触式温度测量工具。

改变加热功率的方法很多，常见的有位式、晶闸管调节器和电炉变压器控制方式等。采用何种加热方式由炉子的结构、用途和温度的高低决定。电阻炉的温度控制无论采用哪种方式，其控制过程基本是相同的，总是包括温度测量、温度控制器、加热驱动部件、电热元件以及辅助电路等。

计算机温度控制过程简单地分为两步：数据采集和数据控制。数据采集是对过程变量的瞬时值或状态进行检测，并输入到计算机；数据控制是对采集到的被控参数进行分析，并按一定的控制规律和决策原理，实时地对控制机构发出控制信号。

PLC 一般由电源单元、CPU 单元、通信单元和接口单元组成。PLC 的控制能力是由它的控制点数决定的，输入/输出点数越多，其控制能力就越强。

复习思考题

9-1 电炉温度的测量方法有哪些？各自有何特点？

9-2 热电偶有哪些常用的类型？各自有哪些特点？

9-3 简述光学高温计的工作原理。

9-4 电阻炉温度控制的基本过程包括哪些方面？各自有何特点？

9-5 简述电阻炉中计算机控温的特点及控温过程。

9-6 PLC 在温度控制中的作用主要表现在哪些方面？

9-7 简述 PID 控温原理。

参 考 文 献

[1] 刘咏, 黄伯云, 龙郑易, 等. 世界粉末冶金的发展现状 [J]. 中国有色金属, 2006 (1): 48~50.

[2] 郑雪萍, 李平, 曲选辉. 世界粉末冶金行业的发展现状 [J]. 稀有金属快报, 2005, 24 (3): 6~9.

[3] 孙克云, 丁传毅. 我国粉末冶金工业炉的发展现状 [J]. 粉末冶金工业, 2008, 18 (6): 36~39.

[4] 易健宏, 赵慕岳. 中国粉末冶金发展现状 [J]. 中国有色金属学报, 2011, (1): 66~76.

[5] 黄伯云, 易健宏. 现代粉末冶金材料和技术发展现状 [J]. 上海金属, 2007, 29 (3): 1~7.

[6] 孙世杰. 日本粉末冶金协会发布 2010 年度报告 [J]. 粉末冶金工业, 2011, 21 (6): 53.

[7] 徐润泽. 粉末冶金电炉及设计 [M]. 长沙: 中南工业大学出版社, 1990.

[8] 杨君刚. 材料加热炉基础 [M]. 西安: 西北工业大学出版社, 2009.

[9] 蔡乔方. 加热炉 [M]. 第3版. 北京: 冶金工业出版社, 2007.

[10] 袁宝岐, 蔡惕民, 袁名炎. 加热炉原理与设计 [M]. 北京: 航空工业出版社, 1989.

[11] 李楠, 顾华志, 赵惠忠, 等. 耐火材料学 [M]. 北京: 冶金工业出版社, 2010.

[12] 薛群虎, 徐维忠. 耐火材料 [M]. 北京: 冶金工业出版社, 2009.

[13] 袁好杰. 耐火材料基础知识 [M]. 北京: 冶金工业出版社, 2007.

[14] 侯谨, 张义先, 王诚训, 等. 新型耐火材料 [M]. 北京: 冶金工业出版社, 2007.

[15] 顾立德. 特种耐火材料 [M]. 第3版. 北京: 冶金工业出版社, 2006.

[16] 王诚训, 侯谨, 张义先, 等. 复合不定型耐火材料 [M]. 北京: 冶金工业出版社, 2005.

[17] 第一机械工业部编. 电炉及电热元件机械产品样本 [M]. 北京: 机械工业出版社, 1972.

[18] 王天泉. 电阻炉设计 [M]. 北京: 航空工业出版社, 2000.

[19] 王洪波. 电阻炉操作与维护 [M]. 北京: 冶金工业出版社, 2011.

[20] 唱鹤鸣, 等. 感应炉熔炼与特种铸造技术 [M]. 北京: 冶金工业出版社, 2002.

[21] 王振东, 何纪龙. 感应炉冶炼 [M]. 北京: 冶金工业出版社, 1986.

[22] 潘天明. 工频和中频感应炉 [M]. 北京: 冶金工业出版社, 1983.

[23] 宋东亮, 曾昭生, 孟宪勇, 等. 直流电弧炉炼钢 [M]. 北京: 冶金工业出版社, 1997.

[24] 宋文林. 电弧炉炼钢 [M]. 北京: 冶金工业出版社, 1996.

[25] 李士琦, 李伟立, 刘仁刚, 等. 现代电弧炉炼钢 [M]. 北京: 冶金工业出版社, 1995.

[26] 戴永年, 杨斌. 有色金属真空冶金 [M]. 北京: 冶金工业出版社, 2009.

[27] 包耳, 田绍洁. 真空热处理 [M]. 北京: 冶金工业出版社, 2009.